자격증 시험 접수부터 자격증 수령까지!

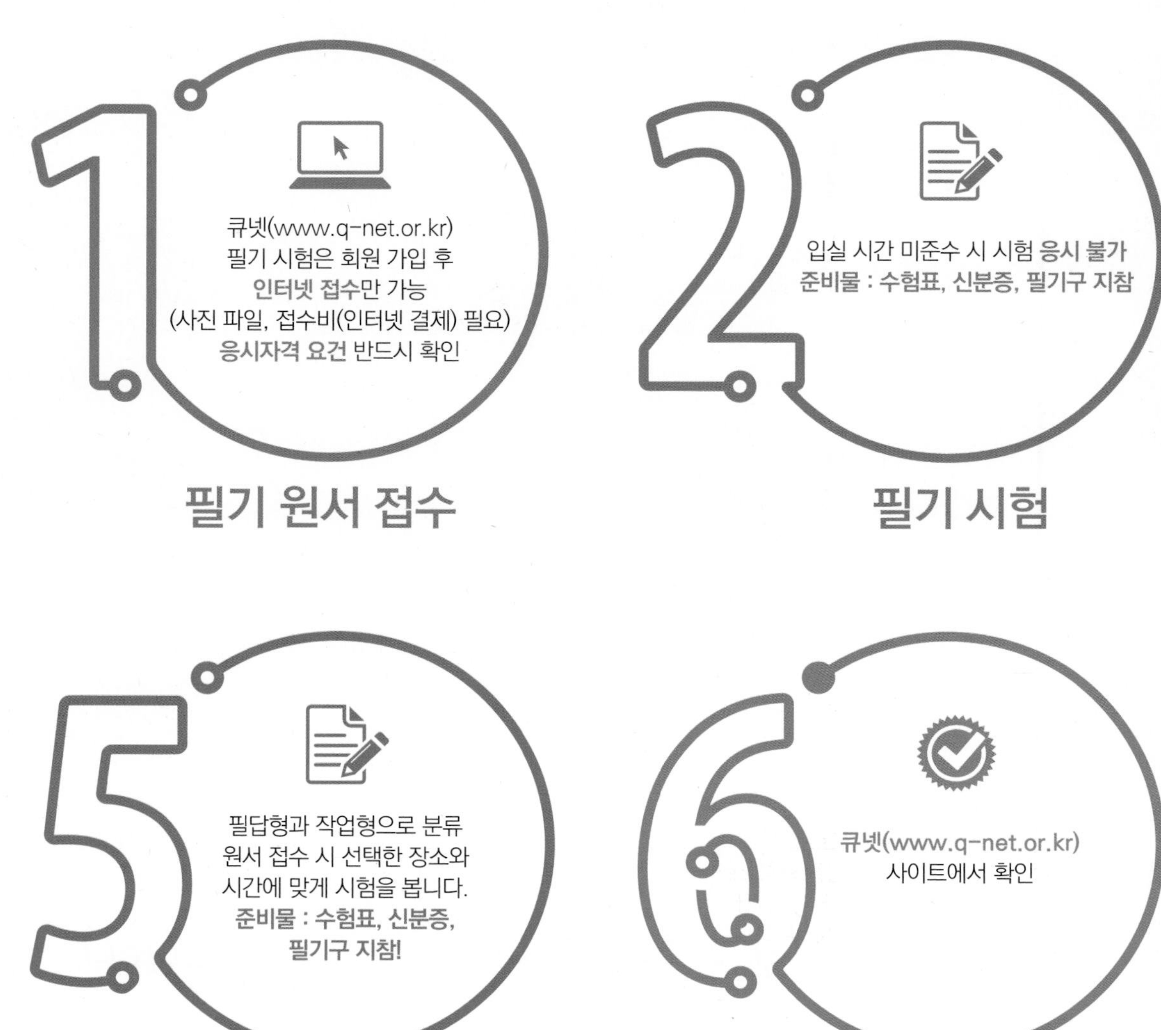

전문가를 위한 첫걸음, 구민사는 그 이상을 봅니다!

상시시험 12종목
굴착기운전기능사, 지게차운전기능사, 미용사(일반), 미용사(피부), 미용사(네일)
미용사(메이크업), 조리기능사(양식, 일식, 중식, 한식), 제과·제빵기능사

필기 합격 확인

실기 원서 접수

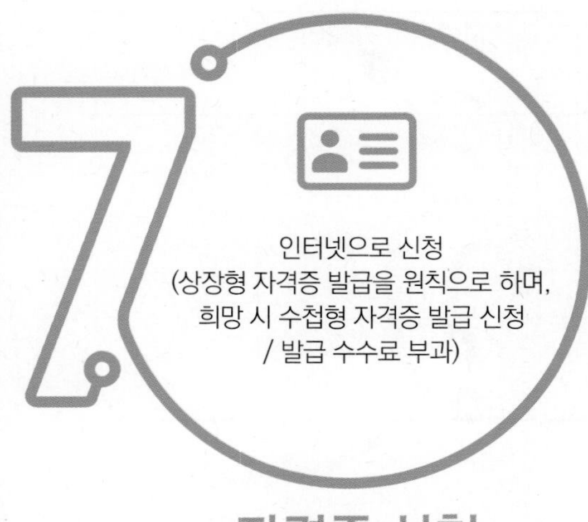

자격증 신청

자격증 수령

D-DAY 60

가스기능사 실기 60일 합격 PLAN

(위의 플랜은 가장 이상적인 것이므로 참고하여 개인의 입장과 일정에 맞춰 준비하시기 바랍니다.)

월요일	화요일	수요일	목요일	금요일	토요일	일요일
D-60	D-59	D-58	D-57	D-56	D-55	D-54
PART 1. 기초이론						
D-53	D-52	D-51	D-50	D-49	D-48	D-47
PART 2. 동영상 기출문제						
D-46	D-45	D-44	D-43	D-42	D-41	D-40
PART 2. 동영상 기출문제						
D-39	D-38	D-37	D-36	D-35	D-34	D-33
PART 3. 필답형 예상문제						
D-32	D-31	D-30	D-29	D-28	D-27	D-26
PART 3. 필답형 예상문제						

D-DAY 60

놓친 부분 다시보기

월요일	화요일	수요일	목요일	금요일	토요일	일요일
D-25	D-24	D-23	D-22	D-21	D-20	D-19
		이론 복습 (O / X)				문제 풀이 (O / X)
D-18	D-17	D-16	D-15	D-14	D-13	D-12
		이론 복습 (O / X)				문제 풀이 (O / X)
D-11	D-10	D-9	D-8	D-7	D-6	D-5
		이론 복습 (O / X)				문제 풀이 (O / X)
D-4	D-3	D-2	D-1			
		이론 복습 (O / X)				

시험장 가기 전에 Tip

Q 계산기를 따로 가져가야 하나요?

A 시험을 치르는 PC에 설치된 계산기를 이용하실 수 있습니다.(개인 계산기 지참 가능)

Q PC로 시험을 치르면 종이는 못 쓰나요?

A 시험장에서 필요한 사람에 한해 종이를 제공합니다. 시험장마다 상황이 다를 수 있으니 전화로 해당 시험장의 상황을 파악해보시길 권장합니다. 이 때 시험이 끝나고 종이 반납은 필수입니다.

PREFACE

우리 일상에서 가스 에너지는 이제 보편적 에너지로 사용되고 있습니다.
더구나 수소에너지 시대를 맞이해서 더 많은 가스전문 인력이 필요하리라고 생각되어 지며 가스 연료의 그 편리함의 이면에 내재된 위험성 때문에, 가스에 대한 전문적인 지식을 갖춘 가스 기술인력의 필요성은 더욱 더 증대되리라고 예측되어 집니다.

또한 국가기술자격 출제경향이 변경되어 가스배관 작품에서 필답형 실기로 더욱 심도 있는 이론적 지식이 필요하게 되었습니다.
이에 본서에서는 가스 자격 취득에 적합하도록 동영상과 아울러 필답형 실기문제까지 엄선하여 이 한 권의 책에 수록하였습니다.
가스기능사 국가기술자격증 취득을 준비하시는 독자들과 가스 지식을 필요로 하는 실무자들께 보다 쉽고 간결하게 이해 될 수 있도록 집필하였습니다.
집필 과정에서 세심한 원고정리와 컴퓨터 입력을 도와준 제자 김상화군 에게도 고마움을 전합니다.

본서가 미래의 가스 산업 분야에 뜻을 가진 모든 분들께 좋은 길잡이가 되기를 희망하면서 본의 아니게 저자의 오류로 인하여 왜곡되었거나 부족한 부분은 지적해주시면 수정 및 보완하도록 하겠습니다.

미래 가스 전문가들을 위해서 본서를 출판해주신 도서출판 구민사 조규백 대표님, 그리고 임직원 여러분들께 깊은 감사를 드립니다.

저자 김영석

CONTENTS

PART 1 기초이론

CHAPTER 03. 안전관리

01. 일반 고압가스 안전관리

02. 액화석유가스 안전 …… LPG 충전시설

03. 도시가스 안전

CONTENTS

PART 2 동영상 기출문제

PART 3 필답형 예상문제

과년도문제

CONSTRUCT

01 핵심이론 수록

CHAPTER 01. 기초 가스지식/ CHAPTER 02. 가스설비 및 기계장치/ CHAPTER 03. 안전관리로 구성된 가스기능사 핵심이론만을 수록하였습니다.
또한 중간중간의 예제문제로 개념을 한 번 더 다질 수 있습니다.

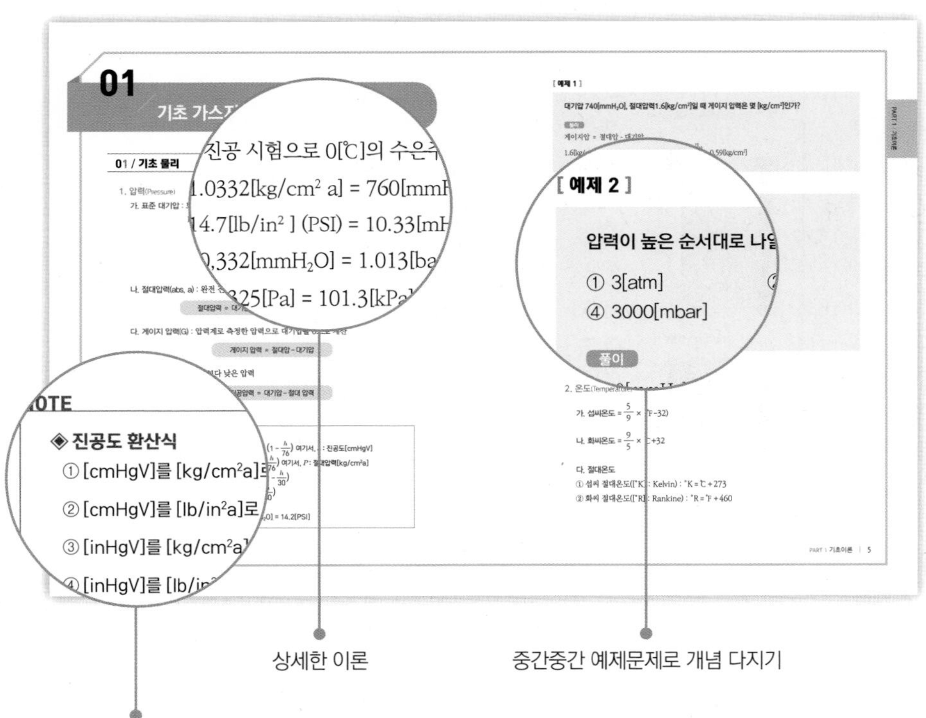

상세한 이론

중간중간 예제문제로 개념 다지기

궁금한 부분만 콕콕 집어주는 NOTE

02 동영상 기출문제 수록

동영상 기출문제를 수록하여 실전 시험에 대비하였습니다. 상세한 해설로 이해를 도왔습니다.

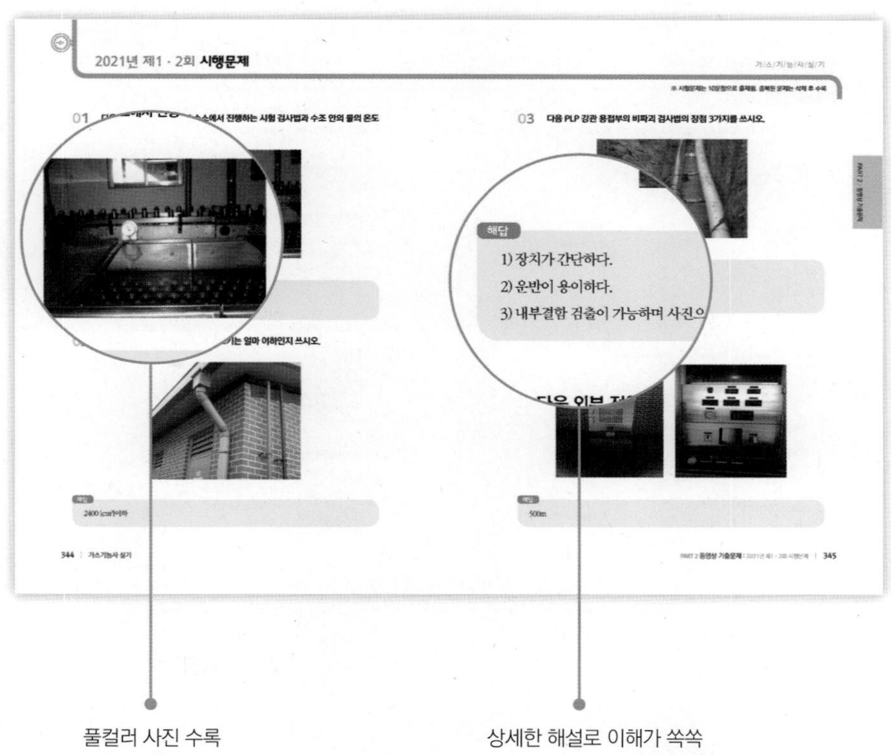

풀컬러 사진 수록

상세한 해설로 이해가 쑥쑥

CONSTRUCT

03 필답형 예상문제 수록

필답형 예상문제를 수록하여 실전 시험에 대비하였습니다. 상세한 해설로 이해를 도왔습니다.

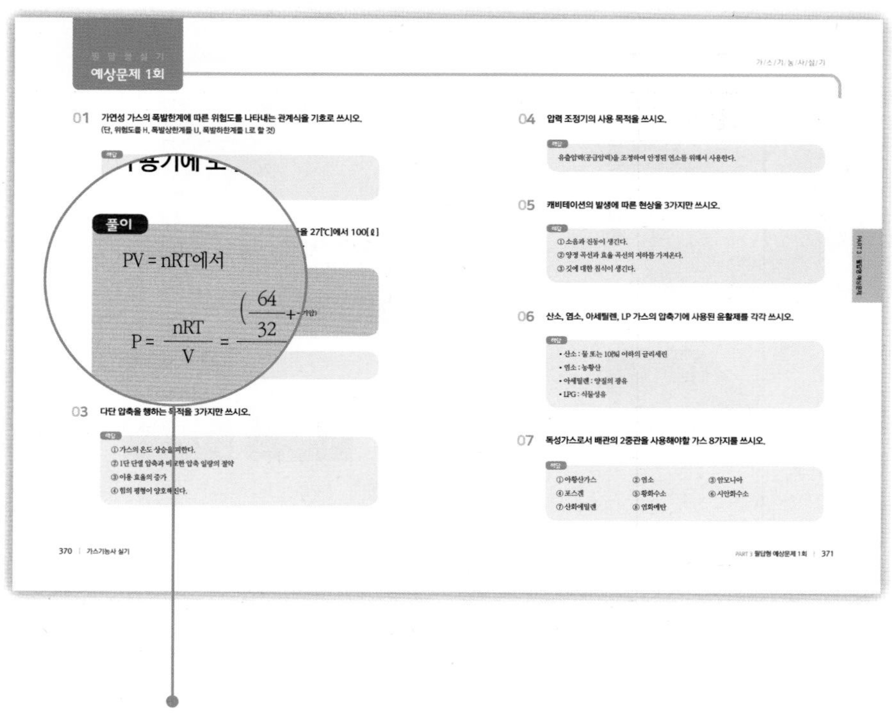

상세한 해설로 이해가 쏙쏙

STANDARD

직무 분야	안전관리	중직무 분야	안전관리	자격 종목	가스기능사	적용 기간	2021.1.1~ 2024.12.31
직무 내용	가스 제조·저장·충전·공급 및 사용 시설과 용기, 기구 등의 제조 및 수리시설을 시공, 조작, 검사하기 위한 기술적 사항의 관리, 생산 공정에서 가스 생산기계 및 장비를 운전하고 충전하기 위해 예방조치 등의 업무를 수행하는 직무이다.						
수행 준거	1. 가스제조에 대한 기초적인 지식 및 기능을 가지고 각종 가스 장치를 운용할 수 있다. 2. 가스설비, 운전, 저장 및 공급에 대한 취급과 가스장치의 유지관리를 할 수 있다. 3. 가스기기 및 설비에 대한 검사업무 및 가스안전관리 업무를 수행할 수 있다.						
실기검정방법		복합형		시험시간		2시간 30분 정도 (필답형 : 1시간, 작업형 : 1시간 30분 정도)	

실기과목명	주요항목	세부항목	세세항목
가스 실무	1. 가스설비	1. 가스장치 운용하기	1. 제조, 저장, 충전장치를 운용할 수 있다. 2. 기화장치를 운용할 수 있다. 3. 저온장치를 운용할 수 있다. 4. 가스용기, 저장탱크를 관리 및 운용할 수 있다. 5. 펌프 및 압축기를 운용할 수 있다.
		2. 가스설비작업하기	1. 가스배관 설비작업을 할 수 있다. 2. 가스저장 및 공급설비작업을 할 수 있다. 3. 가스 사용설비 관리 및 운용을 할 수 있다.
		3. 가스제어 및 계측기기 운용하기	1. 온도계를 유지 보수할 수 있다. 2. 압력계를 유지 보수할 수 있다. 3. 액면계를 유지 보수할 수 있다. 4. 유량계를 유지 보수할 수 있다. 5. 가스검지기기를 운용할 수 있다. 6. 각종 제어기기를 운용할 수 있다.

STANDARD

실기과목명	주요항목	세부항목	세세항목
가스 실무	2. 가스시설 안전관리	1. 가스안전 관리하기	1. 가스의 특성을 알 수 있다. 2. 가스 위해예방 작업을 할 수 있다. 3. 가스장치의 유지관리를 할 수 있다. 4. 가스 연소기기에 대하여 알 수 있다. 5. 가스화재·폭발의 위험 인지와 응급대응을 할 수 있다.
		2. 가스시설 안전검사 수행하기	1. 가스관련 안전인증대상 기계·기구와 자율안전 확인 대상 기계·기구 등을 구분할 수 있다. 2. 가스관련 의무안전인증 대상 기계·기구와 자율안전 확인대상 기계·기구 등에 따른 위험성의 세부적인 종류, 규격, 형식의 위험성을 적용할 수 있다. 3. 가스관련 안전인증 대상 기계·기구와 자율안전 대상 기계·기구 등에 따른 기계·기구에 대하여 측정장비를 이용하여 정기적인 시험을 실시할 수 있도록 관리계획을 작성할 수 있다. 4. 가스관련 안전인증 대상 기계·기구와 자율안전 대상 기계·기구 등에 따른 기계·기구 설치방법 및 종류에 의한 장단점을 조사할 수 있다. 5. 공정진행에 의한 가스관련 안전인증 대상 기계·기구와 자율안전 확인 대상 기계·기구 등에 따른 기계기구의 설치, 해체, 변경 계획을 작성할 수 있다.

INFORMATION

수행직무

고압가스 제조, 저장 및 공급시설, 용기, 기구 등의 제조 및 수리시설을 시공, 조작, 검사하기 위한 기술적 사항의 관리, 생산공정에서 가스생산기계 및 장비를 운전하고 충전하기 위해 예방조치 점검과 고압가스 충전용기의 운반, 관리 및 용기 부속품 교체 등의 업무 수행

진로 및 전망

고압가스 제조업체·저장업체·판매업체에 기타 도시가스 사업소, 용기제조업소, 냉동 기계제조업체 등 전국의 고압가스 관련업체로 진출할 수 있다. 최근 국민 생활수준의 향상과 산업의 발달로 연료용 및 산업용 가스의 수급 규모가 대형화되고, 가스시설의 복잡·다양화됨에 따라 가스 사고건수가 급증하고 사고 규모도 대형화되는 추세이다. 한국가스안전공사의 자료에 의하면 가스사고로 인한 인명피해가 1997년 467명에서 1998년에는 551명으로 증가하였고, 정부의 도시가스 확대방안으로 인천, 평택인수기지에 이어 통영기지 건설을 추진하는 등 가스사용량 증가가 예상되어 가스기능사의 인력수요는 증가할 것이다.

취득방법

① 시행처 : 한국산업인력공단

② 관련학과 : 실업계 고등학교 및 전문대학의 기계공학 또는 화학공학 관련학과

③ 시험과목

- 필기 : 1.가스안전관리, 2.가스장치 및 가스설비, 3.가스일반
- 실기 : 가스 실무

④ 검정방법

- 필기 : 전과목 혼합, 객관식 60문항 (60분)
- 실기 : 필답형 : 1시간, 작업형 : 1시간 30분 정도

⑤ 합격기준 : 100점 만점에 60점 이상 득점자

시험수수료

- 필기 : 14,500원
- 실기 : 32,800원

종목별 검정현황

종목명	연도	필기			실기		
		응시	합격	합격률(%)	응시	합격	합격률(%)
소 계		742,628	221,462	29.8%	322,634	88,831	27.5%
가스 기능사	2020	8,891	3,003	33.8%	4,442	2,597	58.5%
	2019	11,090	3,426	30.9%	5,086	2,828	55.6%
	2018	9,393	2,751	29.3%	4,378	2,457	56.1%
	2017	10,281	2,817	27.4%	4,255	2,407	56.6%
	2016	10,090	2,190	21.7%	3,690	2,107	57.1%
	2015	9,643	2,072	21.5%	3,635	1,935	53.2%
	2014	8,968	1,837	20.5%	3,139	1,685	53.7%
	2013	8,035	1,551	19.3%	2,945	1,512	51.3%
	2012	8,228	1,737	21.1%	3,222	1,612	50%
	2011	8,030	1,773	22.1%	3,148	1,549	49.2%
	2010	8,246	1,727	20.9%	3,247	1,623	50%
	2009	9,064	2,240	24.7%	3,723	1,850	49.7%
	2008	7,379	2,289	31%	3,724	1,873	50.3%
	2007	8,971	2,567	28.6%	4,018	2,083	51.8%
	2006	8,640	2,515	29.1%	3,973	2,009	50.6%
	2005	7,098	2,091	29.5%	3,400	1,839	54.1%
	2004	5,695	2,416	42.4%	3,403	1,643	48.3%
	2003	4,709	1,627	34.6%	2,377	1,155	48.6%
	2002	5,271	1,521	28.9%	2,267	1,222	53.9%
	2001	7,240	2,224	30.7%	3,475	1,566	45.1%
	1978 ~2000	577,666	177,088	30.7%	251,087	51,279	20.4%

Craftsman Gas

가스기능사

실기

김영석 저

구민사

Craftsman Gas

가/스/기/능/사/실/기

PART 1

기초이론

01 기초 가스지식

01 / 기초 물리

1. 압력(Pressure)

가. 표준 대기압 : 토리첼리의 진공 시험으로 0[℃]의 수은주 760[mmHg]에 상당하는 압력

$$
\begin{aligned}
1[\text{atm}] &= 1.0332[\text{kg/cm}^2\ \text{a}] = 760[\text{mmHg}] = 76[\text{cmHg}] \\
&= 14.7[\text{lb/in}^2]\ (\text{PSI}) = 10.33[\text{mH}_2\text{O}] \\
&= 10{,}332[\text{mmH}_2\text{O}] = 1.013[\text{bar}] = 101{,}325[\text{N/m}^2] \\
&= 101{,}325[\text{Pa}] = 101.3[\text{kPa}] = 0.1[\text{MPa}]
\end{aligned}
$$

나. 절대압력(abs, a) : 완전 진공을 기준하여 측정한 압력

절대압력 = 대기압 + 게이지 압력 = 대기압 − 진공 압력

다. 게이지 압력(G) : 압력계로 측정한 압력으로 대기압을 0으로 계산

게이지 압력 = 절대압 − 대기압

라. 진공압력(V) : 대기압보다 낮은 압력

진공압력 = 대기압 − 절대 압력

NOTE

◈ 진공도 환산식

① [cmHgV]를 [kg/cm²a]로 구할 때 $P = 1.0332 \times \left(1 - \frac{h}{76}\right)$ 여기서, h : 진공도[cmHgV]

② [cmHgV]를 [lb/in²a]로 구할 때 $P = 14.7 \times \left(1 - \frac{h}{76}\right)$ 여기서, P: 절대압력[kg/cm²a]

③ [inHgV]를 [kg/cm²a]로 구할 때 $P = 1.0332 \times \left(1 - \frac{h}{30}\right)$

④ [inHgV]를 [lb/in²a]로 구할 때 $P = 14.7 \times \left(1 - \frac{h}{30}\right)$

◈ 공학기압(ata)

1[ata] = 1[kg/cm²] = 735.6[mmHg] = 10[mH_2O] = 14.2[PSI]

[예제 1]

대기압 740[mmH_2O], 절대압력1.6[kg/cm^2]일 때 게이지 압력은 몇 [kg/cm^2]인가?

풀이

게이지압 = 절대압 - 대기압

$$1.6[kg/cm^2] - \{740[mmHg] \times (\frac{1.0332[kg/cm^2]}{760[mmHg]})\} = 0.59[kg/cm^2]$$

[예제 2]

압력이 높은 순서대로 나열하시오.

① 3[atm] ② 2500[mmHg] ③ 3[kg/cm^2]
④ 3000[mbar] ⑤ 29[mH_2O]

풀이

$$2500[mmHg] \times \frac{1[atm]}{760} = 3.29[atm]$$

$$3[kg/cm^2] \times \frac{1[atm]}{1.0332} = 2.90[atm]$$

$$3000[mbar] \times \frac{1[atm]}{1013} = 2.96[atm]$$

$$29[mH_2O] \times \frac{1[atm]}{10.33} = 2.81[atm]$$

$\therefore$ 2500[mmHg] 〉 3[atm] 〉 3000[mbar] 〉 3[kg/cm^2] 〉 29[mH_2O]

2. 온도(Temperature)

가. 섭씨온도 = $\frac{5}{9} \times$ (℉-32)

나. 화씨온도 = $\frac{9}{5} \times$ ℃+32

다. 절대온도

① 섭씨 절대온도([°K] : Kelvin) : °K = ℃ + 273

② 화씨 절대온도([°R] : Rankine) : °R = ℉ + 460

[예제 3]

온도계가 104[F]일 때 [℃] 와 [°K]로 고치시오.

풀이

$℃ = \frac{5}{9} \times (°F - 32) = \frac{5}{9} \times (104 - 32) = 40℃$

$°K = ℃ + 273 = 40 + 273 = 313°K$

3. 열량(Quantity of heat)

가. 열량

NOTE

1[kcal] = 3.968[B.T.U] = 2.205[C.H.U]

① 1[kcal] : 대기압하에서 물 1[kg]의 온도를 1[℃] 올리는데 필요한 열량

② 1[B.T.U] : 대기압하에서 물 1[lb]의 온도를 1[℉] 올리는데 필요한 열량

③ 1[C.H.U] : 대기압하에서 물 1[lb]의 온도를 1[℃] 올리는데 필요한 열량

나. 현열과 잠열

① 현열(감열) : 상태 변화 없이 온도만 변화되는데 필요한 열

$$Q_s = W \cdot C \cdot \Delta t$$

C : 비열[kcal/kg ℃] ┌ 얼음의 비열 : 0.5
Δt : 온도차 [℃] └ 물의 비열 : 1

② 잠열 : 온도 변화 없이 상태만 변화되는데 필요한 열

$$Q_L = W \cdot r$$

W : 물질의 중량[kg] ┌ 얼음의 융해잠열 : 80[kcal/kg]
r : 물질의 잠열[kcal/kg] └ 물의 증발잠열 : 539[kcal/kg]

[예제 4]

- 10[C]의 얼음 50[kg]을 100[℃]의 수증기로 만들 때 필요한 열량은? (단, 열손실은 무시한다.)

풀이

① 현열공식에 의해 $Q_S = W \times C \times \Delta t = 50 \times 0.5 \times 10 = 250$[kcal]
② 잠열공식에 의해 $Q_L = W \times r = 50 \times 79.68 = 3{,}984$[kcal]
③ 현열공식에 의해 $Q_S = W \times C \times \Delta t = 50 \times 1 \times 100 = 5{,}000$[kcal]
④ 잠열공식에 의해 $Q_L = W \times r = 50 \times 539 = 26{,}950$[kcal]
따라서, 가해줄 총 열량은 ①+②+③+④ = 36,184[kcal]

다. 비열[kcal/kg℃]

어떤 물질 1[kg]을 1[℃] 변화시키는 데 필요한 열량

① 정압비열(Cp) : 압력을 일정하게 유지하면서 가열할 때의 비열

② 정적비열(Cv) : 부피를 일정하게 유지하면서 가열할 때의 비열

$$\text{비열비}[K] = \frac{C_p}{C_v} > 1$$

∴ 비열비는 항상 1보다 크다.

4. 동력

일의 양을 시간으로 나눈 값

1[HP] = 76[kg · m/sec] = 641[kcal/h]

1[PS] = 75[kg · m/sec] = 632[kcal/h]

1[kW] = 102[kg · m/sec] = 860[kcal/h]

1[HP] = 746[W] = 0.75[kW]

5. 열역학의 법칙

가. 열역학 제0법칙(열평형의 법칙) : 고온체와 저온체 접촉 시 두 물체가 열 평형이 된다.

나. 열역학 제1법칙(에너지 보존의 법칙) : 일과 열은 상호 교환이 가능하다.

$$Q = AW$$

Q : 열량[kcal]　　　W : 일량 [kg · m]

$$W = JQ$$

J : 열의 일당량(427[kg · m/kcal])

A : 일의 열당량($\frac{1}{427}$[kcal/kg · m])

다. 열역학 제2법칙(에너지 흐름의 법칙)

① 일은 쉽게 열로 바뀌나 열은 쉽게 일로 바뀔 수 없다.

② 크라우시우스의 표현 : 열은 그 자신만으로는 저온 물체에서 고온 물체로 이동 불가

③ 켈빈의 표현 : 열기관에서 동작유체가 일을 하기 위해서는 그것보다 더 낮은 저온 물체를 필요로 한다.

라. 열역학 제3법칙

어떠한 이상적인 방법으로도 어떤 계를 절대온도 0도에 이르게 할 수 없다.

6. 가스의 밀도와 비체적

가. 밀도[ρ] : 단위체적당 유체의 질량[kg/m³]

$$\rho = \frac{m(\text{질량})}{V(\text{체적})} \qquad \text{기체밀도} = \frac{\text{분자량}}{22.4}$$

NOTE

$C_3H_8[\rho] = \frac{44}{22.4} = 1.96$

나. 비체적[v] : 단위 중량당의 체적이며 밀도의 역수[m³/kg]

$$\text{기계의 비체적} = \frac{22.4}{\text{분자량}}$$

NOTE

$C_3H_8[v] = \frac{22.4}{44} = 0.51$

7. 이상기체의 법칙

가. 보일의 법칙 : 일정 온도에서 일정량의 기체 부피는 압력에 반비례

$$P_1V_1 = P_2V_2$$

나. 샬의 법칙 : 압력이 일정할 때 기체가 차지하는 부피는 온도가 1[℃] 상승함에 따라 부피는 $\frac{1}{273}$ 만큼씩 증가

$$\frac{V_1}{T_1} = \frac{V_2}{T_2}$$

$$\therefore T_2 = \frac{T_1 \cdot T_3}{V_1}$$

[예제 5]

0[℃] 60기압인 어떤 용기에 질소기체가 들어 있다. 이것을 온도만 200[℃]로 높이는데 용기 내의 압력은 얼마로 변하는가?

풀이

$\frac{P_1}{T_1} = \frac{P_2}{T_2}$이므로 $P_2 = \frac{P_2T_2}{T_1} = \frac{60\times(273+200)}{273} = 104$[기압]

다. 보일-샬의 법칙 : 일정량의 기체의 부피는 압력에 반비례하고 절대온도에 비례

$$\frac{P_1V_1}{T_1} = \frac{P_2V_2}{T_2}$$

$$\therefore V_2 = \frac{P_1 \cdot V_1 \cdot T_2}{T_1 \cdot P_2},\quad P_2 = \frac{P_1 \cdot V_1 \cdot T_2}{T_1 \cdot V_2}$$

P_1 : 처음의 압력 P_2 : 나중의 압력
V_1 : 처음의 부피 V_2 : 나중의 부피
T_1 : 처음의 절대온도[°K] T_2 : 나중의 절대온도[°K]

[예제 6]

1[atm]일 때 25[℃], 200[m³]의 공기를 300[atm], －100[℃]로 압축하면 그 부피가 몇 [ℓ]가 되는지 계산식으로 답하시오.

풀이

$$\frac{P_1V_1}{T_1}=\frac{P_2V_2}{T_2} \rightarrow V_2=\frac{P_1V_1T_2}{T_1P_2}$$

$$V_2=\frac{1\times200\times(273-10)}{(273+25)\times300}=0.387[m^3]$$

라. 이상기체의 상태 방정식 : 이상기체의 온도, 압력, 부피와의 관계식

① $PV=nRT,\ PV=\frac{W}{M}RT$

P : 압력[atm] V : 부피[ℓ]

n : 몰수 = $\frac{질량}{분자량}=\frac{W}{M}$ T : 절대온도(°K = ℃ +273)

R : 기체상수 0.082[ℓ · atm/mole°K]

$$\therefore \text{기체상수 R}=\frac{PV}{nT}=\frac{1[atm]\times22.4[\ell]}{1[mole]\times273[°K]}$$

$$=0.082[\ell\ atm/mole\ °K]$$

② $PV=GRT$

P : 압력 [kg/m²](1.0332[kg/cm²] →1.0332×10⁴ [kg/m²]

V : 부피[m³]

G : 질량[kg]

R : 기체상수($\frac{848}{M}$) ┌ O_2 : 26.5[m/°K]

└ CO_2 : 19.27[m/°K]

T : 절대온도[°K]

NOTE

◈ 기체상수(R)

R = 848 [kg·m/Kmole°K]

= 1.986 [kcal/Kmole°K]

= 8.314 [J/mole°K]

= 8.314×10^7 [erg/mole °K]

[예제 7]

600[ℓ]의 용기에 40[atm], 27[℃]에서 O_2가 충전되어 있다. 몇 [kg]이 충전되어 있는지 이상기체로 계산하시오.

풀이

$$PV = \frac{W}{M}RT,\ W = \frac{PVM}{RT} = \frac{40 \times 600 \times 32}{0.082 \times 300} = 31{,}219.512[\text{g}] \fallingdotseq 31.22[\text{kg}]$$

마. 돌턴의 분압법칙 : 기체 혼합물의 전체 압력은 각 성분 기체의 분압의 합과 같다.

$$\text{분압} = \text{전압} \times \frac{\text{성분기체몰수}}{\text{전몰수}} = \text{전압} \times \frac{\text{성분기체부피}}{\text{전부피}}$$

압력비 = 몰수비 = 부피비 = 분자수의 비

NOTE

◈ 실제 기체의 상태방정식(반데르 발스의 방정식)

이상기체 상태 방정식에 기체 분자 간의 인력과 기체 자신이 차지하는 부피를 보정해 준 실제기체 상태방정식

• 실제 기체 1[mol]의 경우

$$\left(P - \frac{a}{V^2}\right) + (V - b) = RT$$

$\frac{a}{V^2}$: 기체 분자 간의 인력

b : 기체 자신이 차지하는 부피

• 실제기체 n [mol]의 경우

$$\left(P - \frac{n^2 a}{V^2}\right) - (V - nb) = nRT$$

$$\therefore P = \frac{nRT}{V - nb} - \frac{n^2 a}{V^2}$$

02 / 가스 특성 및 제법

1. 수소(H_2)

가. 특징

① 폭발 범위가 넓다(공기 중 4~75[%], 산소 중 4~94[%]).

② 산소, 염소 등과 폭발적으로 반응하여 폭명기를 형성

- 수소폭명기 : $2H_2 + O_2 \xrightarrow{500℃\ Fe관} 2H_2O + 136.6[kcal]$
- 염소폭명기 : $H_2 + Cl_2 \xrightarrow{햇빛} 2HCl + 44[kcal]$

③ 수소는 고온 · 고압에서 강제중의 탄소와 반응하여 수소취성(탈탄작용)

- $Fe_3C + 2H_2 \longrightarrow CH_4 + 3Fe$(탈탄작용)
  탄소강 (Fe_3C)
- 탈탄작용 방지원소 : 텅스텐(W), 몰리브덴(Mo), 티탄(Ti), 바나듐(V)
- 탈탄작용 방지재료 : 5~6[%] 크롬강이나 스테인리스강

나. 수소 용기

① 용기 재질 : 일반적으로 탄소강을 사용(170[℃] 이하, 250[atm] 정도까지는 탄소강 가능)

② 용기의 도색 : 주황색

③ 용기 구분 : 무계목 용기

④ 밸브 재질 : 황동, 청동 등의 동합금

⑤ 안전 밸브 : 파열판식

다. 공업적 제법

① 물의 전기분해(수전해법)

② 수성 가스법(석탄 또는 코크스의 가스화법)

$$C + H_2O \longrightarrow \underbrace{CO + H_2}_{수성가스(Water\ gas)} - 31.4[kcal]$$

③ 일산화탄소의 전화법

$$CO + H_2O \longrightarrow CO_2 + H_2 + 9.8[kcal]$$

• 제1단계(고온) 전화반응
  - 촉매 : 철-크롬계(Fe_2O_3-Cr_2O_3계)
  - 반응 온도 : 350~500℃
• 제2단계(저온) 전화반응
  - 촉매 : 구리-아연계(CuO-ZnO계)
  - 반응 온도 : 200~250℃

④ 천연가스 분해법(CH_4 분해법)

⑤ 석유 분해법

2. 산소(O_2)

가. 특징

① 공기 중에 약 21[vol%] 함유되어 있으며 조연성(지연성) 가스

② 고압에서 유지류, 유기물, 용제 등이 부착되면 산화폭발의 위험이 있으므로 사염 화탄소(CCl_4)로 세척

③ 산소 농도가 증가함에 따라 연소 속도, 화염 온도, 폭발 범위 등이 증가(넓어)되고 착화 온도, 점화원의 에너지 등이 낮아져서 위험성이 증가

나. 산소용기

① 안전 밸브 : 파열판식

② 용기도색 : 녹색(공업용), 백색(의료용)

③ 용기구분 : 무계목 용기

④ 용기 재질 : 고온 · 고압의 산소는 크롬강이나 규소 또는 알루미늄 등 첨가

다. 제법

• 공기의 액화 분리법 : 공기를 압축 · 냉각(단열 팽창)시켜 얻은 액체 공기(비점 : -194.2)를 정류하면 저비점 성분의 N_2(비점 : 약 -196[℃])를 정류탑의 상부(탑정)에서, 고비점 성분의 O_2(비점 : -183[℃])를 탑 아래(탑저)에서 얻는다.

NOTE

◈ **액화 순서 : 기체공기를 액화시키면 고비점 성분의 산소가 먼저 액화**
산소 → 질소

◈ **기화 순서 : 액체공기를 기화시키면 저비점 성분의 질소가 먼저 기화**
질소 → 산소

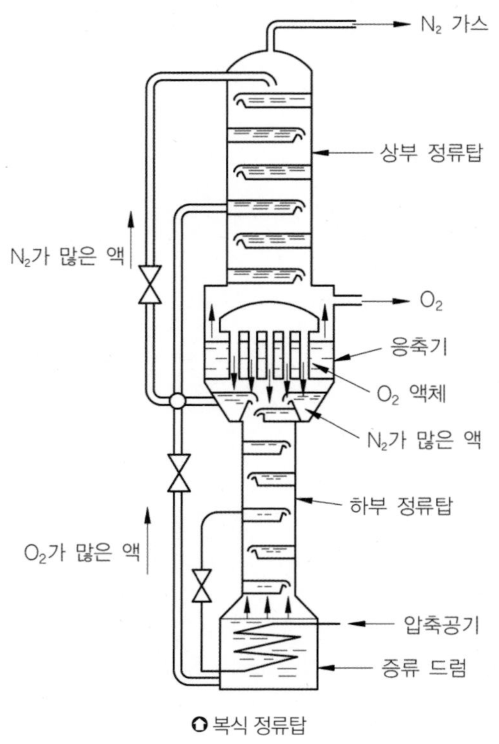

복식 정류탑

라. 공기액화 분리장치의 종류

① 전저압식 공기분리장치 : 장치의 조작압력은 0.5[MPa] 이하의 저압이며 산소 발생량 500[Nm^3/hr] 이상의 대용량에 적합

② 중압식 공기분리장치 : 장치의 조작압력은 1~3[MPa]의 중압이며 질소의 취급량이 많을 시 적합하며 소용량에 적합

③ 저압식 액산 플랜트 : 장치의 조작압력은 2.5[MPa] 정도이며 중압팽창 터빈을 사용하여 액화산소와 액화질소를 얻는 방식으로 Ar 회수가 가능

마. 건조기

① 소다 건조기 : 입상 가성소다(수분과 이산화탄소 동시 제거 가능)

NOTE

◈ 탄산가스 제거 반응식

$2NaOH + CO_2 \rightarrow Na_2CO_3 + H_2O$

② 겔 건조기 : 실리카겔(SiO_2), 활성 알루미나(Al_2O_3), 소바비드, 몰리큘러시이브(수분만 제거)

바. 공기액화분리장치의 폭발 원인과 대책

① 폭발 원인

- 공기 취입구에서 아세틸렌 혼입
- 압축기용 윤활유의 분해에 따른 탄화수소의 생성
- 공기 중에 있는 산화질소(NO), 이산화질소(NO_2) 등의 질소화합물의 혼입
- 액체 공기 중의 오존(O_3) 혼입

② 대책

- 공기 취입구에 여과기 설치
- 아세틸렌이 혼입되지 않는 장소에 공기 취입구(흡입구) 설치
- 공기 흡입구 부분에서 카바이드(carbide)를 사용하거나 아세틸렌 용접을 삼가
- 압축기에 사용되는 윤활유는 양질의 광유 사용
- 유분리기를 설치
- 1년에 1회 정도 사염화탄소 등으로 장치 내부 세척

3. 아세틸렌(C_2H_2)

가. 특징

① 무색의 기체로, 순수한 것은 에테르와 같은 향기가 있으나 불순물로 인해 악취

② 용제 : 아세톤, D.M.F(디메틸포름아미드)

나. 폭발성

① 분해폭발 : 흡열 화합물이므로 불완전하여 1기압 이상에서 가열, 충격 등에 의해 폭발

$$C_2H_2 \longrightarrow 2C + H_2 + 54.2[kcal]$$

② 화합폭발 : Ag, Hg, Cu와 치환 반응을 하여 폭발성 물질인 금속아세틸라이드를 생성

$$C_2H_2 + 2Cu \longrightarrow \underset{\text{(구리 아세틸라이드)}}{Cu_2C_2} + H_2$$

$$C_2H_2 + 2Ag \longrightarrow \underset{\text{(은 아세틸라이드)}}{Ag_2C_2} + H_2$$

③ 산화폭발 : 산소와 혼합하여 점화하면 폭발

$$2C_2H_2 + 5O_2 \longrightarrow 4CO_2 + 2H_2O$$

다. 아세틸렌 용기

① 용기 구분 : 용접 용기, 황색

② 안전 밸브 : 가용전(용융 온도 105±5 ℃)

③ 용기 재질 : 탄소강

④ 밸브 재질 : 황동, 청동 등의 동합금(Cu 함유량 62[%] 미만) 아세틸렌 검지는 염화제1동 착염지로 하며, 적색으로 변색

라. 아세틸렌 제조공정

① 제조 : 카바이드(CaC_2 : 탄화 칼슘)와 물을 반응시켜서 제조

$$CaC_2 + 2H_2O \longrightarrow Ca(OH)_2 + C_2H_2 \uparrow$$

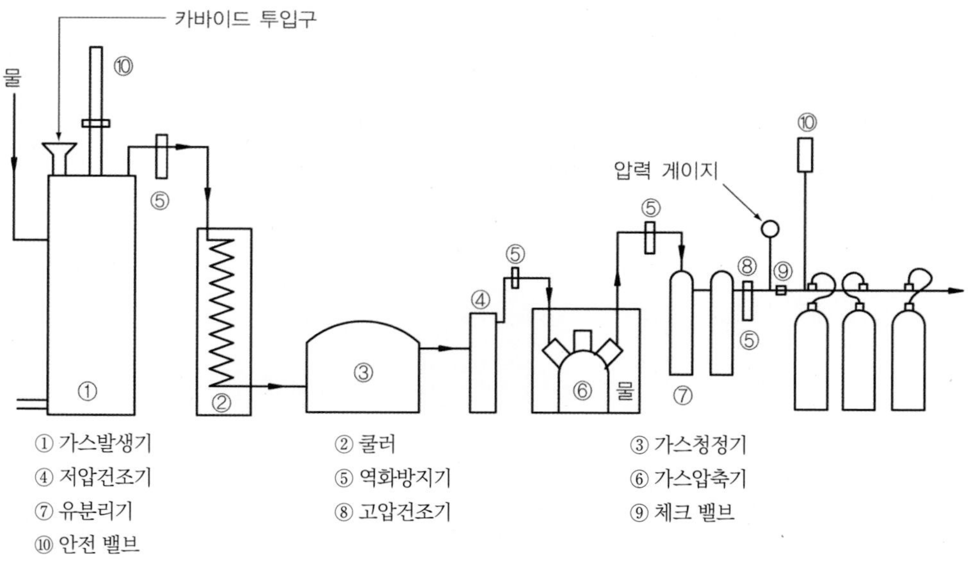

아세틸렌 제조공정도

② 가스 발생기

- 주수식 : 카바이드에 물을 넣는 방법
- 침지식(접촉식) : 물과 카바이드를 소량씩 접촉시키는 방법
- 투입식 : 물에 카바이드를 넣는 방법으로 대량생산에 적합
- 가스 발생기 발생압력에 따른 분류
  - 저압식 : 0.007[MPa] 미만
  - 중압식 : 0.007~0.13[MPa]
  - 고압식 : 0.13[MPa] 이상
- 가스 발생기 구비 조건
  - 구조가 간단하고 견고하며 취급이 간편할 것
  - 가열, 지열 발생 등이 적을 것
  - 가스의 수요에 맞고 일정한 압력을 유지할 것
  - 안전기를 갖추고 산소 역류, 역화 시 발생기에 위험이 미치지 않을 것
- 습식 가스 발생기의 표면 온도는 70[℃] 이하를 유지하도록 하고, 가스 발생기의 최적 온도는 50~60[℃]가 적합

③ 가스청정기 : 아세틸렌 속의 불순물을 제거

- 아세틸렌 불순물 : H_2, N_2, O_2, CO, H_2S, NH_3, PH_3(인화수소), SiH_4(규화수소)

NOTE

◈ 불순물의 영향
아세틸렌 순도 저하, 악취 발생, 충전 시 용제에 용해되는 것 방해

- 청정제
  - 에퓨렌(epurene)
  - 리카솔(rigasol)
  - 카타리솔(catalysol)

④ 건조기 : 아세틸렌 중의 수분을 제거
건조제 : 염화칼슘($CaCl_2$)

⑤ 압축기 : 내부 윤활유는 양질의 광유

- 압축기를 충분히 냉각시키기 위해 보통 수중에서 작동(20[℃] 이하)
- 아세틸렌 충전 시는 온도 여하에 불구하고 2.5[MPa] 이상 압력을 올리지 말 것(희석제 첨가)

NOTE

◈ 희석제

질소(N_2), 메탄(CH_4), 일산화탄소(CO), 에틸렌(C_2H_4), 수소(H_2), 프로판(C_3H_8), 이산화탄소(CO_2)

⑥ 역화방지기

- 역화방지기 설치할 곳
  - 아세틸렌의 고압 건조기와 충전용 교체 밸브 사이의 배관
  - 아세틸렌 충전용지관
- 역화방지기 내부물질 : 페로실리콘, 모래, 자갈, 물

⑦ 다공질물

- 다공질물을 충전하는 이유 : 용기의 내부를 미세한 간격으로 구분하여 분해폭발의 기회를 만들지 않고 분해 폭발이 일어나도 용기 전체로 파급되는 것을 막기 위해 채움
- 다공질물의 종류 : 규조토, 석면, 목탄, 석회, 산화철, 탄산 마그네슘, 다공성 플라스틱
- 다공도는 75~92[%] 미만

$$\text{다공도}[\%] = \frac{V - E}{V} \times 100$$

V : 다공질물의 용적
E : 아세톤 침윤 잔용적(침윤되지 않는 아세톤의 잔량)

- 다공질물의 구비 조건
  - 화학적으로 안정할 것
  - 고다공도일 것
  - 기계적 강도가 있을 것
  - 가스 충전이 용이할 것
  - 안전성이 있을 것
  - 경제적일 것
  - 가스 공급이 용이할 것

⑧ 용제

- 종류 : 아세톤, 디메틸포름아미드(D.M.F)
- 아세톤(acetone : $(CH_3)_2CO$)
  - 아세톤 1[ℓ]에 아세틸렌 25[ℓ] 정도가 용해
  - 아세톤 1[kg] 중에 약 450~500[g]의 아세틸렌이 용해
  - 아세톤은 비중이 0.795 이하인 것을 사용

⑨ 충전 작업

- 충전 중의 압력은 온도에 불구하고 2.5[MPa] 이하로 하여야 하며, 2.5[MPa] 이상의 압력으로 할 때는 희석제를 첨가
- 충전은 천천히 해야 하며 2~3회에 걸쳐 충전
- 충전 후의 압력은 15[℃]에서 1.55[MPa](F.P) 이하
- 충전 후 24시간 정치

4. 염소(Cl_2)

가. 특징

① 조연성이며 맹독성 기체(1[ppm])

- 수분을 함유한 철 등의 금속과 반응하여 부식시킴

$$Cl_2 + H_2O \longrightarrow HCl + HClO$$
$$Fe + 2HCl \longrightarrow FeCl_2 + H_2$$

- 메탄과 치환 반응

$$\underset{}{CH_4 + Cl_2} \longrightarrow \underset{(\text{염화메탄})}{CH_3Cl} \xrightarrow{Cl_2} \underset{(\text{염화메틸렌})}{CH_2Cl_2} \xrightarrow{Cl_2} \underset{(\text{클로로포름})}{CH_3Cl} \xrightarrow{Cl_2} \underset{(\text{사염화탄소})}{CCl_4 + HCl}$$

② 염소의 재해제 : 소석회[$(Ca(OH)_2)$], 가성소다 수용액(NaOH), 탄산소다 수용액(Na_2CO_3)

나. 염소 검출법

① 요드화 칼륨 녹말 종이(KI전분지)를 푸르게

② 암모니아에 작용시키면 염화암모늄의 흰 연기

다. 염소 용기

① 용기 도색 : 갈색이며 용접 용기

② 용기 재질 : 탄소강, 밸브의 재질은 황동

③ 스핀들의 재질 : 18-8 스테인리스강

④ 안전장치 : 가용전식을 사용(작동 온도는 65~68[℃])

5. 암모니아(NH_3)

가. 특징

① 물에 잘 녹으며(물 1cc에 800배), 증발잠열이 크므로 냉매로 이용

② 착염(착이온) 생성 : 구리(Cu), 은(Ag), 아연(Zn), 코발트(Co) 등과 반응하여 착염 생성

나. 누설검사

① 네슬러 시약 : 소량 - 황색, 다량 - 자색

② 적색 리트머스 시험지 : 청색으로 변화

③ 염화수소(HCl) : 백색 연기

④ 페놀프탈레인 용액 : 홍색

⑤ 취기

6. 일산화탄소(CO)

가. 가연성(12.5~74[%]), 독성(50[ppm])

나. 일반적으로 압력이 증가하면 폭발 범위가 넓어지나 일산화탄소는 압력이 증가할수록 폭발 범위가 좁아진다.

다. 금속 카보닐 생성

① 철, 니켈 등의 금속과 휘발성의 금속 카보닐을 생성

$$Ni + 4CO \xrightarrow{150℃} Ni(CO)_4 \text{(니켈 카보닐)}$$

$$Fe + 5CO \xrightarrow[\text{고압}]{150℃} Fe(CO)_5 \text{(철 카보닐)}$$

② 방지법 : 은(Ag), 동(Cu), 알루미늄(Al) 등으로 내면에 라이닝

라. 상온에서 염소와 반응하여 포스겐($COCl_2$)을 생성

$$CO + Cl_2 \xrightarrow{\text{활성탄}} COCl_2$$

7. 산화에틸렌(C_2H_4O)

가. 가연성(3~80[%])이며 독성(50[ppm])

나. 분해폭발 : 산화 에틸렌 증기를 열이나 충격 등에 의해 분해폭발의 위험

다. 중합폭발 : 산, 알칼리, 염화물, 산화철, 산화알루미늄 등에 의해 쉽게 중합폭발

라. 희석제 : 용기 내에 질소나 탄산가스와 같은 불활성 가스를 희석제로 미리 충전하여 폭발의 위험을 피함(※45[℃]에서 0.4[MPa] 이상이 되도록 N_2, CO_2 충전)

8. 시안화수소(HCN)

가. 액화가스로 가연성(6~41[%])이며 맹독성 기체(10[ppm])

나. 중합폭발 : 순수한 시안화수소는 안정하나 소량의 수분이나 알칼리성 물질을 함유하면 중합열에 의해 중합폭발의 우려

NOTE

◈ 중합방지 안정제

황산, 동망, 오산화인(P_2O_5), 염화칼슘($CaCl_2$), 인산(H_3PO_4), 아황산가스(SO_2)

9. 이산화탄소(CO_2)

가. 치환용 가스 : 불연성 가스로 N_2와 함께 치환용 가스로 사용

나. 드라이아이스의 원료로 사용(100[atm] 압축 후 −25[℃]로 냉각 단열팽창)

NOTE

저온장치 내에 수분이나 이산화탄소가 존재하면 얼음과 드라이아이스가 되어 장치가 폐쇄되므로 제거해야 한다.

다. CO_2 제거법 : 석회수[$Ca(OH)_2$]와 반응하여 탄산칼슘의 백색 침전물을 생성

10. 포스겐($COCl_2$)

극히 유독한 기체(0.05[ppm])

가. 가열하면 일산화탄소와 염소로 분해

$$COCl_2 \rightleftarrows CO + Cl_2$$

나. 가수분해하면 이산화탄소와 염산

$$COCl_2 + H_2O \longrightarrow CO_2 + 2HCl$$

다. 흡수제

① 포스겐의 제해제 : 가성소다(NaOH), 소석회[$Ca(OH)_2$]

$$COCl_2 + 4NaOH \longrightarrow Na_2CO_3 + 2NaCl + 2H_2O$$
$$COCl_2 + 2Ca(OH)_2 \longrightarrow CaCO_3 + CaCl_2 + 2H_2O$$

라. 제조법 : 일산화탄소와 염소로부터 제조

$$CO + Cl_2 \xrightarrow{\text{활성탄}} COCl_2$$

02 가스설비 및 기계장치

01 / LP가스

1. LP가스의 특징

가. 무색, 무취, 무독하다(1/1000 상태에서 감지할 수 있는 부취제 첨가).

나. 기화 및 액화가 용이하다.

다. LP가스는 공기보다 무겁다.

라. 연소 시 많은 공기가 필요하다.

마. 연소 시 발열량이 크다.

바. 연소 범위가 좁다.

사. 기화하면 부피가 커진다.

아. 증발잠열이 크다.

자. 착화온도(발화온도)가 높다.

차. 연소 속도가 늦다.

카. 액상의 LP가스는 물보다 가볍다.

타. 천연고무를 용해하는 성질이 있다.

2. LP가스 사용 시 장·단점

가. 장점

① 점화 및 소화를 자동화하기 쉽다.

② 발열량이 크고 열효율이 높다.

③ 화염 조절이 쉽고 공해가 없다.

④ 연소성이 좋아서 완전 연소한다.

⑤ 일정한 압력으로 공급 가능하다.

나. 단점

① 저장 탱크 및 용기 등의 집합장치가 필요하다.

② 연소 시 다량의 공기가 필요하다.

③ 재액화의 우려가 있다.

④ 공급 시에 예비용기의 확보가 필요하다.

3. LP가스 용기

가. 용기의 종류 : 용접 용기

나. 용기의 도색 : 회색

다. 안전 밸브 형식 : 스프링식

라. 최고충전압력 및 기밀시험압력 : 1.56[MPa]

마. 내압시험압력 : 2.6[MPa]

4. LP가스 이송설비

가. 탱크 자체의 압력에 의한 이송

나. 펌프에 의한 이송

① 장점

- 재액화 우려가 없다.
- 드레인 현상이 없다.

② 단점

- 베이퍼 록(Vapor Lock) 현상이 발생한다.
- 잔가스 회수가 불가능하다.
- 충전 시간이 길다.

NOTE

◈ 펌프 사용 시 발생되는 현상

- 서징(surging) 현상 : 펌프의 운전 시 토출 측 저항이 커지면 관로에 강한 맥동과 진동이 발생하여 양정과 토출량이 변하고 진동 소음이 발생하는 현상
- 캐비테이션(Cavitation) 현상 : 흡입 측 압력이 이송유체의 증기압보다 낮게 되는 경우 증기의 발생으로 기포가 발생하여 흐름이 불연속적으로 되고 소음과 진동이 발생되는 현상

다. 압축기에 의한 이송

① 장점

- 이충전 시간이 짧다.
- 베이퍼록 현상의 우려가 없다.

• 잔가스 회수가 용이하다.

② 단점

• 재액화의 우려가 있다.

• 윤활유의 혼입으로 드레인의 원인이 된다.

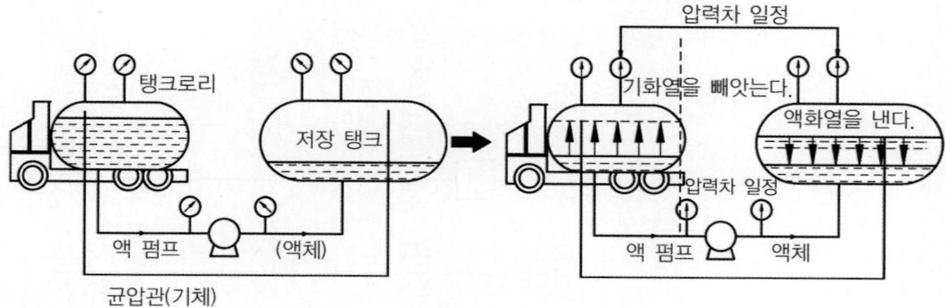

펌프에 의한 이송

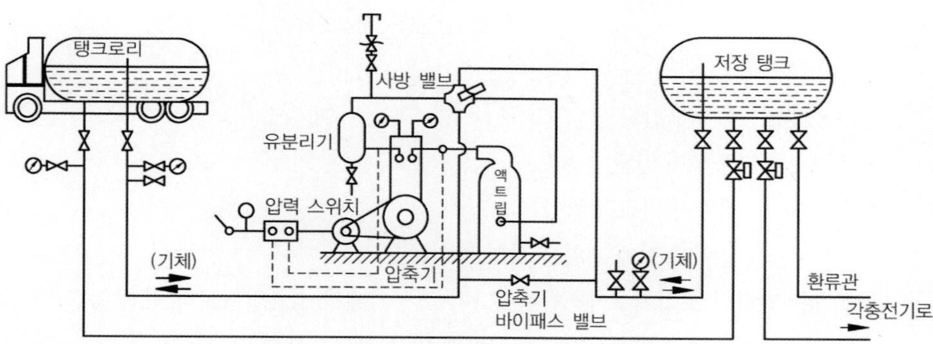

압축기에 의한 이송

NOTE

◈ LPG를 탱크로리에서 저장 탱크로 이충전하는 방법

• 차압을 이용하는 방법

• 펌프를 이용하는 방법

• 압축기를 이용하는 방법

5. LP가스 부속 설비

가. 조정기(regulator)

용기 내의 LP가스 압력을 연소기에서 연소시키는데 필요한 공급 압력으로 조정(감압)시키는 장치

① 1단(단단) 감압식 저압조정기 : 가스를 용기 내의 압력에서 조정기 하나로 감압하여 연소기구에 알맞은 압력으로 조정하여 공급하는 방식

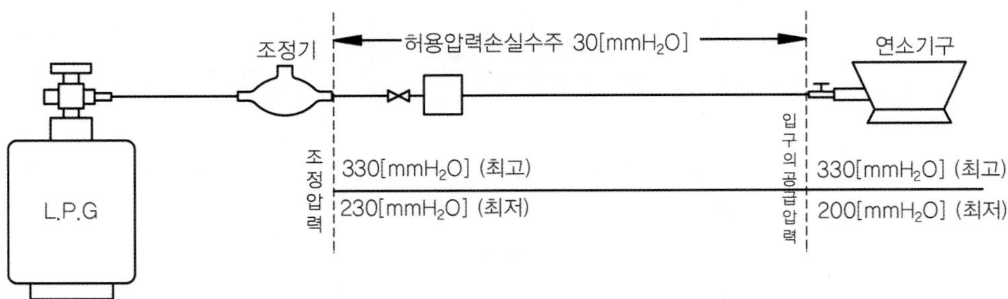

1단 감압식 저압 조정

- 장점 : 장치가 간단
  조작이 간단
- 단점 : 배관이 비교적 굵다.
  압력 조정에 정확을 기하기 힘들다.

② 2단 감압식 조정기 : 가스압력을 1차 조정기에서 소요압력보다 약간 높은 압력으로 감압하고 2차 조정기에서 연소기구에 알맞은 압력으로 조정하는 방식

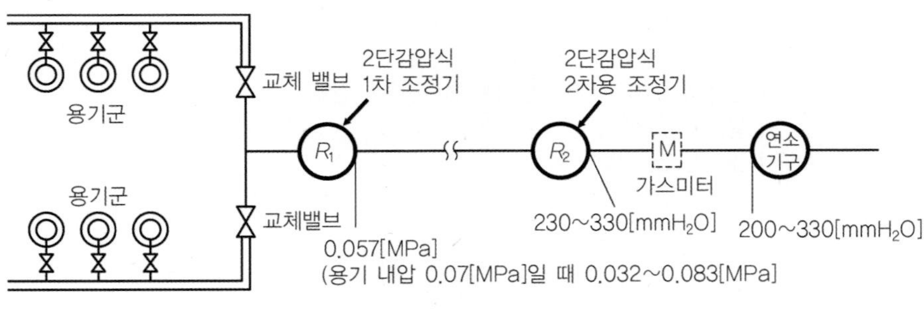

2단 감압식 조정기

- 장점 : 공급압력이 안정
  각 연소기구에 알맞는 압력으로 공급 가능
  배관의 지름이 작아도 된다.
  입상 배관에 의한 압력강하를 보정할 수 있다.
- 단점 : 설비비가 많이 소요
  조정기가 많이 소요
  재액화의 문제
  장치가 복잡하고 검사 방법도 복잡

③ 자동 교체식(절체식) 조정기 : 감압 방식은 2단 감압 방식이며, 용기가 사용 측과 예비측의 2개군으로 양쪽에 직접 접촉되어 있어 사용 측의 압력이 낮아지면 자동적으로 예비측 용기군으로 전환되어 가스 공급을 지속하는 방식으로 분리형과 일체형이 있다.

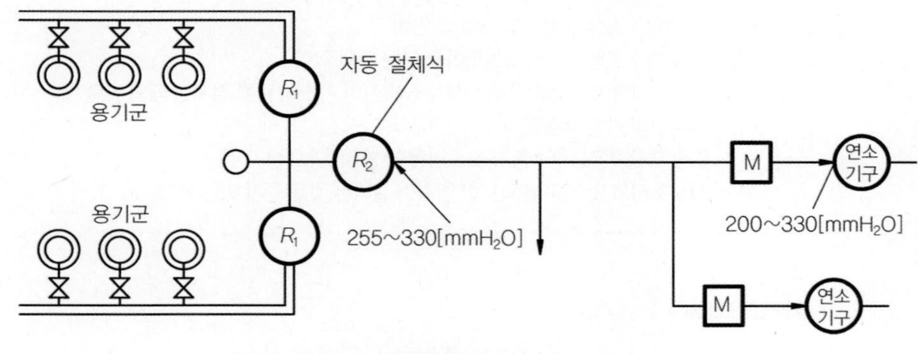

자동절체식 조정기

NOTE

◈ 자동 절체식(절환식) 조정기 사용 시 이점

- 전체 용기 수량이 수동교체식의 경우보다 적게 소요
- 잔액이 거의 없어질 때까지 소비 가능
- 용기 교환 주기의 폭을 넓힐 수 있다.
- 분리형을 사용하면 단단 감압식 조정기의 경우보다 도관의 압력손실을 크게 해도 무방하다.

④ 압력조정기 종류에 따른 입구압력 및 조정압력 범위

종류	입구압력	조정압력
1단 감압식 저압 조정기	0.07~1.56[MPa]	230~330[mmH_2O]
1단 감압식 준저압 조정기	1.0~1.56[MPa]	500~3,000[mmH_2O]
2단 감압식 1차용 조정기	1.0~1.56[MPa]	0.057~0.083[MPa]
2단 감압식 2차용 조정기	0.025~0.35[MPa]	230~330[mmH_2O]
자동절체식 일체형 조정기	1.0~1.56[MPa]	255~330[mmH_2O]
자동절체식 분리형 조정기	1.0~1.56[MPa]	0.032~0.083[MPa]

NOTE

◈ 조정기의 용어

- 기준압 : LP가스 사용 시 기준이 되는 압력
- 조정기 입구압 : 조정기 입구의 고압 측 압력
- 조정기 출구압 : 조정기에서 조정되어 나오는 측의 압력
- 폐쇄압 : 가스압력이 규정압력 이상으로 상승하여 가스 유출을 정지한 때의 압력
- 용량 : 조정기의 가스 유출량
  조정기의 규격용량 : 총가스 소비량의 150[%] 이상
- 안전장치 : 조정기 및 기구에 과도한 압력이 걸리는 것을 막기 위한 장치

나. 가스미터(gas meter)

소비자에게 공급하는 가스의 부피를 측정하기 위하여 사용

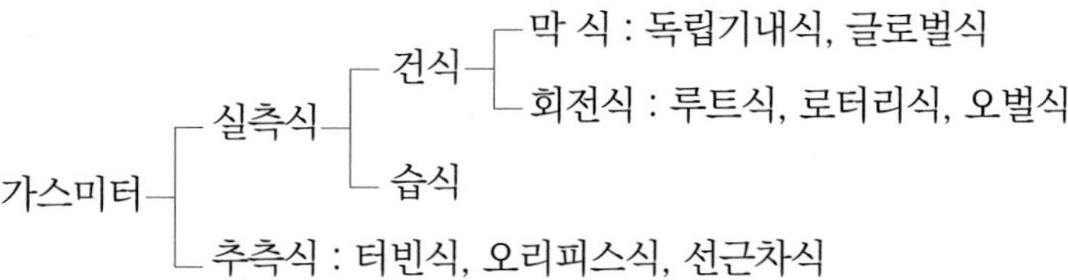

① 습식가스미터 : 용량 범위 0.2~3,000[m^3/h]

- 장점 : 계량이 정확하다.
  사용 중 기차의 변동이 거의 없다.
- 용도 : 가스미터의 기준용
  실험실 및 연구소용

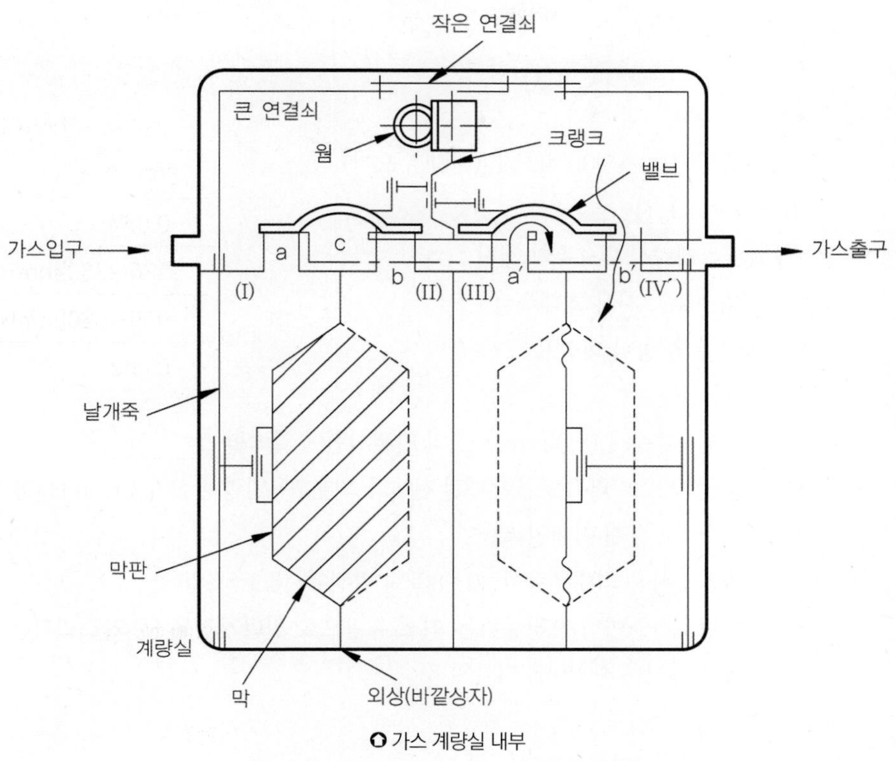

가스 계량실 내부

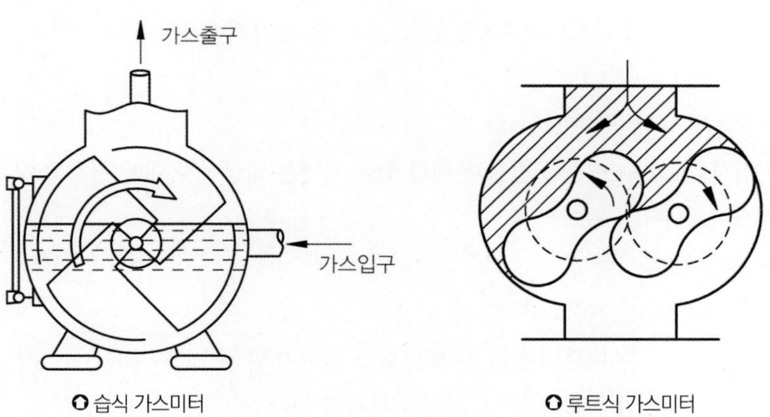

습식 가스미터 루트식 가스미터

② 막식 가스미터

- 저가이다.
- 부착 후의 유지 관리에 시간을 요하지 않는다.
- 일반 수요가로 1.5~200[m^3/h](대량 수요가)

③ 루트식 가스미터
- 대용량의 가스 측정에 적합하다.
- 설치 스페이스가 적다.
- 유량 범위 100~5,000[m^3/h](대량 수요가)

④ 가스미터의 표시
- ℓ/rev : 계량식 내 1주기 체적
- MAX[m^3/h] : 사용 최대유량
- 가스의 유입 방향(화살표 도시)

⑤ 가스미터 성능
- 기밀시험 : 수주 1,000[mmH_2O]의 기밀시험에 합격할 것
- 압력손실 : 가스미터를 포함한 배관 전체의 최대 허용압력 손실이 30[mmH_2O] 이내일 것
- 사용공차 : ±4[%] 이내일 것
- 검정공차 : 사용 최대유량의 20~80[%] 범위에서±1.5%일 것
- 감도유량 : 가스미터가 작동하는 최소 유량으로 일반가정용 LP 가스미터는 15[ℓ/h] 이하이고 막식은 3[ℓ/hr] 이하일 것

⑥ 가스미터 설치 기준
- 설치 높이는 지면으로부터 1.6[m] 이상 2[m] 이내
- 화기로부터 2[m] 이상 이격시키고 화기에 대하여 차열판을 설치할 것
- 전선으로부터 가스미터까지는 15[cm] 이상, 전기개폐기 및 안전기까지 60[cm] 이상 유지할 것
- 부착 및 교환작업이 용이할 것
- 직사광선이나 빗물을 받을 우려가 있을 시에는 격납상자 내에 설치할 것

⑦ 가스미터 부착 기준
- 수평으로 부착할 것
- 입구와 출구를 혼동하지 말 것
- 가스미터 또는 배관에 상호 무리한 힘을 가하지 말 것
- 가스미터의 입구배관에는 드레인을 부착할 것

다. LP가스 연소기구

① 연소기구가 갖추어야 할 기본 조건
- LP 가스를 완전 연소시킬 수 있을 것
- 열을 가장 유효하게 이용할 수 있을 것

• 취급이 간편하고 안전성이 높을 것

② 연소 방법

• 분젠식 연소법 : 가스를 노즐로부터 분출시켜 공기구멍에서 연소에 필요한 공기(1차 공기)를 일부 흡입하고 주위에서 일부(2차 공기) 취하여 연소시키는 방식
• 세미분젠식 연소법 : 분젠식과 적화식의 중간 형태로 미리 1차 공기량을 제한하여 내염과 외염이 확실히 구분되지 않음
• 적화식 연소법 : 가스를 그대로 대기 중에 분출시켜 연소에 필요한 공기를 전부 주위(2차공기)에서 취하는 방식

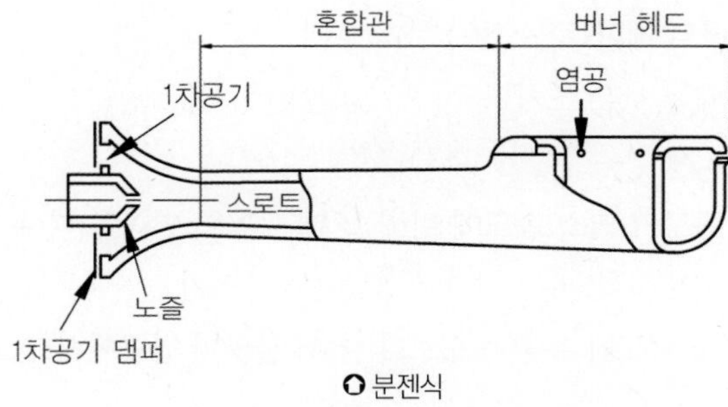

분젠식

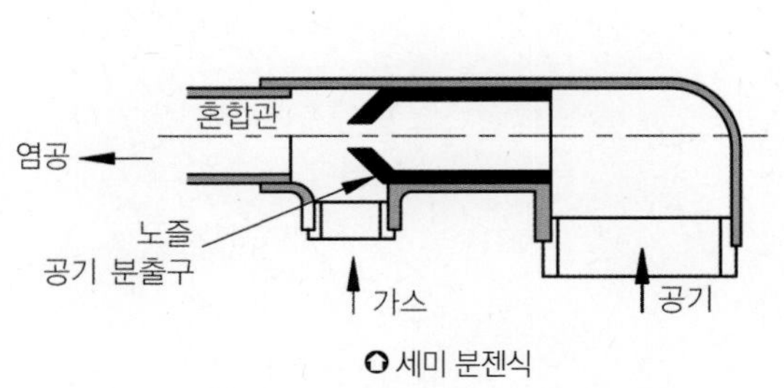

세미 분젠식

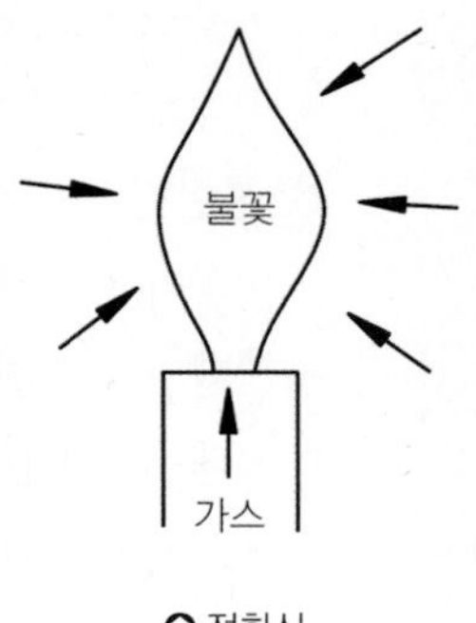

적화식

③ 급배기 방식에 따른 연소기구

• 개방형 가스 기구 : 연소에 필요공기를 실내에서 흡입하고 배기가스를 실내로 배출하는 방식
• 반밀폐형 가스기구 : 연소에 필요공기를 실내에서 흡입하고 배기가스를 옥외로 배출하는 방식
• 밀폐형 가스기구 : 연소에 필요공기를 옥외에서 흡입하고 배기가스를 옥외로 배출하는 방식

④ 연소장치

㉮ 버너 :

- 메인 버너 : 버너 모양에 따른 분류 - 링 버너, 파이프 버너, 익형 버너, 윤켈 버너, 플레어 버너
  염구 모양에 따른 분류 - 원공 버너, 슬리트 버너, 철망식 버너, 리본 버너
- 파일럿 버너(점화용)

㉯ 노즐 : 평 노즐, 튀어난 노즐, 감속 노즐, 매립 노즐

⑤ 배기통(연통)

- 연통 수평부의 높이는 5[m] 이하로 제한
- 굴곡부의 수(n)는 4개소 이하로 제한
- 높이(h)가 10[m]를 초과할 때는 보온 조치

⑥ 연소의 이상현상

- 선화(lifting) : 가스의 유출 속도가 연소 속도에 비해 클 때 불꽃이 염공을 떠나 연소하는 현상
- 역화(back fire) : 가스의 연소 속도가 유출 속도보다 클 때 불꽃이 염공에서 연소기 내부로 침입하는 현상
- 블로 오프(blow off) : 불꽃 주위의 공기 움직임이 세지면 불꽃이 노즐에 정착하지 않고 떨어져서 꺼져버리는 현상

⑦ 불완전연소 원인

- 공기 공급량 부족
- 환기 불충분
- 배기 불충분
- 프레임 냉각
- 가스 조성이 맞지 않을 때
- 가스기구 및 연소기구가 맞지 않을 때 : 급배기 방식에 따른 연소기구 분류

02 / 도시가스

1. 도시가스의 원료

가. 저장 상태에 따라

① 고체연료 : 석탄, 코크스

② 액체연료 : 나프타, LPG, LNG

③ 기체연료 : 천연가스, 정유가스(off gas)

나. 나프타(Naphtha)

원유의 상압 증류에 따라 얻어지는 비점 200[℃] 이하의 유분으로 비중이 0.67 이하를 light 나프타, 0.67 이상을 heavy 나프타라 한다.

다. LNG(Liquefied Natural Gas) : 액화천연가스

① 성상

- 주성분은 메탄이고 에탄 등의 탄화수소로 구성
- 무색, 무미, 무취의 공기보다 가벼운 가연성 가스(폭발 범위 5~15[%])
- 자연계에 존재하며 천연가스, 유기물의 분해로 발생하는 파라핀계 탄화수소
- 상온에서 기체(비점이 -162[℃])로 액화하면 부피가 약 1/600로 감소
- 발열량은 약 10.500[kcal/Nm³]
- 액 비중은 약 0.425로서 물보다 가볍다.
- 공기 중에서 연소하며 폭발 : $CH_4 + 2O_2 \longrightarrow CO_2 + 2H_2O$

② 도시가스의 제조

- 원료 송입법에 의한 분류 : 연속식, 배치식, 사이클링식
- 가열 방식에 의한 분류 : 외열식, 축열식(내열식), 부분연소식, 자열식
- 가스 제조 방식(process)

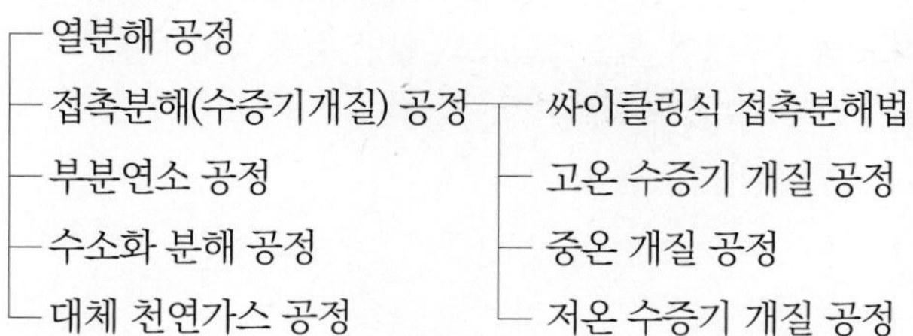

NOTE

◈ **열분해공정**
나프타, 원유, 중유 등의 분자량이 큰 탄화수소 원료를 고온(약 900[℃])으로 분해하여 발열량 10,000[kcal/Nm^3] 정도의 고열량 가스를 제조하는 공정

◈ **접촉분해(수증기 개질) 공정**
촉매를 사용하여 탄화수소와 수증기를 온도 400~800[℃]에서 반응시켜서 수소, 메탄, 일산화탄소, 에틸렌, 탄산가스 등의 가스로 변화시키는 공정

◈ **부분연소 공정**
탄화수소의 분해에 필요한 열을 노내에 산소나 공기를 취입함으로써 원료의 일부를 연소시켜 연속적으로 보충하여 2,000~3,000[kcal/Nm^3] 정도의 가스를 제조하는 공정

◈ **수첨분해공정**
고온고압하에 탄화수소를 수소기류 중에서 열분해 또는 접촉분해하여 CH_4을 주성분으로 하는 고열량 가스를 제조하는 공정

◈ **대체천연가스 제조공정**
천연가스 이외의 석탄, 원유, 납사, LPG 등의 각종 탄화수소 원료로부터 천연가스의 물리적, 화학적 성질이 비슷한 가스를 제조하는 공정

라. 가스공급방식 및 공급설비

① 고압공급 : 가스 제조소에서 고압으로 송출하여 고압 정압기에 의해 중압으로 다시 지역 정압기에 의해 저압으로 조정하여 수요가에 공급하는 방식
- 가스 압력 : 1[MPa] 이상
- 특징 : 공급구역이 넓고 다량의 가스를 장거리 송출할 때 수송압력을 높여 주면 큰 배관을 사용하지 않고 많은 양을 수송할 수 있으므로 경제적이다.

② 중압공급 : 가스 제조소에서 중압으로 송출하여 공급 구역 내에 설치된 지역정압기에 의해 저압으로 하여 가스 수요가에 공급하는 방식
- 가스압력 : 중압 B → 0.1[MPa] 이상~0.3[MPa] 미만
  중압 A → 0.3[MPa] 이상~1[MPa] 미만
- 특징 : 공급량이 많고 공급처까지의 거리가 멀 때 사용

③ 저압공급 : 일반수요가를 대상으로 공급하는 방식
- 가스압력 : 0.1[MPa] 미만
- 특징 : 공급량이 적고 공급구역이 좁은 소규모의 일반 주택 등에 사용

2. 부취제

가. 부취제의 구비 조건

① 독성이 없을 것

② 일반적인 냄새와 명확히 구분될 것
③ 저농도에서도 냄새를 알 수 있을 것
④ 부식성이 없을 것
⑤ 토양에 대한 투과성이 좋을 것
⑥ 물에 용해되지 않을 것

나. 부취제 종류 및 취기
① T.H.T(Tetra Hydro Thiophen) : 석탄가스 냄새
② T.B.M(Tertiary Buthyl Mercton) : 양파썩는 냄새
③ D.M.S(Dimethyl Sulfide) : 마늘 냄새

다. 부취제 주입설비
① 액체주입식 : 가스흐름에 직접 액체 상태로 주입하여 가스 중에서 기화 확산시키는 방식
- 종류 : 펌프 주입방식, 적하 주입방식, 미터 연결 바이패스 방식

② 증발식 부취설비 : 가스 흐름에 부취제의 증기를 직접 혼합시키는 방식으로 동력이 필요 없고 설비가 경제적이다.
- 종류 : 바이패스 증발식, 위크 증발식

3. 기화기(Vaporizer)

가. 기화기 사용 시 이점
① LP 가스의 종류에 관계없이 한랭 시에도 충분히 기화시킬 수 있다.
② 공급가스의 조성이 일정하다.
③ 설치면적이 적어도 되고 기화량을 가감할 수 있다.
④ 설치비 및 인건비를 절감할 수 있다.

나. 기화기의 분류
① 작동에 따른 분류 : 가온 감압방식, 감압가온방식
② 장치의 구성형식에 따른 분류 : 단관식, 다관식, 사관식, 열판식
③ 증발형식에 따른 분류 : 순간증발식, 유입증발식
④ 가열방식에 따른 분류 : 온수가스가열식, 온수전기가열식, 온수스팀가열식, 대기온이용식

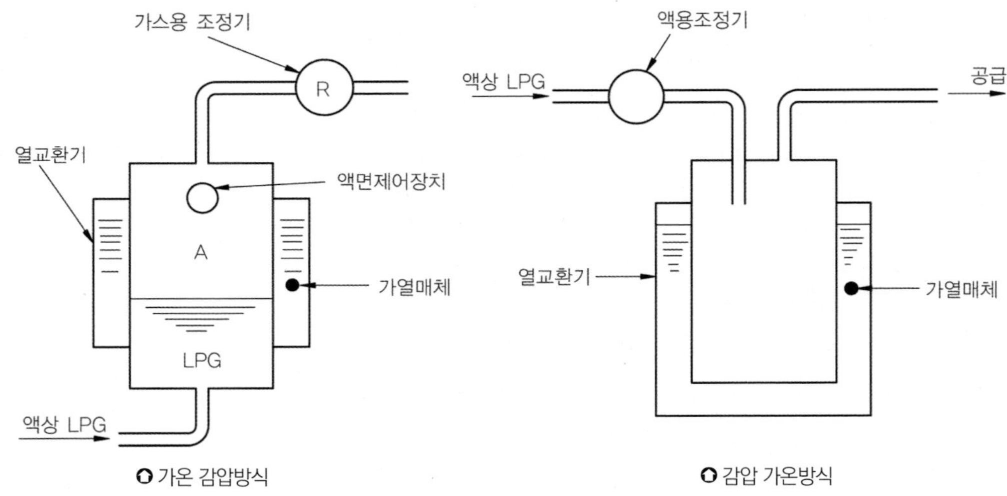

가온 감압방식
감압 가온방식

다. LNG의 기화장치

① 베이스 로드용
- 대표적으로 오픈라크 베이퍼라이저
- 여러 개의 핀 튜브로 된 패널과 패널 사이를 해수로 가열하여 기화

② 피크세이빙용
- 대표적으로 서브머지드 베이퍼라이저
- 에어리프트 효과에 의해 열교환기 층을 상승하는 운동으로 기화

③ 중간매체식 : 해수와 LNG 사이를 중간 열매체(C_3H_8)를 개입시켜 기화

라. 기화기의 사용 기준

① 부식 및 갈라짐 등의 결함이 없을 것
② 2.6[MPa] 이상의 압력으로 행하는 내압시험에 합격한 것일 것
③ 직화식으로 직접 가열하는 구조가 아닐 것
④ 액상의 LP가스 유출을 방지하는 조치를 강구할 것
⑤ 온수부의 동결 방지 조치를 강구할 것

4. 정압기(Governor)

가. 역할

1차 압력 및 부하유량의 변동에 관계 없이 2차 압력을 일정하게 유지

나. 분류

① 용도에 따른 분류 : 기정압기, 지구 정압기, 수요자 전용정압기

② 작동원리에 따른 분류 : 직동식, 파일럿식(로딩형, 언로딩형)

③ 형식에 따른 분류 : 피셔식, 레이놀드식, 엑셜 - 플로워식(A.F.V)

다. 정압기의 종류

① 직동식 정압기 : 정압기의 작동원리 중 기본이 되는 정압기

NOTE

◈ **작동원리**

- 설정압력이 유지될 때 : 2차 압력과 스프링의 힘이 평형 상태를 유지하며 메인 밸브는 움직이지 않고 일정량의 가스 공급
- 2차 압력이 설정압력보다 높을 때 : 가스 수요량의 감소로 인하여 설정압력 이상이 되면 스프링의 힘에 의하여 메인 밸브가 위쪽으로 상승하여 유량을 제한하므로 2차 압력이 설정압력을 유지하도록 한다.
- 2차 압력이 설정압력보다 낮을 때 : 가스 수요량의 증가로 인하여 설정압력 이하가 되면 스프링의 힘에 의하여 메인 밸브가 많이 열리게 되어 유량이 증가하므로 2차 압력이 설정압력을 유지하도록 한다.

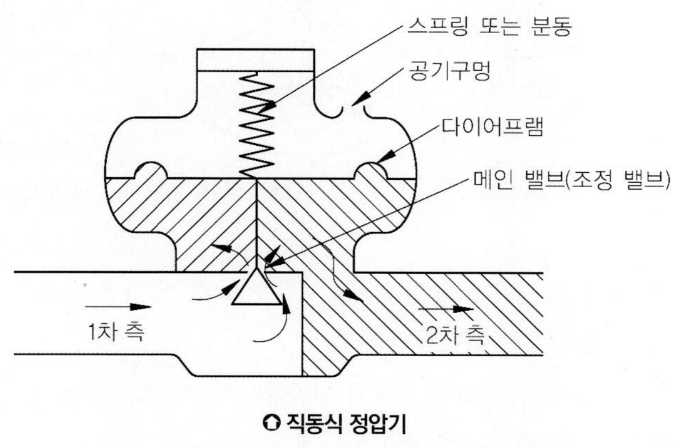

직동식 정압기

② 파일럿식 정압기 : 가스량에 따라 파일럿과 누름장치 사이의 구동압력이 작용하여 스프링의 힘에 의해 일정 압력을 유지시키는 형식으로 로딩형과 언로딩형이 있다.

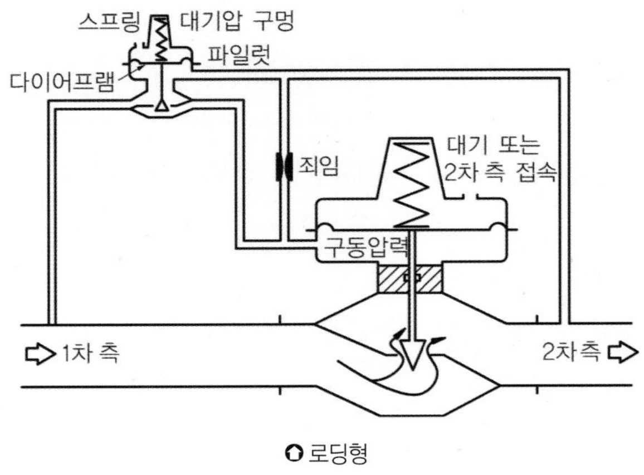

로딩형

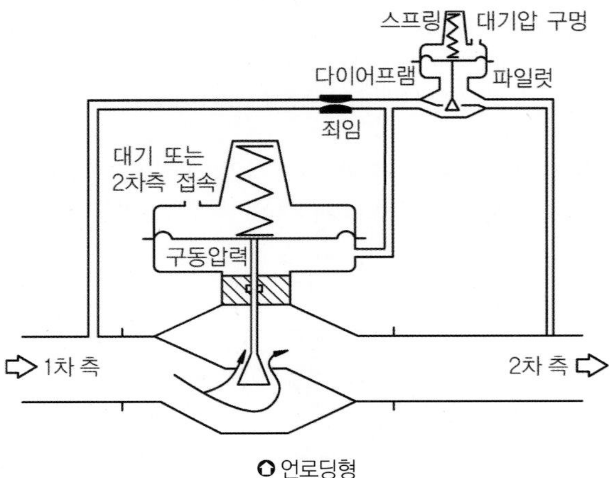

언로딩형

라. 정압기 특성

① 정특성 : 유량과 2차 압력과의 관계

② 동특성 : 부하 변동에 대한 응답의 신속성

③ 유량특성 : 밸브 열림과 유량과의 관계

마. 정압기 설치 기준

① 가스 차단 장치 : 입구 및 출구

② 불순물 제거 장치 : 입구

③ 이상압력 방지 장치 : 출구

④ 침수 방지 장치 : 지하 설치 시

⑤ 동결 방지 장치

⑥ 방진장치

⑦ 점검 : 분해 점검(2년에 1회), 작동 상황(1주 1회)

바. 정압기의 승압 방지 조치

① 저압 홀더의 되돌림

② 저압배관의 루프화

③ 2차 측 압력 감시장치

④ 정압기 2계열 설치(직렬, 병렬 설치)

5. 저장시설

가. 용기

① 용기의 구비 조건

- 경량이고 충분한 강도를 가질 것
- 저온 및 사용 온도에 견디는 연성, 점성 강도를 가질 것
- 내식성, 내마모성을 가질 것
- 가공성, 용접성이 좋고 가공 중 결함이 생기지 않을 것

② 무계목 용기(시임레스 용기, 이음매 없는 용기)

산소, 수소, 질소, 아르곤, 헬륨 등의 고압압축가스 또는 이산화탄소, 에틸렌 등 상온에서 높은 증기압을 갖는 가스, 염소 등의 부식성이며 맹독성 가스 등을 저장

- 제조법 : 만네스만식, 에르하르트식, 딥드로우잉식
- 장점 : 이음새가 없으므로 고압에 잘 견딘다.
  내압에 의한 응력 분포가 균일하다.
- 재료 : C - 0.55[%] 이하
  P - 0.04[%] 이하
  S - 0.05[%] 이하

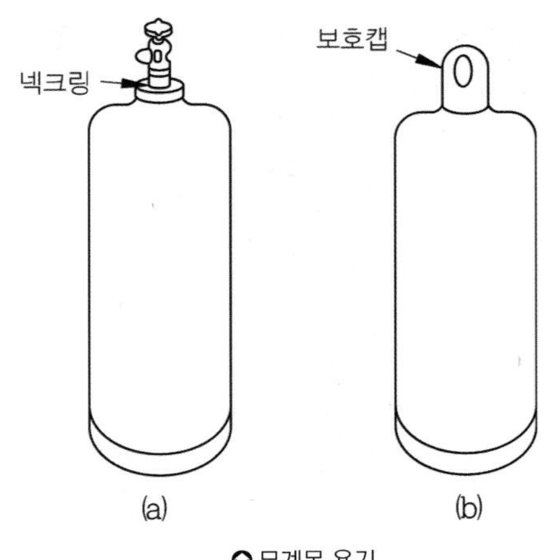

무계목 용기

③ 계목 용기(웰딩 용기, 용접 용기)

LPG, C_2H_2 등 비교적 저압가스용

- 장점 : 강판이 저렴하므로 제작비가 싸다.
  용기의 형태, 치수가 자유롭다.
  두께공차가 적다.
- 재료 : C - 0.33[%] 이하
  P - 0.04[%] 이하
  S - 0.05[%] 이하

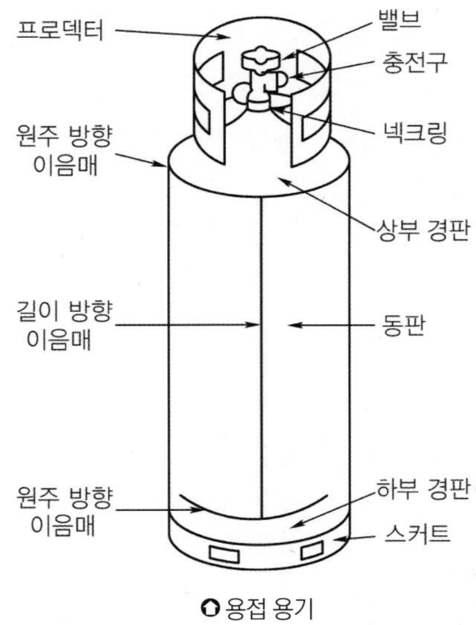

용접 용기

④ 초저온 및 저온용기

• 초저온 용기 : 임계온도가 -50[℃] 이하인 액화가스를 충전하기 위한 용기로서 단열재로 피복하거나 냉동 설비로 냉각하는 등의 방법으로 용기 내의 가스 온도가 상용의 온도를 초과하지 않도록 조치한 용기

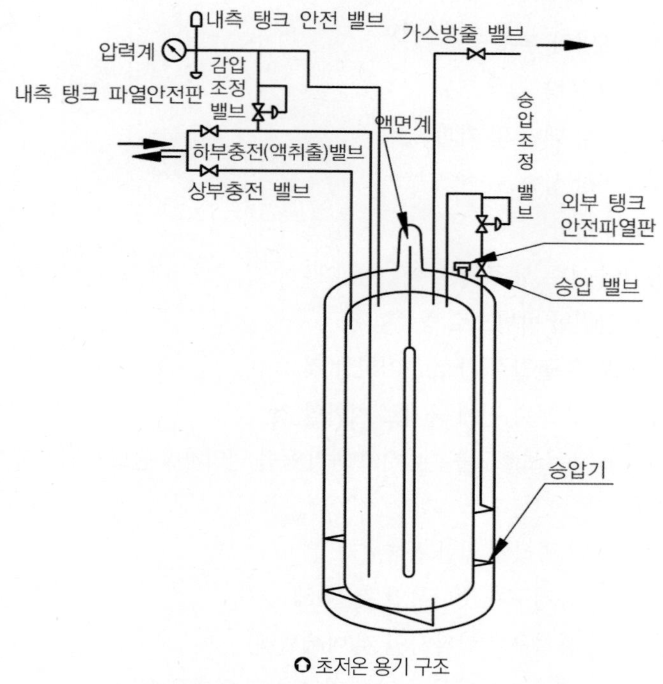

초저온 용기 구조

NOTE

◈ **외통과 내통 사이를 10^{-6}[mmHg] 정도의 진공으로 하는 목적 :**
열 전달을 차단하기 위함

◈ **재료**
알루미늄 합금 또는 초저온 용기 오스트나이트계 스테인리스강

⑤ LPG 용기 제작 시 부식 방지를 위한 전처리 항목

탈지, 피막화성 처리, 산 세척, 쇼트블라스팅, 에칭 프라이머

⑥ LPG용기 안전기준

• LPG 용기저장소의 안전관리 기준
  - 40[℃] 이하로 보관할 것
  - 통풍이 양호한 장소에 보관할 것

- 습한 곳을 피할 것
- 2[m] 이내에 인화성 및 발화성 물질을 두지 말 것
- 빈 용기와 충전용기는 구분하여 저장할 것

• LPG 용기의 파열사고 원인
- 용기의 내압력 부족
- 용기 재질 불량
- 용기의 검사 태만 및 기피
- 내압의 이상 상승
- 용접상의 결함

• LPG용기의 보수 시 주의 사항
- 가스를 안전한 방법으로 방출할 것
- 가스 방출 후 불활성 가스로 치환할 것
- 용기 검사 및 보수 전에 공기로 치환할 것
- 가스 방출 시는 보호구를 준비하고 화기 등을 멀리하며 반드시 감독자의 지시를 따를 것

⑦ 용기용 밸브

• 가스 충전구의 형식에 의한 종류
- A형 : 가스 충전구가 숫나사인 것(산소)
- B형 : 가스 충전구가 암나사인 것(아세틸렌)
- C형 : 가스 충전구가 나사가 없는 것(캐비넷 히터용 부탄용기)

• 밸브 구조에 의한 종류 : 패킹식, O링식, 백시트식, 다이어프램식

NOTE

◈ 가스충전구
가연성 가스의 경우 왼나사, 기타 가스의 경우 오른나사로 되어있으나 브롬화메탄과 암모니아는 가연성이지만 오른나사로 되어 있다.

나. 저장 탱크

① 원통형 저장 탱크

• 특징 : 동일 용량일 경우 구형에 비해 표면적이 크다.
구형에 비해 제작 및 조립이 용이
운반이 쉬움

• 입형 : 설치 면적은 작으나 풍압 및 지진 등에 견딜 수 있도록 판 두께를 두껍게 해야 한다.

$$V = \pi\gamma^2\iota$$

γ : 탱크 반지름[m] ι : 원통부 길이[m] V : 탱크 내용적[m³]

• 횡형 : 설치 면적은 크나 안전성이 크므로 대부분 횡형으로 설치

$$V = \pi\gamma^2(\iota + \frac{\iota_1 + \iota_2}{3})$$

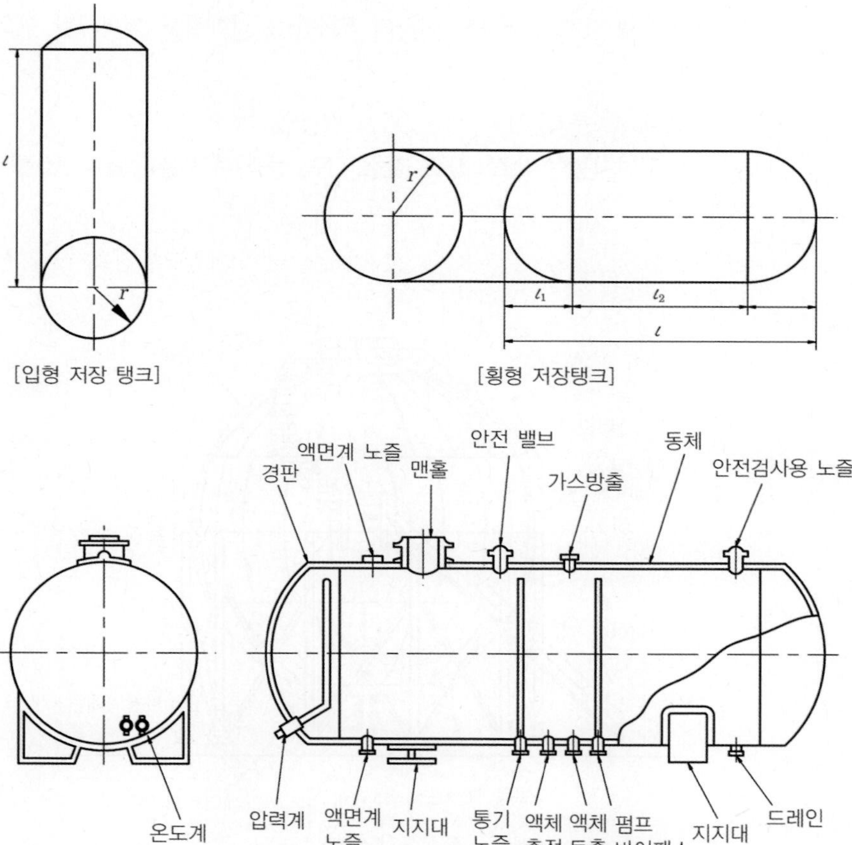

⊙ 원통형 저장 탱크 구조

② 구형 저장 탱크

- 특징 : 고압용 저장 탱크로서 건설비가 싸다.
  형태가 아름답다.
  표면적이 적고 강도가 크다.
  보존면에서 유리하고 누설이 완전 방지된다.
  기초 및 구조가 단순하며 공사가 용이하다.
- 종류
  - 단각식 구형 저조 : 상온 또는 －30[℃] 전후까지의 범위에 적합
  - 2중각식 구형 저조 : －50[℃] 이하의 액화산소, 액화질소, 액화메탄, 액화에틸렌 등을 저장
  - 구면 지붕형(돔 루프) 저조
  - 2중각식 구면지붕형 저조 : 산소, 질소, LNG 등 특히 저온의 액화가스를 저장하는데 적합하다.

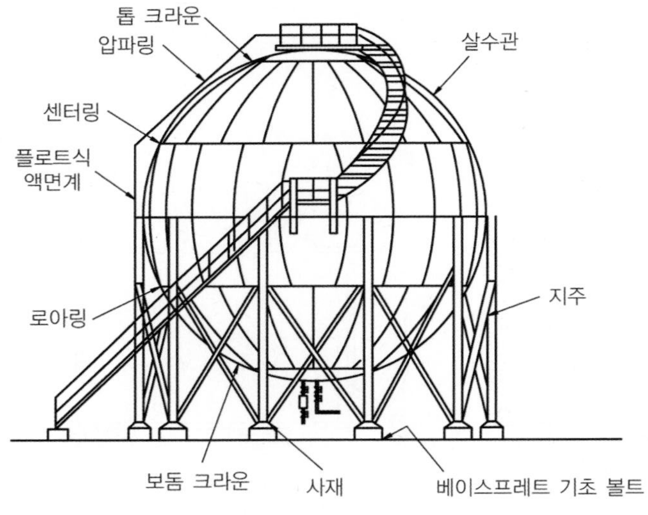

⭘ 구형 저장 탱크의 구조

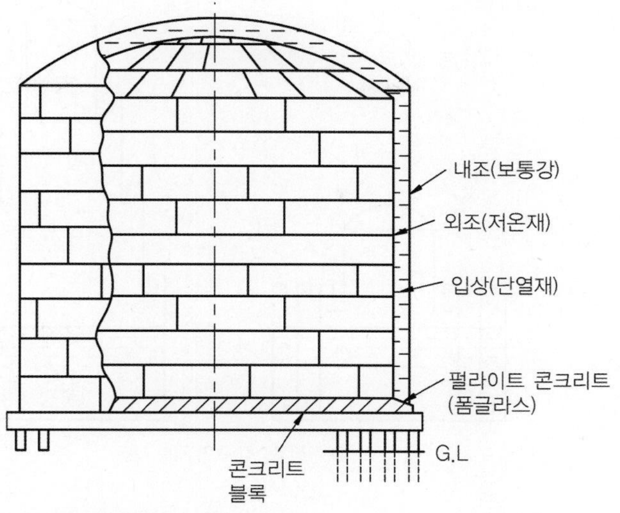

⊙ 구형 2중각 구면 지붕 저조

다. 가스 홀더

① 기능

- 제조가 수요를 따르지 못할 때 공급량을 확보
- 정전, 배관 공사 등으로 공급의 일시적인 중단 시 공급량 확보
- 조성이 변화는 가스를 저장하여 가스의 열량, 성분, 연소성 등 균일화
- 피크 시 배관 수송량 감소

② 유수식 가스 홀더

- 설비가 저압인 경우 사용
- 구형 홀더에 비해 유효 가동량이 큼
- 동결 방지 장치 필요
- 대량의 물이 필요
- 압력이 가스 탱크부의 저수량에 따라 변동

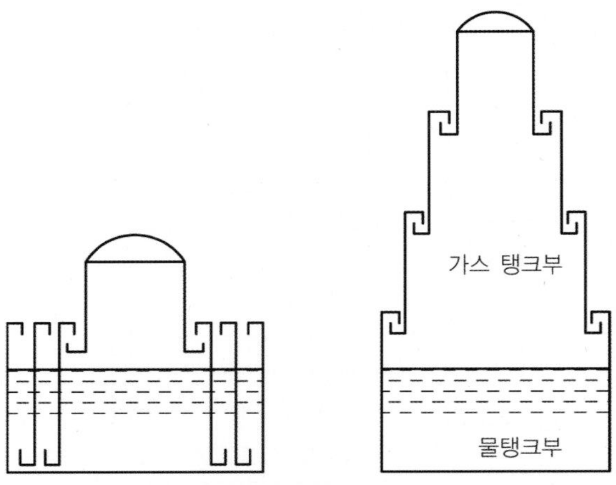

○ 구형 2중각 구면 지붕 저조

③ 무수식 가스 홀더

- 기체 상태로 저장 가능
- 유수식에 비해 작동 중의 가스 압력이 일정

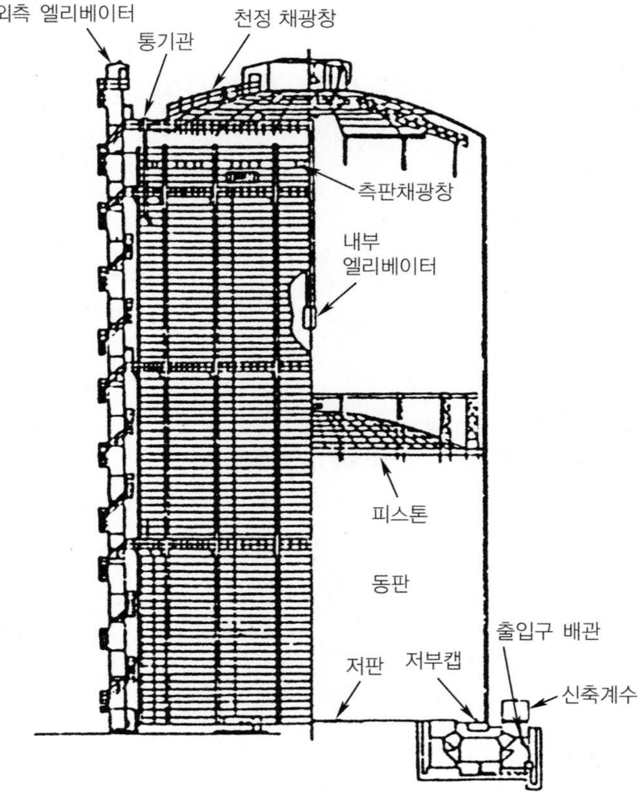

○ 구형 2중각 구면 지붕 저조

- 수조가 없으므로 기초가 간단하고 설비가 경제적
- 구형 홀더에 비해 유효 가동량이 크다.

④ 고압 홀더(서어징 탱크)

- 표면적이 적어 다른 홀더에 비해 단위가스저장량이 많다.
- 부지 면적과 기초공사가 경제적
- 기체 상태로 저장이 용이
- 가스 홀더의 압력을 이용하여 가스를 공급
- 관리가 용이
- 부압에 약하다.

⑤ 가스홀더의 용량

$$S \times a = \frac{t}{24} \times M + \Delta H$$

ΔH : 가스 홀더 가동 용량 $\Delta H = a \cdot S - \frac{t}{24} \cdot M$
S : 최대 공급량[m^3/day] M : 최대 제조능력[m^3/day]
t : 시간당 공급량이 제조능력보다도 많은 시간
a : t 시간의 공급률

03 / 압축기와 펌프

1. 압축기

가. 압축기 분류

① 체적식(용적식) : 피스톤이나 회전자식 운동으로 가스 압축

- 왕복동식 : 횡형, 입형, 고속다기통형
- 회전식 : 고정식형, 회전익형
- 스크류식(나사식)

② 원심식(터보식) : 고속 회전하는 임펠러의 원심력에 의해 기체 압축

- 원심식 : 터보형 - 임펠러의 출구각이 90°보다 작을 때
  레이디얼형 - 임펠러의 출구각이 90°일 때
  다익형 - 임펠러의 출구각이 90°보다 클 때
- 축류식 : 전치정익형, 후치정익형, 전후치정익형

• 혼류식

나. 압축기 특징

① 왕복동 압축기

• 용적형이고, 오일윤활식과 무급유식이 있다.
• 오일 혼입 우려
• 소음 · 진동이 크며 방진 장치 필요
• 용량 변화가 적고 쉽게 고압이 얻어진다.
• 압축 효율이 높고 용량 조절이 용이
• 반드시 흡입, 토출밸브가 필요

② 회전식 압축기

• 용적형이고 소용량이다.
• 압축이 연속적이고 고진공을 얻을 수 있다.
• 진동 · 소음이 적고 체적효율이 양호하다.
• 활동 부분의 정밀도와 내마모성이 요구된다.
• 흡입 밸브가 없어 구조가 간단하다.

③ 터보 압축기

• 원심형이며 무급유식이다.
• 고속이고 소형이며 설치 면적이 작고 대용량에 적합
• 토출 압력 변화에 의한 용량 변화가 크다.
• 기체의 맥동이 없고 연속 토출한다.
• 용량 조정이 어렵고 범위가 좁다.
• 기계적 접촉부가 적으므로 마찰손실이 적다.
• 운전 중 서징 현상에 주의 할 필요가 있다.

다. 압축기의 압출량

① 왕복동 압축기

$$Q = \frac{\pi}{4} D^2 \times L \times N \times R \times 60 [m^3/h]$$

Q : 압출량$[m^3/h]$ D : 피스톤 지름[m]
L : 피스톤 행정[m] N : 기통수
R : 분당 회전수[rpm]

② 회전식 압축기

$$Q = \frac{\pi}{4}(D^2 - d^2)\, t \times N \times 60$$

D : 실린더 안지름[m]　　d : 회전 피스톤의 바깥지름[m]
t : 압축 부분의 두께[m]　　N : rpm(분당 회전수)

라. 압축비

① 단단 압축기의 경우

$$r = \frac{P_2}{P_1}$$

② 다단 압축기의 경우

$$r = Z\sqrt{\frac{P_2}{P_1}}$$

P_1 : 흡입절대압력[kg/cm²a]　　P_2 : 흡입절대압력[kg/cm²a]
Z : 단수　　r : 압축비

③ 다단 압축의 목적

- 소요일량 절약
- 이용 효율 증가
- 힘의 평형이 양호
- 가스의 온도 상승 방지

마. 압축기의 내부 윤활유

- 산소 압축기 : 물 또는 10[%] 이하의 묽은 글리세린 수
- 염소 압축기 : 진한 황산
- 아세틸렌 압축기 ─ 양질의 광유
- 공기 압축기 ─ 양질의 광유
- 수소 압축기 ─ 양질의 광유
- LPG : 식물성유
- 이산화황 : 화이트유

바. 용량제어 방법

- 회전수 가감에 의한 방법
- 흡입 및 토출 댐퍼에 의한 조절
- 베인 콘트롤(깃각도 조절)에 의한 방법
- 바이패스에 의한 방법

사. 압축기의 이상 현상 …… 서징(surging) 현상

① 현상 및 발생 원인 : 압축기와 송풍기 · 펌프에서 토출 측 저항이 커지면 풍량이 감소하고, 어느 풍량까지 감소하였을 때 관로에 강한 공기의 맥동과 진동을 발생시 켜 불안정한 운전이 되는 현상

② 방지법

- 배관 내 경사를 완만하게 고려
- 가이드 베인을 컨트롤해 풍량을 감소
- 회전수를 적당하게 변화
- 교축 밸브를 압축기에 가까이 설치

2. 펌프

가. 터보식 펌프

① 종류

- 원심 펌프(센트리퓨걸) ─┬─ 볼류트 펌프 : 가이드 베인이 없다.
  └─ 터빈 펌프 : 가이드 베인(안내깃)이 있다.
- 사류 펌프 : 축에 대하여 경사지게
- 축류 펌프 : 회전 방향은 축 방향으로

② 원심 펌프 특징

- 용량에 비해 설치 면적이 작으며 소형
- 맥동현상이 없으며 흡입, 토출 밸브가 없다.
- 대용량의 액 수송에 적합
- 정상운전을 위해서는 액을 케이싱 내에 충만시켜야 한다.

나. 용적식 펌프

① 왕복 펌프 : 피스톤, 플린저, 다이어프램 펌프

② 회전 펌프 : 기어 펌프, 나사 펌프, 베인 펌프

다. 회전 펌프(rotary pump)

① 고속 회전이 가능하며 고압을 얻을 수 있다.

② 고점도 수송이 가능하며 소음진동이 없고 맥동현상이 없다.

③ 체적 효율이 좋다.

④ 토출압 변화에 따른 토출량 변화가 적다.

라. 펌프의 이상 현상

① 캐비테이션(공동현상) : 펌프의 흡입 측 유체배관 내의 정압이 그때 온도에 해당하는 증기압보다 낮게 되면 유체가 부분적으로 증발을 일으켜서 펌프 내로 유체가 흡입되지 않아서 액 이송이 곤란하게 되는 현상

- 발생 조건
  - 흡입 양정이 지나치게 길 때
  - 과속으로 유량이 증대될 때
  - 흡입관 입구 등에서 마찰저항 증가 시
  - 관로 내의 온도가 상승될 때
- 방지 대책
  - 양흡입 펌프를 사용
  - 펌프를 두 대 이상 설치
  - 펌프의 회전수를 낮추어 흡입 양정을 짧게
  - 관 지름을 크게하고 흡입 측의 저항을 축소
  - 회전차를 유체에 완전히 잠기게

② 수격작용(Water hammering) 방지법

- 관내 유속을 낮게 하고 관지름을 크게
- 펌프에 플라이 휠을 설치하여 유속의 급격한 변화를 피함
- 조압수조를 관로에 설치
- 밸브는 펌프 송출구 가까이에 설치하고 적당히 제어

③ 베이퍼록(vapor lock) 현상 방지법

- 실린더 라이너의 외부를 냉각
- 흡입관의 지름을 크게 하고 펌프의 설치 위치를 낮춤
- 흡입관을 단열 조치
- 흡입관로를 청소

마. 펌프의 구동력(Lw)

$$Lw[\text{PS}] = \frac{\gamma Q H}{75 \times 60 \times \eta}$$

$$Lw[\text{kW}] = \frac{\gamma Q H}{102 \times 60 \times \eta}$$

γ : 비중량[kg/m³]　Q : 유량[m³/min]
H : 전양정[m]　η : 효율

바. 비교 회전도(비속도)

$$\text{N}s = \frac{N \times \sqrt{Q}}{\left(\frac{H}{n}\right)^{3/4}}$$

$$Q = \left(\frac{N_s \times \left(\frac{H}{n}\right)^{3/4}}{N}\right)^2$$

N_s : 비속도[m³/min · m · rpm]
N : 임펠러 회전수[rpm]　H : 양정[m]　n : 단수

사. 상사의 법칙

유량(Q)은 회전수에 비례하고, 양정(H)은 회전수의 2제곱에 비례하며 축동력(P)은 회전수의 3제곱에 비례한다.

$$Q_2 = Q_1 \times \left(\frac{N_2}{N_1}\right)^1$$

$$H_2 = H_1 \times \left(\frac{N_2}{N_1}\right)^2$$

$$P_2 = P_1 \times \left(\frac{N_2}{N_1}\right)^3$$

04 / 가스 배관, 밸브 및 고압장치

1. 가스 배관

가. 배관을 시공할 때 고려할 사항

① 배관 내의 압력손실(허용압력강하)

② 가스 소비량의 결정(최대가스유량)

③ 배관 경로의 결정(배관의 길이)

④ 관 지름의 결정(파이프 치수)

⑤ 용기의 크기 및 필요본수의 결정

⑥ 감압 방식의 결정 및 조정기의 선정

나. 가스배관 경로 선정의 4요소

① 최단거리로 할 것

② 구부리거나 오르내림을 적게 할 것

③ 은폐하거나 매설을 피할 것

④ 가능한 한 옥외에 설치할 것

다. 저압배관 설계 4요소

① 배관 내의 압력손실

② 가스 소비량(유량)의 결정

③ 배관 길이의 결정

④ 관 지름의 결정

라. 가스 소비량의 결정

$$Q = 0.009 \times D^2 \sqrt{\frac{P}{d}}$$

Q : 분출가스량[m^3/mm]　　P : 노즐 직전의 가스압력[mmH_2O]

D : 노즐 지름[mm]　　d : 가스 비중

마. 관 지름의 결정

① 저압배관

$$Q = K_1 \times \sqrt{\frac{D^5 h}{SL}}$$

② 중 · 고압배관

$$Q = K_2 \times \sqrt{\frac{D^5(P_1^2 - P_2^2)}{SL}}$$

Q : 가스유량[m³/h] K_1 : 유량계수(폴의 정수 : 0.707)
D : 파이프의 안지름[cm] h : 허용압력손실[mmH_2O]
S : 가스 비중 L : 파이프 길이[m]
K_2 : 유량계수(콕스의 정수 : 52.31)
P_1 : 초압[kg/cm²a] P_2 : 종압[kg/cm²a]

NOTE

◈ 배관 내의 압력손실

마찰저항에 의한 압력손실 : 유속의 2제곱에 비례
관의 길이에 비례
관 내경의 5제곱에 반비례
가스 비중에 비례

바. 배관의 진동 원인

① 펌프 및 압축기에 의한 영향
② 관 내를 흐르는 유체의 압력 변화에 의한 영향
③ 관의 굴곡에 의한 영향
④ 안전 밸브 작동에 의한 영향
⑤ 바람 및 지진 등에 의한 영향

사. 배관에 생기는 응력의 원인

① 열팽창에 의한 응력
② 내압에 의한 응력
③ 용접에 의한 응력
④ 냉간가공에 의한 응력

⑤ 배관 부속품, 밸브, 플랜지에 의한 응력
⑥ 배관 재료의 무게 및 파이프 속을 흐르는 유체 무게에 의한 응력

바. 배관의 부식 형태

① 전면부식 : 전면이 균일하게 부식
② 국부부식 : 특정 부분에 부식되는 현상
③ 선택부식 : 합금에서 특정 성분만 부식
④ 입계부식 : 결정입자가 선택적으로 부식

사. 배관 방식법

① 부식 환경처리에 의한 방식법
② 인히비터(부식억제제)에 의한 방식법
③ 피복에 의한 방식법
④ 전기방식법
- 유전양극법(희생양극법)
- 외부전원법
- 선택배류법
- 강제배류법

2. 밸브(Valve)

가스, 증기, 물 등의 유체의 흐름을 개폐하여 압력이나 온도를 제어하는데 사용

가. 슬루스 밸브(sluice valve)

① 유체의 흐름과 직각으로 개폐(일명 게이트 밸브)
② 지름이 크고 자주 개폐할 필요가 없을 때 사용
③ 유체 흐름에 대한 마찰 손실이 작다.
④ 개폐 시간이 길다.
⑤ 증기 배관에 적합하나 유량 조절용으로는 부적합하다.
⑥ 종류 : 디스크 모양에 따라 웨지 게이트, 페러렐, 더블디스크 게이트, 제수 밸브

나. 글로브 밸브(glove valve)

유체가 흐르는 방향에 따라 입 · 출구가 일직선상에 있는 것은 글로브, 입출구가 직각인 밸브는 앵글 밸브

① 가격이 싸고 가벼우나 유체저항이 크다.

② 주로 유량 조절용으로 사용

③ 유체의 흐름과 평행하게 개폐

다. 체크 밸브(역류 방지 밸브)

유체의 흐름을 한 방향으로만 흐르게 하고 역류를 방지

① 스윙식 : 수직, 수평관에 이용

② 리프트식 : 수평배관에 이용

라. 볼 밸브

볼과 테프론 링이 긴밀한 접촉을 하므로 손상이 적고 개폐가 빠르며 관의 안지름과 동일하여 관 내 흐름이 양호하고 압력 손실이 적다.

마. 안전 밸브

① 안전 밸브 최소 분출면적 계산

$$A[\mathrm{cm}^2] = \frac{W}{230P\sqrt{\frac{M}{T}}}$$

W : 시간당 가스 분출량[kg/h]　　P : 안전 밸브 작동압력[kg/cm²a]

M : 가스 분자량[g]　　T : 분출 직전의 가스 절대온도[K]

② 압력용기 안전 밸브 구경 산출식

$$d[\mathrm{mm}] = C\sqrt{\left(\frac{D}{1{,}000}\right)\times\left(\frac{L}{1{,}000}\right)}$$

D : 용기의 바깥지름[mm]　　L : 용기의 길이[mm]

C : 가스 상수($C=35\sqrt{\frac{1}{P}}$)

③ 종류

- 스프링식 안전 밸브 : 용기 내의 압력이 설정압력 이상 되면 스프링의 힘으로 가스를 외부로 분출시키는 형식의 안전 밸브
  - 고압장치에 가장 널리 사용
  - 반영구적
- 가용전식 안전 밸브 : 용 기 내의 온도가 설정온도 이상 되면 가용금속이 녹아 가스를 외부로 배출하는 형식의 안전 밸브
  - 퓨즈 메탈이라고도 하며 용융점은 60~70[℃] 정도
  - 아세틸렌 및 염소용기 등에 사용
  - 가용전 : Pb, Sn, Sb, Bi, Cd 등의 합금으로 구성, 고온의 영향을 받는 곳에는 사용하지 않는다.

NOTE

◈ 가용전 용융온도

- 일반적인 것 : 75[℃] 이하
- 염소 : 65~68[℃]
- 아세틸렌 : 105±5[℃]
- 긴급차단장치 작동 온도 : 110[℃]

- 파열판식(박판식) 안전 밸브 : 용기 내의 압력이 급격히 상승할 때 얇은 금속판이 파열되어 가스를 외부로 배출하는 형식의 안전 밸브
  - 랩튜어 디스크라고도 하며 구조가 간단하고 취급이 용이
  - 부식성 유체, 괴상물질을 함유한 유체에 적합
  - 한 번 작동하면 새로운 박판으로 교체해야 한다.
  - 밸브 시트 누설이 없다.
- 중추식 안전 밸브(지렛대식)

3. 고압장치 재료

가. 고온 재료의 구비 조건

① 접촉 유체에 대한 내식성이 클 것

② 크리프 강도가 클 것

③ 가공이 용이하고 가격이 쌀 것

④ 고온도에서 상당한 기계적 강도가 있고 냉각 시 재질의 열화를 일으키지 않을 것

나. 응력(stress)

재료에 외력(하중)이 가해질 때 물체 속에 생기는 저항력을 말하며 하중을 단면적으로 나눈 값

$$\sigma = \frac{P}{A}$$

σ : 응력[kg/cm²] P : 하중[kg] A : 단면적[cm²]

NOTE

◈ **원통의 강도 계산**

- 원통의 원주 방향 응력

$$\sigma = \frac{W}{A} = \frac{P \cdot D}{200t} \text{ [kg/mm}^2\text{]}$$

- 원통의 축 방향 응력

$$\sigma = \frac{P \cdot D}{400t}$$

D : 안지름[mm] P : 내압[kg/cm²] t : 두께[mm]

다. 허용응력

재료를 실제로 사용하여 안전하다고 생각되는 최대응력으로 재료의 종류, 하중의 종류, 공작의 정도, 작업 상황 등을 고려

라. 크리프(Creep)

어느 온도(350℃) 이상에서 재료에 일정한 하중을 가하면 시간의 경과와 더불어 변형이 증대되고 파괴되는 현상

마. 탄소강의 성질에 영향을 미치는 요인

① 탄소의 영향 : 탄소 함유량이 증가하면 인장강도, 항복점은 증가하나 연신율, 충격치는 감소, 탄소 함유량이 약 0.9[%] 이상이면 경도는 증가하나 인장강도는 감소

② 온도 : 탄소강 가공 시 온도가 증가하면 전연성이 커져 가공이 용이해진다.

- 청열취성(blue shortness) : 200~300[℃]에서 신율, 단면 수축률 등이 떨어져 취약해진다.
- 적열취성(red shortness) : 황이 많이 포함되어 있으면 고온에서 취약해진다.
- 냉간취성 : 상온보다 낮아지면 연신율, 충격치는 감소한다.

③ 열처리

- 담금질(quenching, 소입) : 강의 경도, 강도 증가를 위해 오스테나이트 조직에서 마텐자이트 조직을 얻는 것
- 뜨임(tempering, 소려) : 강의 인성을 증가시키고 내부 변형을 제거
- 풀림(annealing) : 조직을 균일하게 하고 내부응력의 제거, 재료의 연화
- 불림(normalizing, 소둔) : 조직의 미세화, 기계적 성질을 향상

바. 부식 속도에 영향을 미치는 인자

① 내부인자 : 금속 재료의 조성, 조직, 구조, 전기화학적 특징, 표면 상태, 응력 상태, 온도 등

② 외부인자 : 부식액의 조성, pH(수소이온 농도), 용존가스 농도, 온도, 유동 상태

사. 부식의 성향

① 전기 저항이 낮은 토양의 부식 속도가 빠르다.

② 통기, 배수가 나쁜 점토 중의 부식 속도가 빠르다.

③ 혐기성 세균이 번식하는 토양 중의 부식속도가 빠르다.

아. 가스에 의한 부식

① 산화(산소)

- 수분 존재 시 고온에서뿐만 아니라 상온에서도 부식이 진행
- Cr, Al, Si 등은 내산화성 원소

② 수소 취성(수소)

- 고온 고압 시 탄소강의 탄소 성분을 석출시켜 취화
- 탈탄작용을 방지하기 위해 W, Cr, Ti, V, Mo 등을 첨가

③ 황화(황화수소)

- 고온에서 금속 표면에 황화합물을 형성하여 니켈(Ni), 철(Fe) 등을 심하게 부식시킴
- 황화를 방지하기 위해 Al, Cr, Si를 첨가

④ 침탄(일산화탄소)

- 고온, 고압하에서 니켈(Ni), 철(Fe), 코발트(Co) 등과 반응하면 카보닐을 생성하여 부식
- 침탄 방지를 위해 알루미늄(Al), 규소(Si), 티탄(Ti), 바나듐(V) 등을 첨가

⑤ 질화(질소)

- 고온에서 크롬(Cr), 알루미늄(Al), 몰리브덴(Mo), 티탄(Ti) 등과 반응하여 부식

• 질화를 방지하기 위해 Ni를 첨가

⑥ 착이온(암모니아) : 상온에서는 영향이 없으나 고온 고압하에서 동(Cu), 아연(Zn), 은(Ag) 등과 반응하여 침식

⑦ 염화(염소) : 건조한 상태에서는 부식성이 없으나 수분 존재 시 염산을 생성하여 부식

4. 저온장치

가. 주울 – 톰슨 효과

단열을 한 관의 도중에 작은 구멍을 내고 압축된 가스를 단열 팽창시키면 온도와 압력이 강하하는 원리이며, 팽창 전의 압력이 높고 온도가 낮을수록 효과가 크다.

나. 저온장치의 단열법

① 상압 단열법 : 단열을 하는 공간에 분말, 섬유 등의 단열재를 충전하는 방법

② 진공 단열법 : 단열 공간을 진공으로 하여 공기에 의한 전열을 제거

③ 고진공 단열법 : 압력이 10^{-3}[torr] 정도까지 낮아지면 압력에 비례하여 공기에 의한 전열은 급격히 저하

④ 분말진공 단열법 : 펄라이트, 규조토, 알루미늄 분말 등을 충진용 분말로 사용

다. 저온 액화 가스 탱크의 열침입 원인

① 단열재를 충전한 공간에 남는 가스와 가스의 분자 열전도

② 외면으로부터의 열복사

③ 연결되는 파이프에 의한 열전도

④ 지지, 요크에서의 열전도

⑤ 밸브, 안전밸브 분출 등에 의한 열전도

05 / 가스분석 및 계측

1. 계측 기기

가. 압력계

① 1차 압력계 : 액주계, 자유피스톤식 압력계

② 2차 압력계 : 부르동관 압력계, 다이어프램 압력계, 벨로즈 압력계, 전기저항식 압력계, 피에조전기 압력계

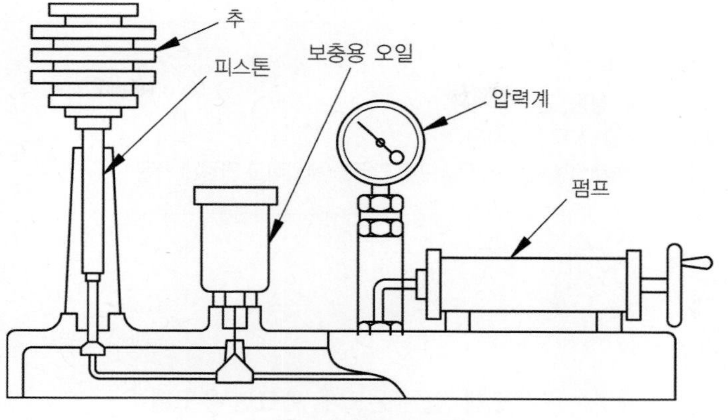

⭘ 표준 분동식 압력계

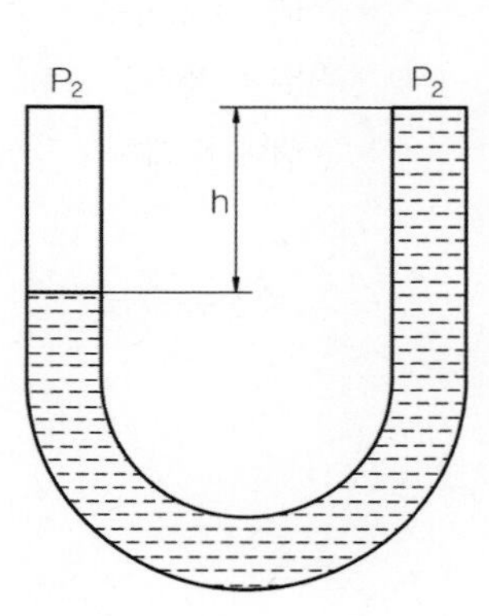

⭘ 마노미터(액주계)

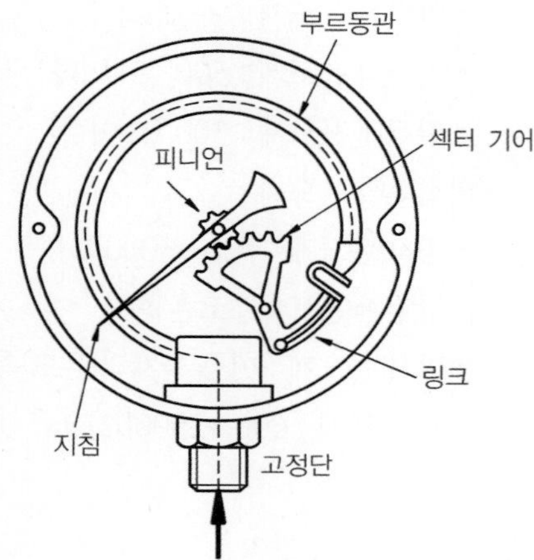

⭘ 부르동관식 압력계

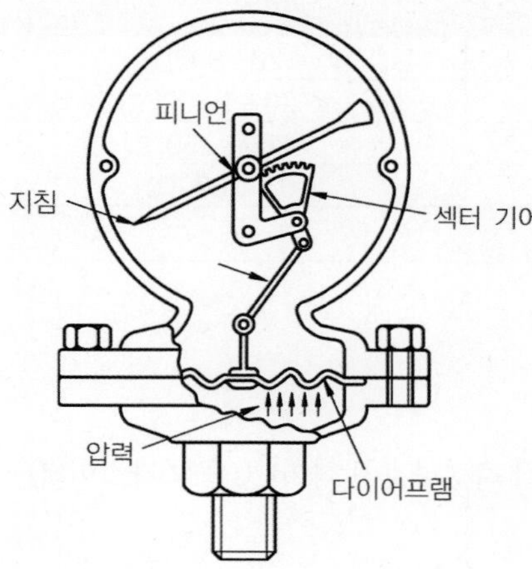

⭘ 다이어프램식 압력계

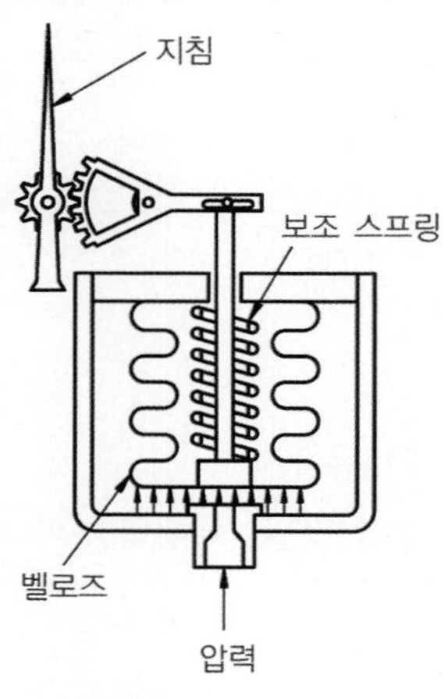

⭘ 벨로즈식 압력계

NOTE

◈ **부르동관 재질**

- 저압 : 황동, 청동, 인청동 사용
- 고압 : 니켈강 등 특수강 사용
- 암모니아, 아세틸렌용 : 구리 및 구리 합금을 제외하고 연강재 사용

나. 온도계

① 접촉식 온도계

- 유리 온도계 : 수은 온도계, 알콜 온도계, 베크만 온도계
- 바이메탈 온도계 : 측정 범위 -20~300[℃]
- 압력식 온도계 : -40[℃] 정도
- 저항식 온도계 : 500[℃] 이하
- 열전대 온도계 : 500[℃] 이상

② 비접촉식 온도계

- 광고 온도계 : 700~3000[℃]
- 광전관 온도계 : 고온용
- 방사 온도계 : 이동 물체의 온도 측정
- 색 온도계 : 600~2500[℃]

NOTE

◈ **열전대의 종류와 측정 범위**

종류	측정온도
철-콘스탄탄(IC)	-20~800[℃]
크로멜-알루멜(CA)	-20~1,200[℃]
구리-콘스탄탄(CC)	-200~350[℃]
백금-백금로듐(PR)	0~1,600[℃]

다. 유량계

① 직접법 : 유체의 부피나 질량을 직접 측정하는 방식이다.(습식 가스미터)

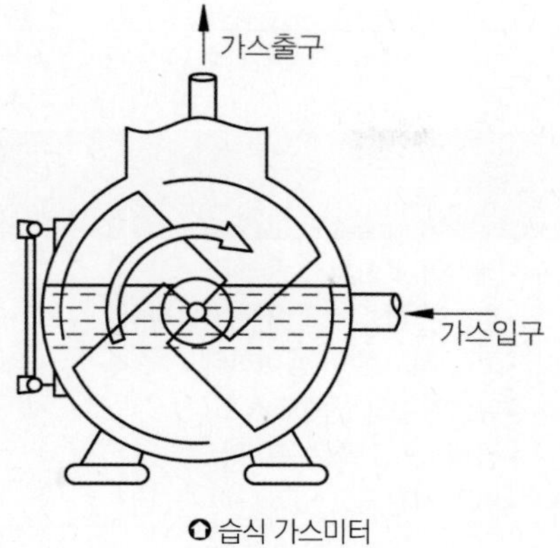

습식 가스미터

② 간접법 : 유량과 관계가 있는 다른량 인 유속이나 면적을 측정하고 이 값으로 유량을 측정하는 방식(피토관, 오리피스미터, 벤튜리미터, 로터미터)

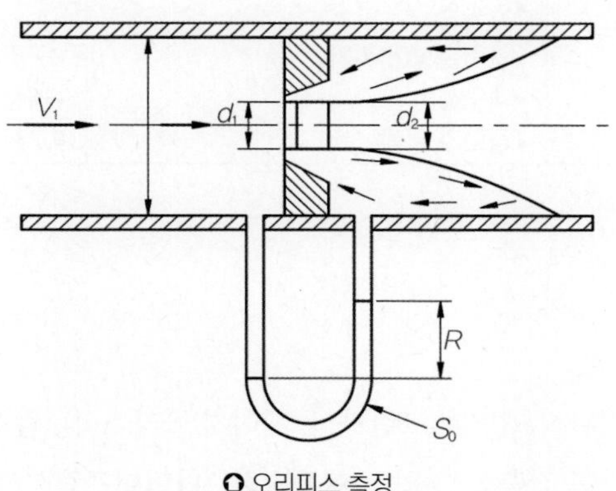

오리피스 측정

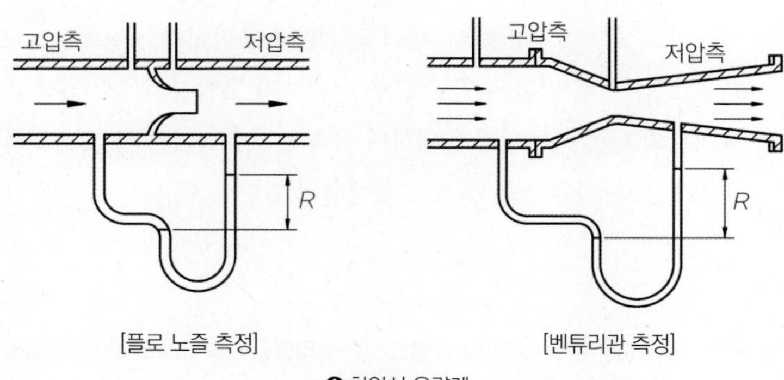

[플로 노즐 측정] [벤튜리관 측정]

차압식 유량계

NOTE

◈ 유량계의 특징

종류	특징	
	장점	단점
오리피스식	• 제작이나 설치가 손쉽다. • 협소한 장소에도 설치 가능하다. • 고장 시 교환이 용이하다. • 유량계수의 신뢰도가 크다. • 경제적인 교축기구이다. • 널리 사용되고 있다.	• 유체의 압력손실이 가장 크다. • 침전물의 생성 우려가 많다.
플로 노즐식	• 압력손실은 중간 정도이다. • 고압(50~300[kg/cm^2]) 및 소유량 유체의 측정에 적합하다. • 레이놀드수가 클 때 사용된다. • 가격은 중간 정도이다. • 비교적 강도가 크다.	• 오리피스보다 가격이 비싸다.
벤튜리식	• 압력손실이 적다. • 내구성이 크다. • 정도가 좋다.	• 구조가 복잡하다. • 대형으로서 가격이 비싸다. • 교환이 곤란하다.

라. 액면계

① 액면계의 종류

- 직접법 : 직관식 액면계(크린카식, 게이지 글라스식), 검척식, 부자식
- 간접법 : 압력 검출식, 차압식(햄프슨식), 다이어프램식, 기포식, 방사선식, 초음파식, 정전용량식, 슬립 튜브식
  - 크린카식 액면계 : 평형유리판과 금속판을 조합하여 사용하는 것으로 저장 탱크 내의 액면을 직접 읽을 수 있으므로 편리하며 고압장치에서 널리 사용되는 액면계로 유리판의 파손을 방지하기 위하여 금속제 프로텍터를 사용하고 액면계 상하에 자동식 또는 수동식의 스톱 밸브로 구성되어 있다.

NOTE

크린카식 액면계는 두께가 20[mm] 정도 되는 유리판을 금속제 프로텍터와 조합하여 저장 탱크 내의 액면을 측정하는 방식이다.

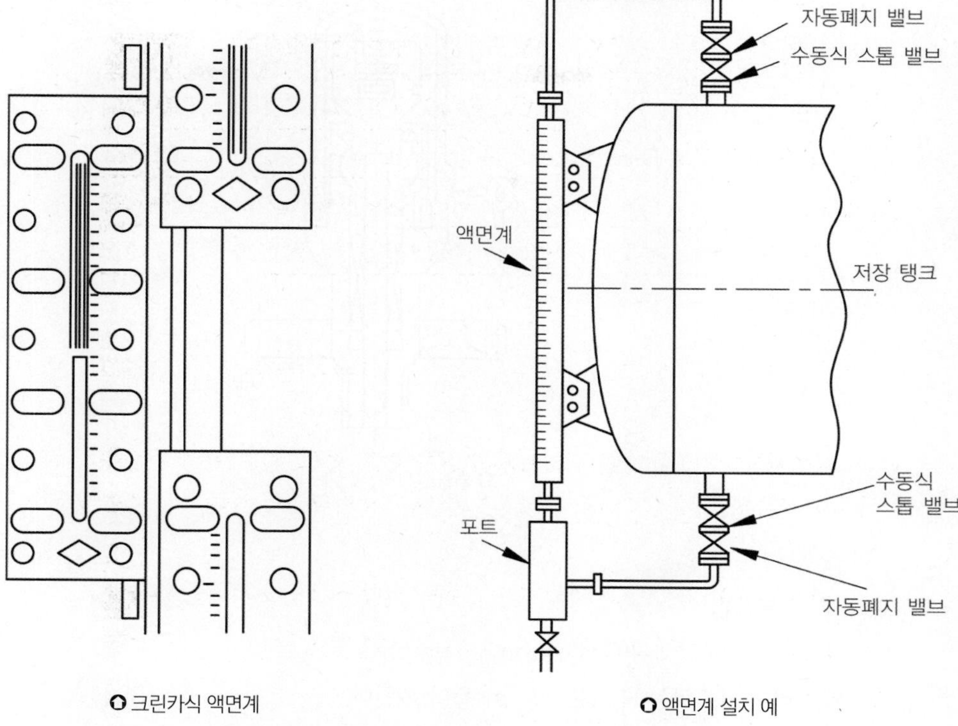

○ 크린카식 액면계

○ 액면계 설치 예

- 슬립 튜브식 액면계 : 저장 탱크 정상부에서 탱크 저면까지 얇은 스테인리스관을 부착하여 이 관을 상하로 움직여 관 내에서 분출하는 가스 상태와 액체 상태의 경계면을 찾아 액면을 측정하는 방식이다.

NOTE

◈ 튜브식은

- 고정 튜브식
- 회전 튜브식(로타리식)
- 슬립 튜브식으로 분류되며 주로 대형 탱크에 사용된다.

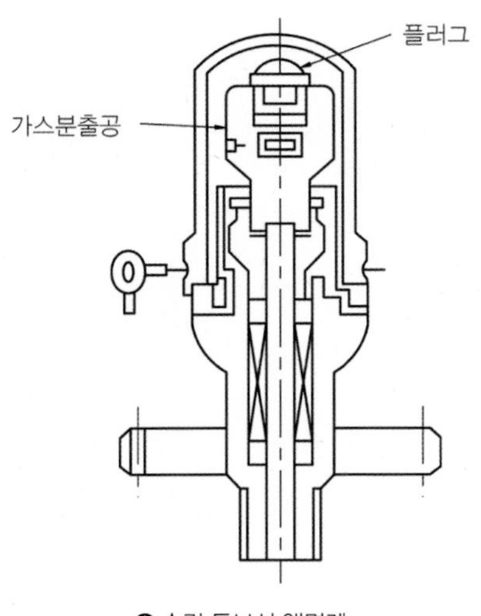

슬립 튜브식 액면계

2. 가스 분석

가. 기기 분석법

① 가스크로마토그래피(Gas Chromato graphy)

- 캐리어 가스로는 H_2, He, N_2, Ar 등이 쓰인다.
- 가스크로마토그래피는 크게 검출기(디택터), 칼럼(분리관), 기록계(레코더)로 구성된다.(구성 3요소)
- 검출기에는 열전도도형(TCD), 수소불꽃이온화(FID), 전자포획이온화(ECD), 검출기 등이 많이 사용된다.
- 시료는 극미량(보통 0.01[cc])을 사용한다.
- 정성, 정량분석이 가능하다.

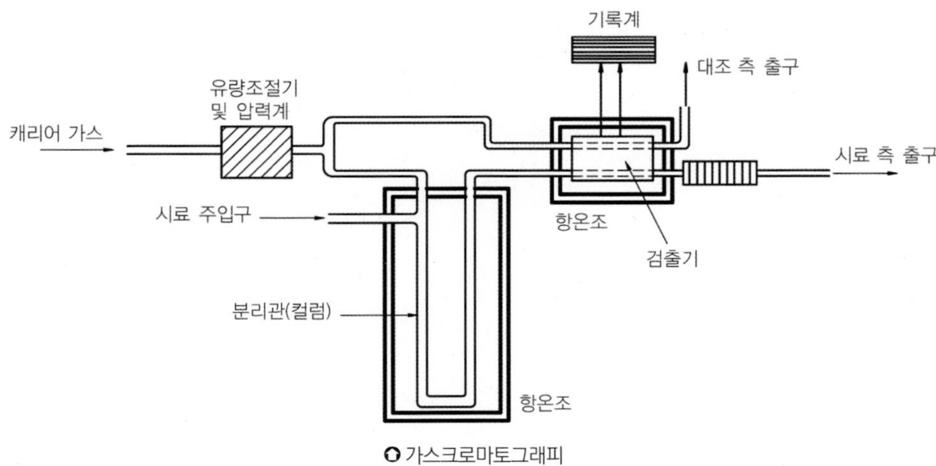

가스크로마토그래피

03 안전관리

01 / 일반 고압가스 안전관리

1. 고압가스

가. 압축가스 : 상용의 온도, 35[℃]에서 압력이 1[MPa] 이상인 것

나. 액화가스 : 상용의 온도, 35[℃]에서 압력이 0.2[MPa] 이상인 것

다. 용해가스 : 아세틸렌과 같이 용제 속에 가스를 용해시킨 가스

라. 가연성가스 : 폭발한계의 하한이 10[%] 이하인 것과 폭발한계의 상한과 하한의 차가 20[%] 이상인 가스

마. 조연성가스 : 가연성 물질의 연소를 돕는 가스(지연성가스)

바. 독성가스 : 허용농도가 200[ppm] 이하인 가스

NOTE

◈ 허용농도

공기중에 노출되더라도 통상적인 사람에게 건강상 나쁜 영향을 미치지 아니하는 정도의 공기 중 가스 농도

2. 방호벽

높이 2[m] 이상, 두께 12[cm] 이상의 철근 콘크리트 또는 이와 동등 이상의 강도를 갖는 구조의 벽

가. 방호벽의 종류와 규격

종류	높이	두께	규격
철근 콘크리트제	2[m] 이상	12[cm] 이상	지름 9[mm] 이상의 철근을 가로×세로 40[cm] 이하의 간격으로 배근 결속
콘크리트 블록제	2[m] 이상	15[cm] 이상	위와 같이 철근을 배근 결속하고, 블록 공동부에는 콘크리트 모르타르를 채운다.
박강판	2[m] 이상	3.2[mm] 이상	1.8[m] 이하 간격의 지주 및 30[mm]×30[mm] 이상의 앵글강을 가로×세로 40[cm] 이하의 간격으로 용접 보강
후강판	2[m] 이상	6[mm] 이상	1.8[m] 이하의 간격으로 지주를 세운다.

나. 방호벽을 설치할 곳

① C_2H_2 압축기와 충전 장소 사이

② C_2H_2 압축기와 충전용기 보관 장소 사이

③ C_2H_2 충전 장소와 충전용 주관 밸브 조작 장소 사이

④ 압축가스 압축기와 충전 장소 사이

⑤ 압축가스 압축기와 충전용기 보관 장소 사이

⑥ 압축가스 충전 장소와 충전용 주관 밸브 조작 장소 사이

⑦ 저장 시설의 저장 탱크와 사업소 내의 제1, 2종 보호시설 사이

⑧ 판매 시설의 용기보관실 벽

⑨ 특정 고압가스 사용 시설 중 저장량이 300[kg] 이상(압축가스 : 60[m^3])인 용기보관실 벽

3. 안전밸브

가. 스프링식

① LPG 저장탱크 및 용기에 널리 사용된다.

② 반영구적이다.

③ 시트 누설이 있는 단점이 있다.

④ 작동압력 : 내압시험 압력×8/10 이하

액화 산소 저장 탱크 : 사용압력×1.5배

나. 가용전식

① C_2H_2, Cl_2 용기에 사용한다.(C_2H_2 용기 작동 온도 105±5[℃], Cl_2 용기 : 65 ~68[℃])

② Pb, Sn, Sb, Bi 등의 합금으로 구성되어 있다.

③ 고온의 영향을 받는 곳에 사용하지 않는다.

다. 파열판식(박판식)

① 랩튜어 디스크라고도 한다.

② 구조가 간단하고 취급이 용이하다.

③ 부식성 유체, 괴상물질(덩어리)을 함유한 유체에 적합하다.

④ 작동 시 새로운 박판으로 교체를 하여야 한다.

⑤ 스프링식과 같은 밸브 시트의 누설은 없다.

⑥ 압축가스의 압력용기에 사용한다.(산소, 질소, 수소, 아르곤 등)

4. 가스방출장치

내용적 5[m^3] 이상의 가스를 저장하는 저장 탱크 및 가스 홀더에 설치

가. 가연성 : 지상 5[m] 또는 저장 탱크 정상부에서 2[m] 중 높은 위치로 주위에 착화원이 없는 안전한 위치

나. 독성 : 중화를 위한 설비 내

다. 기타 : 인근 건축물이나 시설물의 높이 이상으로 주위에 착화원이 없는 안전한 위치

5. 긴급차단장치

가. 적용시설 : 내용적 5,000[ℓ] 이상의 저장 탱크 배관으로 액상의 가스를 이입, 충전하는 곳에 설치

나. 부착 위치 : 탱크 주 밸브 외측으로 탱크 가까운 위치 또는 내부에 설치한다.(주 밸브 겸용 불가, 탱크 침하, 부상, 배관 열팽창, 지진의 우려가 있는 곳은 피한다.)

다. 차단 동력원 : 액압(유압), 기압(공기압), 전기식, 스프링식

라. 작동 온도 : 110[℃]

마. 조작 위치

① 탱크로부터 5[m] 이상(특정제조시설은 10[m] 이상)

② 방류둑 설치 시 외측

③ 작동 레버 3개소 이상 설치

④ 차단 성능 검사 : 매년 1회 실시

6. 역류 방지 장치

가. 설치 장소

① 가연성 가스압축기와 충전용 주관 사이의 배관

② 아세틸렌 압축기의 유분리기와 고압 건조기 사이의 배관

③ 암모니아, 메탄올의 합성탑이나 정제탑과 압축기 사이의 배관

④ 감압 밸브와 가스반응 설비 배관 사이

나. 종류

① 리프트식 : 수평 배관에만 사용

② 스윙식 : 수평 · 수직 배관에 전부 사용

7. 역화 방지 장치

가. 설치 장소

① 가연성 압축기와 오토클레이브 사이

② C_2H_2 고압 건조기와 충전용 교체 밸브 사이

③ C_2H_2 충전용 지관

④ 수소화염, 산소-아세틸렌화염을 사용하는 시설

나. 역화방지기 내부 충진물

① 물

② 모래

③ 자갈

④ 페로실리콘

8. 가스 배관의 설치

가. 배관의 설치

① 배관을 건축물 내부, 기초의 밑에 설치하지 말 것

② 배관을 지상에 설치 시 지면으로부터 30[cm] 떨어져 설치(보수, 점검 용이)

③ 배관을 지하에 매설 시 지면으로부터 1[m] 이상에 설치

④ 배관을 수중에 설치 시 선박, 파도 등의 영향을 받지 않는 깊은 곳에 설치

나. 배관 신축이음 설치

① 상온 스프링

② 온도 신축 흡수장치(신축 곡관)

③ 슬리브 신축이음

④ 벨로즈 신축이음

⑤ 스위블 신축이음

NOTE

◈ 배관의 온도는 40[℃] 이하 유지

다. 매설 배관의 거리

고압가스의 종류	시설물	수평거리
독성가스	• 건축물(지하가 내의 건출물을 제외한다.)	1.5[m]
	• 지하가 및 터널	10[m]
	• 수도시설로서 독성가스가 혼입할 우려가 있는 것	300[m]
독성가스 외의 고압가스	• 건축물(지하가 내의 건출물을 제외한다.)	1.5[m]
	• 지하가 및 터널	10[m]

① 지하 매설
- 다른 시설물과 0.3[m] 이상 유지
- 배관 외면과 지면과의 거리 : 산이나 들에서 1[m] 이상, 그밖에 1.2[m]

② 도로밑에 매설
- 도로 경계와 수평 거리 1m 이상 유지
- 시가지의 도로 노면 밑에 매설하는 경우 1.5[m], 방호되어 있는 경우 1.2[m] 이상
- 시가지외 도로 노면 밑에 매설하는 경우 1.2[m]
- 인도, 보도 등 노면 밑 외의 경우 지면과 1.2[m](시가지의 경우 0.9[m], 방호구조물 안에 설치 시 0.6[m])

③ 철도부지 밑 매설은 궤도 중심과 4[m] 이상, 그 철도부지와 수평거리 1[m] 이상 유지

④ 지상 설치 시 상용압력에 따른 폭 이상의 공지를 보유

상용압력	공지폭
0.2[MPa] 미만	5[m]
0.2[MPa] 이상 1[MPa] 미만	9[m]
1[MPa] 이상	15[m]

⑤ 해저 설치 시 다른 배관과 교차하지 아니하고 다른 배관과 수평거리 30[m] 이상 유지

9. 각 가스 압축기 윤활유

가. 산소 : 물, 10[%] 이하의 묽은 글리세린수

나. 아세틸렌, 수소, 암모니아, 공기 : 양질의 광유

다. 염소 : 진한 황산

라. 염화메탄 : 화이트유

마. LPG : 식물성유

10. 압력계 및 안전 밸브 기능 및 작동 검사

가. 충전용 주관의 압력계 : 매월 1회 이상

나. 기타의 압력계 : 3월 1회 이상

다. 압축기 최종단의 안전 밸브 : 1년에 1회 이상

라. 기타의 안전 밸브 : 2년에 1회 이상

11. 용기 보관 장소의 충전용기 보관 기준

가. 충전 용기 · 잔 가스 용기는 각각 구분하여 보관한다.

나. 가연성 · 독성 및 산소 용기는 각각 구분 보관한다.

다. 작업에 필요한 물건(계량기 등) 이외에는 두지 않을 것

라. 주위 2[m] 이내에는 화기 또는 인화성 · 발화성 물질 금지

마. 항상 40[℃] 이하 유지, 직사광선을 받지 않게 한다.

바. 5[ℓ]를 넘는 충전용기는 전도 · 전락 등의 충격 및 밸브 손상 방지 등의 조치와 난폭한 취급 금지

사. 가연성 가스 용기 보관 장소에는 휴대용 손전등 이외의 등화 휴대 금지

12. 에어졸 제조기준

에어졸 : 액상의 물질을 기체로 분무시키는 것

가. 성분 배합비 및 최대 수량을 정하고 이를 준수할 것

나. 에어졸 분사제는 독성가스를 사용하지 말 것

다. 인체용, 가정용 에어졸은 불꽃길이 시험, 폭발성 시험에 합격한 것일 것

라. 에어졸 제조설비, 충전용기 저장소와 화기, 인화성 물질과 8[m] 이상 유지할 것

마. 에어졸 제조는 35[℃]에서 용기 내압을 0.8[MPa] 이하로 하고, 용량은 내용적의 90[%] 이하일 것

바. 에어졸 누설시험 온도 : 온수시험 탱크에서 에어졸 온도를 46~50[℃] 미만으로 하고 누설이 없을 것

사. 인체용 에어졸 제품

① 특정 부위에 계속 장기간 사용하지 말 것

② 가능한 한 인체에서 20[cm] 이상 떨어져서 사용할 것

③ 온도 40[℃] 이상의 장소에 보관하지 말 것

④ 사용 후 불 속에 버리지 말 것

아. 불꽃 길이 시험

버너의 불꽃 길이를 4.5~5.5[cm] 이하로 조절하고, 시료가스를 분사시켜 불꽃 길이를 측정한다.

13. 가스 저장시설

가. 화기와의 이격거리

① 저장실 주위와 화기 : 2[m] 이내

② 가연성, 산소저장실과 화기 : 8[m] 이내

③ LPG 저장설비 주위와 화기 : 8[m] 이내(가정용은 2[m] 이내)

④ LPG 용기 보관 장소 주위와 화기 : 8[m] 이내

나. 저장 능력 산정식

① 압축가스 저장량 계산식(용기, 차량에 고정된 탱크, 저장탱크)

$$Q = (P + 1)V$$

Q : 저장량[m³]　　P : 35 [℃]에서 최고 충전압력[kg/cm²·G]

V : 내용적[m³]　　1 : 대기압, 즉 (P+1) =절대압력

② 액화가스 저장량 계산식(용기, 차량에 고정된 탱크)

$$W = \frac{C}{V}$$

W : 충전량[kg]　　V : 내용적[ℓ]

C : 충전상수(프로판 2.35, 부탄 2.05, 암모니아 1.86)

③ 액화가스 저장량 계산식(저장 탱크)

$$W = 0.9\, d\, V_2$$

W : 저장량[kg]　　d : 상용 온도에서의 액화가스 비중[kg/ℓ]

V_2 : 탱크 내용적[ℓ]　　0.9 : 내용적의 90[%] 이하를 충전해야 한다.

다. 가스 저장 탱크

① 탱크 간 이격거리 : 탱크와 탱크 사이에는 두 탱크 지름 합산거리의 1/4 이상을 유지(단, 탱크 지름 합산 거리의 1/4값이 1[m] 미만 시에는 1[m] 유지)

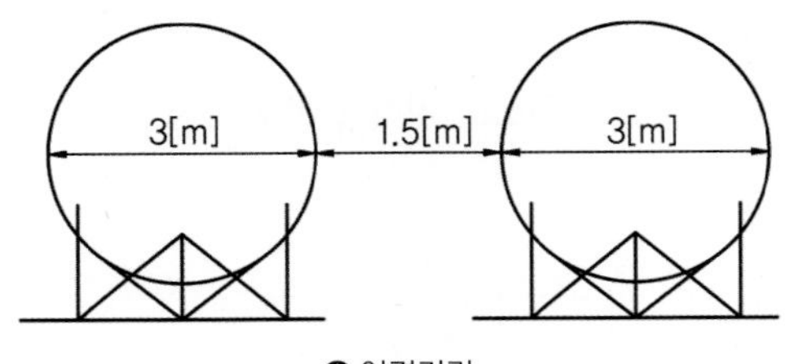

이격거리

NOTE

◈ 이격거리 산정

$$\frac{3[m]+3[m]}{4} = 1.5[m]\text{ 이격}$$

② 원통형 저장 탱크

- 특징
  - 동일 용량일 경우 구형 탱크에 비하여 중량이 무겁다.
  - 구형 탱크에 비하여 제작 및 조립이 용이하다.
  - 운반이 쉽다.
- 내용적 계산식
  - 입형 저장 탱크

$$V = \pi\gamma^2 \ell$$

V : 탱크 내용적[m³]　　γ : 탱크 반지름[m]　　ℓ : 원통부 길이[m]

  - 횡형 저장 탱크

$$V = \pi\gamma^2 \ell + \frac{\ell_1 + \ell_2}{3}$$

ℓ : 저장 탱크의 전길이[m]

③ 구형 저장 탱크

- 특징
  - 고압 저장 탱크로서 건설비가 저렴하다.
  - 기초 및 구조가 단순하며 공사가 용이하다.
  - 보존면에서 유리하고 누설이 완전 방지된다.
  - 동일량의 가스 또는 액체를 저장하는 경우 표면적이 적고 강도가 높다.

- 형태가 아름답다.

• 구형 저장 탱크의 내용적 계산

$$V = \frac{4}{3}\pi\gamma^3 = \frac{\pi}{6}D^3$$

V : 구형 탱크의 내용적[m³]　γ : 구형 탱크의 반지름[m]　D : 구형 탱크의 지름[m]

라. 가스설비 내를 대기압 이하까지 가스치환을 생략할 경우

① 당해 가스설비의 내용적이 1[m³] 이하인 것

② 출입구의 밸브가 확실히 폐지되어 있으며, 또한 내용적이 5[m³] 이상인 가스설비에 이르는 사이에 2개 이상의 밸브를 설치한 것

③ 사람이 그 설비 밖에서 작업하는 것인 것

④ 화기를 사용하지 아니하는 작업인 것

⑤ 설비의 간단한 청소 또는 가스켓의 교환, 기타 이들에 준하는 경미한 작업인 것

마. 각 설비의 작업할 수 있는 허용농도

① 가연성 가스 : 폭발 하한계의 1/4 이하

② 독성 가스 : 허용농도 이하

③ 산소 가스 : 18~22[%] 이하

14. 가스 용기

가. 용기 재료의 구비 조건

① 경량이고 충분한 강도를 가질 것

② 저온 및 사용 중 충격에 견디는 연성과 점성 강도를 가질 것

③ 내식성과 내마모성을 가질 것

④ 가공성과 용접성이 좋고, 가공 중 결함이 없을 것

나. 용기 재료

① 이음매 없는 용기 재료

• 탄소(C)는 0.55[%] 이하

• 인(P)은 0.04[%] 이하

• 황(S)은 0.05[%] 이하

② 용접 용기재료

- 탄소(C)는 0.33[%] 이하
- 인(P)은 0.04[%] 이하
- 황(S)은 0.05[%] 이하

NOTE

◈ 용기 동판의 최대두께와 최소두께 차이는 평균두께의 20[%] 이하일 것

다. 이음매 없는 용기 제조법

① 만네스만식(Mannesmann)
② 에르하르트식(Ehrhardt)
③ 딥드로잉식(Deep drawing)

라. 용기도색

가스 종류	몸체 도색		글자 색상		띠의 색상 (의료용)
	공업용	의료용	공업용	의료용	
산소	녹색	백색	백색	녹색	녹색
수소	주황색	–	백색	–	–
액화탄산가스	청색	회색	백색	백색	백색
액화석유가스	회색	–	적색	–	–
아세틸렌	황색	–	흑색	–	–
암모니아	백색	–	흑색	–	–
액화염소	갈색	–	백색	–	–
질소	회색	흑색	백색	백색	백색
아산화질소	회색	청색	백색	백색	백색
헬륨	회색	갈색	백색	백색	백색
에틸렌	회색	자색	백색	백색	백색
사이크로프로판	회색	주황색	백색	백색	백색
기타가스	회색	–	백색	–	–

① 가연성 가스인 용기 : “연”자를 표시(적색으로 표시하되 수소는 백색, LPG는 “연”자를 표시하지 않는다.)
② 독성인 용기 : “독”자를 표시한다.
③ 충전 기한 : 적색으로 표기한다.

마. 용기 부속품 기호와 번호
① 아세틸렌 : AG
② 압축가스 : PG
③ 액화석유가스 : LPG
④ 액화석유가스 이외의 액화가스 : LG
⑤ 초저온 및 저온 : LT

바. LPG 용기 설치 시 주의 사항
① 옥외에 설치할 것
② 2[m] 이내의 화기는 차단할 것
③ 온도는 40[℃] 이하를 유지할 것
④ 습기가 없고 스커트에 녹이 슬지 않는 곳일 것
⑤ 통풍이 양호하고, 직사광선을 받지 않는 곳일 것
⑥ 용기는 수평으로 설치할 것
⑦ 교환 후 비눗물로 누설을 검사할 것

사. 벤트스택
① 긴급용 벤트스택
- 벤트스택의 높이는 방출된 가스의 착지 농도가 폭발 하한계값 미만이 되도록 충분한 높이로 할 것
- 벤트스택 방출구의 위치는 작업원이 정상 작업을 하는데 필요한 장소, 작업원이 항시 통행하는 장소로부터 10[m] 이상 떨어진 곳에 설치할 것
- 벤트스택에는 정전기 또는 낙뢰 등에 의한 착화를 방지하는 조치를 강구하고 만일 착화된 경우에는 즉시 소화할 수 있는 조치를 강구할 것
- 벤트스택 또는 그 벤트스택에 연결된 배관에는 응축액의 고임을 제거 또는 방지하기 위한 조치를 강구할 것
- 액화가스가 함께 방출되거나 또는 급랭될 우려가 있는 벤트스택에는 그 벤트스택과

연결된 가스 공급 시설의 가장 가까운 곳에 기액분리기를 설치할 것

② 그 밖의 벤트스택

- 벤트스택의 높이는 방출된 가스의 착지 농도가 폭발 하한계값 미만이 되도록 충분한 높이로 할 것
- 벤트스택 방출구의 위치는 작업원이 정상작업을 하는데 필요한 장소 및 작업원이 항시 통행하는 장소로부터 5[m] 이상 떨어진 곳에 설치할 것
- 벤트스택에는 정전기 또는 낙뢰 등에 의하여 착화된 경우에는 소화할 수 있는 조치를 강구할 것
- 벤트스택 또는 그 벤트스택에 연결된 배관에는 응축액의 고임을 제거 또는 방지하기 위한 조치를 할 것
- 액화가스가 함께 방출되거나 급랭될 우려가 있는 벤트스택에는 액화가스가 함께 방출되지 않는 조치를 할 것

아. 플레어스택

① 위치 및 높이 : 플레어스택의 설치 위치 및 높이는 플레어스택 바로 밑의 지표면에 미치는 복사열이 4,000[kcal/m^2·hr] 이하가 되도록 할 것. 다만, 4,000[kcal/m^2·hr]를 초과하는 경우로써 출입이 통제되어 있는 지역은 그러하지 아니한다.

② 구조 : 플레어스택의 구조는 긴급 이송 설비에 의하여 이송되는 가스를 연소시켜 대기로 안전하게 방출시킬 수 있도록 다음의 조치를 하여야 한다.

- 파일럿 버너는 항상 작동할 수 있는 자동 점화장치를 설치하고 파일럿 버너가 꺼지지 않도록 하거나, 자동 점화장치의 기능이 완전하게 유지되도록 할 것
- 역화 및 공기 등과의 혼합 폭발을 방지하기 위하여 당해 제조시설의 가스의 종류 및 시설의 구조에 따라 다음 각 호 중에서 1 또는 2 이상을 갖출 것
  - Liquid Seal의 설치
  - Flame Arrestor의 설치
  - Vapor Seal의 설치
  - Purge Gas(N_2, Off gas 등)의 지속적인 주입 등

자. 가스 누출 시험지 및 제독제

① 가스 누출 시험지 및 변색 상태

가스의 명칭	시험지	변색 상태
암모니아(NH_3)	붉은 리트머스 시험지	청색
일산화탄소(CO)	염화 파라듐지	흑색
포스겐($COCl_2$)	하리슨 시험지	심등색(오렌지색)
염소(Cl_2)	요드화 칼륨 녹말종이(KI전분지)	청색
황화수소(H_2S)	초산납 시험지(연당지)	흑색
시안화수소(HCN)	질산구리 벤젠지	청색
아세틸렌(C_2H_2)	염화 제1동 착염지	적색
아황산가스(SO_2)	암모니아 적신 헝겊	흰연기(백연)

② 제독설비 및 제독제

- 제독설비
  - 가압식 · 동력식 등에 의해 작동되는 제해제 살포장치 또는 살수장치
  - 가스를 흡입하고 이를 제해제와 접촉시키는 장치
- 제독제의 보관 : 제독제는 그 주변의 관리하기 용이한 곳에 분산 보관할 것
- 제독제의 보유량 : 용기보관실의 경우 다음 양의 1/2, 수용액은 용질을 100[%]로 환산한 수량
- 가스별 제독제 및 보유량

가스별	제독제	보유량
염소	가성소다수용액	670[kg](저장 탱크 등이 2기 이상 있을 경우, 저장탱 크는 그 수의 제곱근의 수치, 기타의 제조설비는 저장설비 및 처리설비(내용적이 5[m³] 이상의 것에 한한다.)수의 제곱근의 수치를 곱하여 얻는 수량, 이하 염소에 있어서는 탄산소다수용액 및 소석회에 대하여도 같다.)
	탄산소다수용액	870[kg]
	소석회	620[kg]
포스겐	가성소다수용액	390[kg]
	소석회	360[kg]
황화수소	가성소다수용액	1,140[kg]
	탄산소다수용액	1,500[kg]
시안화수소	가성소다수용액	250[kg]
아황산가스	가성소다수용액	530[kg]
	탄산소다수용액	700[kg]
	물	다량
암모니아 산화에틸렌 염화메탄	물	다량

- 제독에 필요한 보호구

종류	보유 수량
• 공기 호흡기 또는 송기식 마스크(전면형)	긴급작업에 종사하는 작업 인원수의 수량
• 보호복(고무 또는 비닐제품)	
• 격리식 방독 마스크(전면 고농도형)	독성가스를 취급하는 전 종업원수의 수량
• 보호장갑 및 보호장화(고무 또는 비닐 제품)	

차. 가스누출 자동차단장치 설치기준

① 용어의 정의

- 검지부 : 누출된 가스를 검지하여 제어부로 신호를 보내는 기능을 가진 것을 말한다.
- 차단부 : 제어부로부터 보내진 신호에 따라 가스의 유로를 개폐하는 기능을 가진 것을 말한다.
- 제어부 : 차단부에 자동 차단신호를 보내는 기능, 차단부를 원격 개폐할 수 있는 기능 및 경보 기능을 가진 것을 말한다.

② 검지부의 설치 기준

- 설치수 : 검지부의 설치수는 연소기(가스누출 자동차단기의 경우에는 소화안전장치가 부착되지 아니한 연소기에 한한다.) 버너의 중심 부분으로부터 수평거리 8[m](공기보다 무거운 가스를 사용하는 경우에는 4[m]) 이내에 검지부 1개 이상이 설치되도록 할 것. 다만, 연소기 설치실이 별실로 구분되어 있는 경우에는 실별로 산정하여야 한다.
- 설치 위치
  - 검지부는 천장으로부터 검지부 하단까지의 거리가 30[cm] 이하로 되도록 설치할 것. 다만, 공기보다 무거운 가스를 사용하는 경우에는 바닥면으로부터 검지부 상단까지의 거리가 30[cm] 이하로 되어야 한다.
  - 검지부는 다음 장소에 설치하지 아니할 것
    - ▶ 출입구의 부근 등으로서 외부의 기류가 통하는 곳
    - ▶ 환기구 등 공기가 들어오는 곳으로부터 1.5[m] 이내의 곳
    - ▶ 연소기의 폐가스에 접촉하기 쉬운 곳

15. 전기방식

가. 전기방식 종류

① "전기방식"이라 함은 배관의 외면에 전류를 유입시켜 양극반응을 저지함으로써 배관의 전기적 부식을 방지하는 것을 말한다.

② "희생양극법"이라 함은 지중 또는 수중에 설치된 양극금속과 매설 배관을 전선으로 연결하여 양극금속과 매설 배관 사이의 전지작용에 의하여 전기적 부식을 방지하는 방법을 말한다.

③ "외부전원법"이라 함은 외부직류 전원장치의 양극(+)은 매설 배관이 설치되어 있는 토양이나 수중에 설치한 외부전원용 전극에 접속하고, 음극(-)은 매설 배관에 접속시켜 전기적 부식을 방지하는 방법을 말한다.

④ "배류법"이라 함은 매설배관의 전위가 주위의 타금속 구조물의 전위보다 높은 장소에서 매설 배관과 주위의 타금속 구조물을 전기적으로 접속시켜 매설 배관에 유입된 누출 전류를 복귀시킴으로써 전기적 부식을 방지하는 방법을 말한다.

나. 전기방식 시공 기준

① 전기방식 시설의 유지관리를 위한 전위측정용 터미널(T/B)은 다음 기준에 적합하게 설치한다.

- 희생 양극법 또는 배류법에 의한 배관에는 300[m] 이내의 간격으로 설치할 것
- 외부전원법에 의한 배관에는 500[m] 이내의 간격으로 설치할 것
- 도로폭이 8[m] 이하인 도로에 설치된 본관 · 공급관에 부속된 밸브 박스와 사용자 공급관 및 내관에 부속된 밸브 박스 또는 입상관 절연부 등에 전위를 측정할 수 있는 인출선 등이 있는 경우에는 당해 시설을 전위 측정용 터미널로 대체할 수 있다.
- 직류 전철 횡단부 주위
- 지중에 매설되어 있는 배관 절연부의 양측
- 강재 보호관 부분의 배관과 강재 보호관. 다만, 가스배관과 보호관 사이에 절연 및 유동 방지 조치가 된 보호관은 제외한다.
- 타 금속 구조물과 근접 교차 부분
- 밸브 스테이션
- 교량 및 하천 횡단배관의 양단부. 다만, 외부 전원법 및 배류법에 의해 설치된 것으로 횡단 길이가 500[m] 이하인 배관과 희생양극법에 의해 설치된 것으로 횡단 길이가 50[m] 이하인 배관은 제외한다.

② 전기방식 효과를 유지하기 위하여 다음의 장소에는 빗물이나 기타 이물질의 접촉으로

인한 절연의 효과가 상쇄되지 아니하도록 절연 이음매 등을 사용하여 절연조치를 할 것

- 교량횡단 배관의 양단. 다만, 외부 전원법에 의한 전기방식을 한 경우에는 제외할 수 있다.
- 배관 등과 철근 콘크리트 구조물 사이
- 배관과 강재 보호관 사이
- 지하에 매설된 배관의 부분과 지상에 설치된 부분과의 경계(가스 사용자에게 공급하기 위하여 지중에서 지상으로 연결되는 배관에 한한다.)
- 타 시설물과 접근 교차지점. 다만, 타 시설물과 30[cm] 이상 이격 설치된 경우에는 제외할 수 있다.
- 배관과 배관지지물 사이
- 기타 절연이 필요한 장소

다. 전기방식 기준 및 유지관리

① 전기방식 전류가 흐르는 상태에서 토양 중에 있는 배관 등의 방식 전위 상한값은 포화 황산동 기준 전극으로 -0.85[V] 이하(황산염 환원 박테리아가 번식하는 토양에서는 -0.95[V] 이하)이여야 하고, 방식 전위 하한값은 지하철도 등의 간섭 영향을 받는 곳을 제외하고는 포화 황산동 기준 전극으로 -2.5[V] 이상이 되도록 노력한다.

② 전기방식 전류가 흐르는 상태에서 자연 전위와의 전위 변화가 최소한 -300[mV] 이하이어야 한다.

③ 전기방식 시설의 관대지전위 등을 1년에 1회 이상 점검하여야 한다.

④ 외부 전원법에 의한 전기 방식 시설은 외부 전원점 관대지전위, 정류기의 출력, 전압, 전류, 배선의 접속 상태 및 계기류 확인 등을 3개월에 1회 이상 점검하여야 한다.

⑤ 배류법에 의한 전기방식 시설은 배류점 관대지전위, 배류기의 출력, 전압, 전류, 배선의 접속 상태 및 계기류 확인 등을 3개월에 1회 이상 점검하여야 한다.

⑥ 절연부속품, 역전류 방지 장치, 결선(bond) 및 보호 절연체의 효과는 6개월에 1회 이상 점검하여야 한다.

16. 정압기

가. 정압기 종류

① 고압 정압기 : 가스 저장 기지에서부터 지역 배관망 사이에 설치되는 것으로서 약 7[MPa] 정도의 압력으로 공급되어 2[MPa]로 감압된다.

② 지구 정압기 : 도시가스회사 배관과 연결되는 지점에 설치되며 일반적으로 유량 정압 기능을 병행하게 된다.

③ 지역 정압기 : 도시가스회사에서 다수의 수요가에 공급하기 위해서 설치하는 정압기이다.
④ 단독 정압기 : 단일 건물의 가스사용자가 가스를 사용하기 위하여 설치하는 정압기이다.

나. 정압기 설치

① 경계책 1.5[m] 이상 설치
② 정압기실 벽 두께는 30[cm] 이상의 콘크리트 구조일 것
③ 정압기 실내 조명도는 150[Lux] 이상 되도록 하고 방폭 구조로 할 것

NOTE

◈ 방폭구조

- "**내압 방폭구조**"라 함은 방폭전기기기의 용기 내부에서 가연성가스의 폭발이 발생할 경우 그 용기가 폭발 압력에 견디고 접합면, 개구부 등을 통하여 외부의 가연성 가스에 인화되지 아니하도록 한 구조를 말한다.
- "**유입 방폭구조**"라 함은 용기 내부에 절연유를 주입하여 불꽃·아크 또는 고온 발생 부분이 기름 속에 잠기게 함으로써 기름면 위에 존재하는 가연성가스에 인화되지 아니하도록 한 구조를 말한다.
- "**압력 방폭구조**"라 함은 용기 내부에 보호가스(신선한 공기 또는 불활성가스)를 압입하여 내부 압력을 유지함으로써 가연성 가스가 용기 내부로 유입되지 아니하도록 한 구조를 말한다.
- "**안전증 방폭구조**"라 함은 정상운전 중에 가연성가스의 점화원이 될 전기 스파크·아크 또는 고온 부분 등의 발생을 방지하기 위하여 기계적·전기적 구조상 또는 온도 상승에 대하여 특히 안전도를 증가시킨 구조를 말한다.
- "**본질안전 방폭구조**"라 함은 정상 시 및 사고(단선, 단락, 지락 등) 시에 발생하는 전기불꽃·아크 또는 고온 상부에 의하여 가연성 가스가 점화되지 아니하는 것이 점화시험, 기타 방법에 의하여 확인된 구조를 말한다.
- "**특수 방폭구조**"라 함은 제1호 내지 제 5호에서 규정한 구조 이외의 방폭구조로서 가연성가스에 점화를 방지할 수 있다는 것이 시험, 기타 방법에 의하여 확인된 구조를 말한다.

NOTE

◈ 방폭전기기기의 구조별 표시방법

방폭전기기기의 구조	표시 방법
내압방폭구조	d
유입방폭구조	o
압력방폭구조	p
안전증방폭구조	e
본질안전방폭구조	ia 또는 ib
특수방폭구조	s

다. 정압기 설치장치

① 감시장치

② 동결 방지 조치

③ 내압기록 장치

④ 불순물 제거 장치

라. 기밀시험

① 정압기 입구 측은 최고 사용압력의 1.1배

② 정압기 출구 측은 최고 사용압력의 1.1배 또는 840[mmH_2O] 중 높은 압력으로 할 것

마. 정압기 분해 점검

① 2년에 1회 분해 점검 실시

② 단독 정압기는 3년에 1회 분해 점검 실시

바. 도시가스 유해성분, 열량, 압력 및 연소성 측정

① 열량 측정 : 매일 6시 30분부터 9시 사이와 17시부터 20시 30분 사이에 각각 제조소의 출구, 배송기 압송기 출구에서 자동 열량계로 측정

② 압력 측정 : 가스 홀더 출구, 정압기 출구 및 가스공급시설의 끝 부분 배관에서 자기 압력계로 측정, 압력은100[mmH_2O] 이상 250[mmH_2O] 이내로 유지할 것

③ 연소성 측정

- 매일 2회 측정 : 6시 30분~9시
  17시~20시 30분

$$C_P = K\frac{1.0H_2 + 0.6CO + (C_mH_n) + 0.3CH_4}{\sqrt{d}}$$

C_P : 연소속도
H_2 : 수소함유율(%)
CO : 일산화탄소 함유율(%)
C_mH_n : 탄화수소 함유량(%)
CH_4 : 메탄 함유율(%)
d : 도시가스의 비중
K : 산소함유율에 따른 수치

- 웨베 지수

$$WI = \frac{Hg}{\sqrt{d}}$$

WI : 웨베 지수 H_g : 도시가스의 총 발열량[$kcal/m^3$] d : 도시가스의 비중

특정 웨베지수는 표준 웨베 지수의 ±4.5[%] 이내 유지

④ 유해성분 측정(1주 1회)

- 가스 홀더나 정압기 출구에서 측정
- 0[℃], 1.013250[bar]에서 건조한 도시가스 1[m^3] 당
  - S : 0.5[g]
  - NH_3 : 0.2[g]
  - H_2S : 0.02[g]을 초과하지 않을 것

⑤ 특정가스 사용 시설의 사용량 계산식

$$Q = X \times \frac{A}{11,000} \text{ [kcal/m}^3\text{]}$$

Q : 도시가스 사용량[m^3]　X : 실제 도시가스 사용량[m^3]　A : 실제 도시가스 열량[kcal/m^3]

02 / 액화석유가스 안전 …… LPG 충전시설

1. 충전시설

가. 저장 탱크와 충전 장소 사이는 방호벽 설치

나. 저장량에 의한 경계거리

저장 능력	사업소 경계와의 거리
10톤 이하	17m
10톤 초과 20톤 이하	21m
20톤 초과 30톤 이하	24m
30톤 초과 40톤 이하	27m
40톤 초과	30m

다. 저장 탱크 외면에서 5[m] 떨어진 위치에서 조작할 수 있는 냉각 살수장치 설치

라. 저장 탱크 지하설치 기준

① 저장 탱크 외면에 부식 방지 코팅 및 전기 부식 방지 조치를 하고, 천장벽 및 바닥의 두께가 각각 30[cm] 이상의 방수 조치를 한 철근콘크리트실에 설치

② 저장 탱크 주위에는 마른 모래를 채울 것

③ 저장 탱크 정상부와 지면과의 거리는 60[cm] 이상으로 할 것

④ 저장 탱크를 2개 이상 인접하여 설치하는 경우 상호 간에 1[m] 이상 거리를 유지할 것
⑤ 저장 탱크를 묻는 곳의 주위에는 지상에 경계를 표시
⑥ 안전밸브에는 지상에서 5[m] 이상의 가스 방출관을 설치

마. 저장 탱크에 부착된 배관에는 그 저장 탱크의 외면으로부터 5[m] 위치에서 조작할 수 있는 긴급 차단장치를 설치(단, LPG를 이입하기 위한 배관은 역류 방지 밸브로 갈음할 수 있다.)
바. 저장 탱크 외부에는 은백색 도료를 바르고 보기 쉽도록 "액화석유가스" 또는 "LPG"를 붉은 글씨로 표시
사. 저장 능력 1000[ton] 이상인 저장 탱크 주위에 방류둑 설치
아. 방류둑 내측과 그 외면으로부터 10[m] 이내에는 저장 탱크 부속설비의 것은 설치를 금한다.
자. 가스설비와의 화기 이격 거리는 우회거리 8[m] 이상을 유지할 것
차. 주거, 상업 지역에 설치하는 저장 능력 10[ton] 이상 저장 탱크는 폭발 방지 장치를 설치할 것
카. 충전기 충전 호스는 5[m] 이내일 것
타. 차량에 고정된 탱크 충전시설(Tank lorry)
① 저장 탱크에 가스를 충전 시 내용적의 90[%]를 넘지 않을 것
② 가스 충전 시 정전기를 제거하는 조치를 할 것
③ LPG에는 공기 중의 혼합비율 용량이 1/1,000 농도(0.1[%])의 상태에서 감지할 수 있는 부취제를 섞어 탱크로리 및 용기에 충전(단, 공업용은 제외)
④ 차량에 고정된 5,000[ℓ] 이상의 탱크인 경우 차량 정지목을 비치할 것
⑤ LPG 충전설비는 1일 1회 이상 그 설비의 작동 상황을 점검 · 확인할 것
⑥ 차량에 고정된 탱크는 저장 탱크 외면으로부터 3[m] 이상 떨어져 정지할 것

파. 압력 조정기

종류	입구압력	조정압력
1단 감압식 저압조정기	0.07~1.56[MPa]	2.3~3.3[kPa]
1단 감압식 준저압조정기	0.1~1.56[MPa]	5~30[kPa]
2단 감압식 1차용 조정기	0.1~1.56[MPa]	0.057~0.083[MPa]
2단 감압식 2차용 조정기	0.025~0.35[MPa]	2.3~3.3[kPa]
자동절체식 일체형 조정기	0.1~1.56[MPa]	2.55~3.3[kPa]
자동절체식 분리형 조정기	0.1~1.56[MPa]	0.032~0.083[MPa]

① 압력 조정기 종류에 따른 입구압력 및 조정압력 범위
② 조정기의 최대 폐쇄압력
- 1단 감압식 저압 조정기, 2단 감압식 2차용 조정기, 자동 절체식 일체형 조정기 : 3.5[kPa] 이하
- 2단 감압식 1차용 조정기(자동 절체식 분리형 조정기) : 0.095[MPa] 이하
- 1단 감압식 준저압 조정기 : 조정압력의 1.25배 이하

③ 조정압력이 3.3[kPa] 이하인 조정기의 안전장치의 작동압력
- 작동 표준압력 : 7[kPa]
- 작동 개시압력 : 5.6~8.4[kPa]
- 작동 정지압력 : 5.04~8.4[kPa]

하. 액화석유가스 사용시설에 관한 안전

① 저장능력 250[kg] 이상인 고압 배관에는 안전장치를 설치할 것
② 가스 사용 시설의 저압부 배관은 0.8[MPa] 이상의 내압 시험에 합격한 것일 것(용기와 조정기 입구 측까지의 고압부 배관은 내압 시험압력 이상)
③ 가스 사용시설을 시공한 후 조정기 출구로부터 연소기까지의 배관 또는 호스에 8.4~10[kPa] 압력으로 기밀시험하여 이상이 없을 것(압력이 3.3~30[kPa]인 것은 35[kPa] 이상을 실시)
④ 가스 계량기 설치 장소
- 가스 계량기는 화기와 2[m] 이상 우회거리
- 설치 높이는 지면으로부터 1.6[m] 이상 2[m] 이내 설치
- 가스 계량기와 전기 계량기 및 전기 개폐기와의 거리 60[cm] 이상 굴뚝, 전기 점멸기, 전기 접속기와의 거리 30[cm] 이상, 절연 조치하지 아니한 전선과 15[cm] 이상 이격시킬 것

거. LP 가스 사용 주의사항

① 사용 전 주의 사항
- 가스 누설 유무를 취기로 확인할 것
- 연소기구 주위에 가연물을 두지 말 것
- 밸브, 가스전, 콕은 조용히 열 것
- 고무관의 노화, 흠, 균열은 면밀히 점검할 것
- 누설 점검은 비눗물을 이용할 것

② 점화 및 사용 중 주의 사항

- 성냥, 점화봉을 착화원에 가까이 한 후 콕을 열 것
- 연소염은 완전 연소되도록 공기 조절장치를 조절할 것
- 화력 조정은 기구 콕의 개폐를 조절할 것
- 사용 중 불꽃 꺼짐에 주의할 것
- 환기에 주의할 것
- 사용 중 가스가 떨어져 소화 시 용기 밸브를 잠글 것
- 사용 중 조정기는 건드리지 말 것

③ 사용 후의 주의 사항

- 연소기구의 콕은 확실히 잠가둘 것
- 빈 용기 밸브는 필히 잠가둘 것
- 장기간 외출 시에는 용기 밸브를 잠가둘 것

2. 긴급차단장치 및 역류 방지 밸브 설치

역류 방지 밸브의 부착 위치는 다음 각 호의 기준에 적합하여야 한다.

가. 저장 탱크 주 밸브의 외측에 가능한 한 저장탱크에 가까운 위치 또는 저장 탱크의 내부에 설치하되, 저장탱크 주 밸브와 겸용하여서는 안 된다.

나. 저장 탱크의 침하 또는 부상, 배관의 열팽창, 지진 그 밖의 외력에 의한 영향을 고려하여야 한다.

다. 차단 밸브의 구조에 따라 액압, 기압, 전기식 또는 스프링식 등을 동력원으로 사용한다.

라. 긴급차단장치를 조작할 수 있는 위치는 당해 저장 탱크로부터 5m 이상 떨어진 곳 (방류둑을 설치한 경우에는 그 외측)에 설치한다.

마. 부착된 상태의 긴급차단장치에 대하여는 1년에 1회 이상 밸브 시트의 누출검사 및 작동검사를 실시하여 누출량이 안전확보에 지장이 없는 양 이하이고 원활하며, 확실하게 개폐될 수 있는 작동 기능을 가졌음을 확인하여야 한다.

3. 통풍구조 및 강제통풍시설

가. 바닥면에 접하고 또한 외기에 면하여 설치된 환기구의 통풍 가능 면적의 합계가 바닥면적 1[m^2]마다 300[cm^2](철망 등을 부착할 때에는 철망이 차지하는 면적을 뺀 면적으로 한다)의 비율로 계산한 면적 이상(1개소 환기구의 면적은 2,400[cm^2] 이하로 한다)일 것. 이 경우 사방을 방호벽 등으로 설치할 경우에는 환기구를 2방향 이상으로 분산 설치하여야 한다.

나. 통풍 구조를 설치할 수 없는 경우에는 다음 기준에 적합한 강제통풍장치를 설치하여

야 한다.

① 통풍 능력이 바닥 면적 1[m^2]마다 0.5[m^3/분] 이상으로 할 것

② 흡입구는 바닥면 가까이에 설치할 것

③ 배출가스 방출구를 지면에서 5[m] 이상의 높이에 설치할 것

4. 가스누출경보기

가. 미리 설정된 가스 농도(폭발한계의 1/4 이하)에서 자동적으로 경보를 울리는 것이어야 한다.

나. 경보기의 검지부를 설치하는 위치는 가스의 성질, 주위 상황, 각 설비의 구조 등의 조건에 따라 정하되 다음에 해당하는 장소에는 설치하지 아니하여야 한다.

① 증기, 물방울, 기름기 섞인 연기 등이 직접 접촉될 우려가 있는 곳

② 주위 온도 또는 복사열에 의한 온도가 40[℃] 이상이 되는 곳

③ 설비 등에 가려져 누출가스의 유동이 원활하지 못한 곳

④ 차량, 그밖의 작업 등으로 인하여 경보기가 파손될 우려가 있는 곳

다. 경보기 검지부의 설치 높이는 바닥면으로부터 검지부 상단까지의 높이가 30[cm] 이내인 범위에서 가능한 한 바닥에 가까운 곳이어야 한다.

라. 가스누출경보기의 설치 개수

① 건축물 내(지붕이 있고 둘레의 1/4 이상이 벽으로 싸여 있는 장소를 말한다.)에 설치된 경우에는 그 설비군의 주위 10[m](용기보관장소, 용기저장실, 지하에 설치된 전용 저장 탱크실 및 전용처리 설비실에 있어서는 바닥면 둘레 20[m])에 대하여 1개 이상의 비율로 계산한 수

② 건축물 밖에 설치된 경우에는 그 설비군의 주위 20[m]에 대하여 1개 이상의 비율로 계산한 수

마. 충전설비의 정전기 제거 조치

① 충전용으로 사용하는 저장 탱크 및 제조설비는 접지하여야 한다. 이 경우 접지 접속선은 단면적 5.5[mm^2] 이상의 것(단선은 제외한다)을 사용하고, 경납붙임, 용접, 접속금구 등을 사용하여 한다.

② 차량에 고정된 탱크 및 충전에 사용하는 배관은 반드시 충전하기 전에 위험장소 외의 장소까지 접지시설을 연장하여 확실하게 접지하여야 하며, 이때 접지선은 절연전선(비닐 절연전선은 제외한다) · 캡타이어 케이블 또는 케이블(통신 케이블은 제외한다)로서 단면적 5.5[mm^2] 이상의 것(단선은 제외한다)을 사용하고 접속금구를 사용하여 확실하게 접속하여야 한다. 다만, 접속금구가 위험장소에 있을 때에는 방폭구조이어야 한다.

③ 접지 저항값은 총합 100[Ω](피뢰설비를 설치한 것은 총합 10[Ω]) 이하로 하여야 한다.

바. 액면계의 설치

① 저장 탱크에 설치하는 액면계는 다음 각호의 기준에 적합하게 설치하여야 한다.

- 액면계는 평형반사식, 유리액면계, 평형투시식, 유리액면계 및 플로트(float)식, 차압식, 정전용량식, 편위식, 고정 튜브식 또는 회전 튜브식이나 슬립 튜브식 액면계 등에서 액화가스의 종류와 저장 탱크의 구조 등에 적합한 구조와 기능을 가지는 것을 선정하여 사용하여야 한다.
- 유리를 사용한 액면계에는 액면을 확인하기 위한 필요한 최소면적 이외의 부분을 금속제 등의 덮개로 보호하여 그의 파손을 방지하는 조치를 한 것이어야 한다.
- 액면계에 설치하는 상하 스톱 밸브는 수동식 및 자동식을 각각 설치하여야 한다. 다만, 자동식 및 수동식 기능을 함께 갖춘 경우에는 각각 설치한 것으로 볼 수 있다.

② 배관의 고정조치

- 지름 13[mm] 미만의 것 : 1[m]마다
- 지름 13~33[mm] 미만의 것 : 2[m]마다
- 지름 33[mm] 이상의 것 : 3[m]마다

③ 배관 이음부와의 이격거리

- 배관 이음부와 전기계량기, 전기개폐기 : 60[cm] 이상 이격
- 배관 이음부와 굴뚝, 전기점멸기, 전기접속기 : 30[cm] 이상 이격
- 배관 이음부와 절연조치를 안 한 전선 : 15[cm] 이상 이격

5. 로딩암(loading-arm)

가. 구조

로딩암의 구조는 다음 각호에 적합하여야 한다.

① 로딩암은 연결되었을 때 누출이 없는 구조일 것

② 로딩암은 가스의 흐름에 지장이 없는 유효면적을 가지는 구조일 것

③ 로딩암은 지지구조물을 갖거나 또는 지지구조물에 부착할 수 있는 구조일 것

④ 로딩암이 부드럽게 작동하도록 밸런스 유닛이 적절히 부착되어 있을 것

나. 성능

① 암(arm)의 운동각도 범위는 10° 이상 70° 이하일 것

② 차량과 로딩암의 위치가 직각에서 ±20°에서도 이입 · 충전 작업이 가능할 것

③ 상용압력의 1.5배 이상의 수압으로 내압시험을 실시하여 이상이 없을 것

④ 로딩암은 600회 이상의 작동시험 후 공기 또는 불활성가스로 상용압력 이상의 압력으로 기밀시험을 실시한 후 누출이 없을 것

⑤ 맞대기 전 용접부에 대하여 방사선 투과시험을 실시하고 맞대기 용접을 제외한 용접부에 대하여는 자분 탐상시험 또는 침투 탐상시험을 실시할 것

다. 표시

로딩암은 쉽게 지워지지 않는 방법으로 다음 각 호의 표시를 할 것

① 제조자명 또는 그 약호

② 제조번호 또는 롯드번호

③ 사용 가스명

④ 제조 연월일

⑤ 가스의 흐름 방향(설치 방향)

03 / 도시가스 안전

1. 용어정리

가. 본관 : 도시가스 제조사업소의 부지 경계에서 정압기까지 이르는 배관

나. 공급관 : 정압기에서 사용자 소유의 토지 경계에 이르는 배관

다. 내관 : 사용자 소유의 토지 경계에서 연소기까지 이르는 배관

2. 배관의 설치

가. 지하 매설 시

① 배관과 건축물의 수평이격 거리는 1.5[m] 이상 유지할 것

② 배관과 다른 지하의 시설물과의 이격거리는 0.3[m] 이상 유지할 것

③ 배관 매설 깊이는 산과 들에서는 지면에서 1[m] 이상일 것

④ 그 밖의 지역은 1.2[m] 이상

⑤ 시가지 도로 노면 밑에 설치 시 노면으로부터 1.5[m] 이상 유지할 것

나. 하천 매설 시

① 하천 밑 횡단 매설 시 4[m] 이상

② 소하천 수로 매설 시 2.5[m] 이상

③ 그 밖의 좁은 수로 1.2[m] 이상

다. 철도부지 매설 시

① 배관 외면으로부터 궤도 중심까지 4[m] 이상

② 철도 부지 경계까지는 6[m] 이상 유지할 것

③ 지표면에서 배관까지 1.2[m] 이상일 것

④ 사용압력에 따른 공지폭

- 0.2[MPa] 미만 : 5[m]
- 0.2～1[MPa] : 9[m]
- 1[MPa] 이상 : 15[m]

3. 배관의 누설 검사

가. 고압 : 매몰한 날 이후 1년에 1회 이상 검사

나. 그 밖의 것 : 매몰한 날 이후 3년에 1회 이상 검사

NOTE

◈ 기밀압력 유지시간

당해 배관 내용적	기밀 시험 유지 시간
10[ℓ] 이하	5분
10～50[ℓ] 이하	10분
50[ℓ] 이상	24분

4. 배관의 표시

가. 사용 가스명

나. 최고 사용압력

다. 가스 흐름 방향 표시

라. 배관의 색상

① 지상 배관 : 황색 도색(단, 지면 1m 높이에 폭 3[cm]의 황색띠 2줄 표시한 경우는 제외)

② 지하 매설관 : 저압 - 황색 도색
중압 이상 - 적색

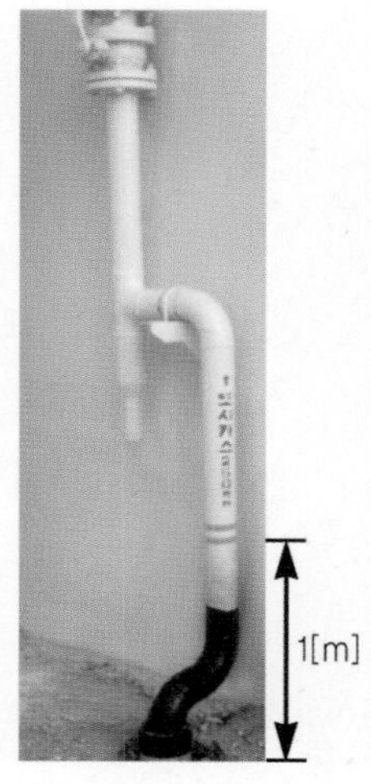

배관의 표시

5. P-E관(Poly ethylene pipe)

가스용 폴리 에틸렌관은 최고 사용압력이 0.4[MPa] 이하인 배관으로 지하에 매설 설치한다.

가. 폴리에틸렌(Poly ethylene) 배관의 상당압력등급 SDR(Standard Dimension Ration)

$$SDR = \frac{D}{T}$$

D : 배관의 표준바깥지름 [mm]　　T : 배관의 최소 두께 [mm]

SDR	압력
11 이하	0.4[MPa]
17 이하	0.25[MPa]
21 이하	0.2[MPa]

나. 관의 굴곡 허용 반자름은 바깥지름의 20배 이상으로 한다.(단, 20배 미만인 경우 엘보를 사용해서 시공한다.)

다. 금속관의 접합은 T/F(Transition Fitting)를 사용한다.

T/F 이음

라. 폴리에틸렌관 융착 이음법

① 맞대기 융착(butt fusion) : 맞대기 융착(butt fusion)은 지름 75[mm] 이상의 직관과 이음관 연결에 적용하되 다음 기준에 적합할 것

- 비드(bead)는 좌 · 우 대칭형으로 둥글고 균일하게 형성되어 있을 것
- 비드의 표면은 매끄럽고 청결할 것
- 접합면의 비드와 비드 사이의 경계 부위는 배관의 외면보다 높게 형성될 것
- 이음부의 연결오차(V)는 배관 두께의 10% 이하일 것

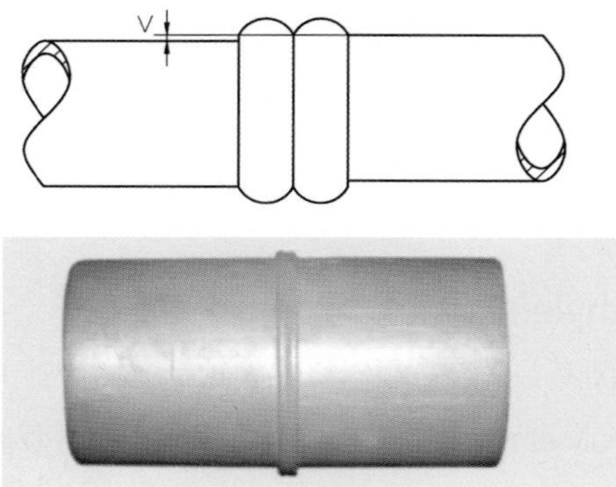

맞대기 융착

② 소켓 융착(socket fusion) : 소켓 융착은 다음 기준에 적합하게 실시한다.

- 용융된 비드(bead)는 접합부 전면에 고르게 형성되고 관 내부로 밀려나오지 않도록 할 것
- 배관 및 이음관의 접합은 일직선을 유지할 것
- 비드 높이(h)는 이음관의 높이(H) 이하일 것
- 융착작업은 홀더(holder) 등을 사용하고 관의 용융 부위는 소켓 내부 경계턱까지 완전 삽입되도록 할 것
- 시공이 불량한 융착 이음부는 절단하여 제거하고 재시공할 것

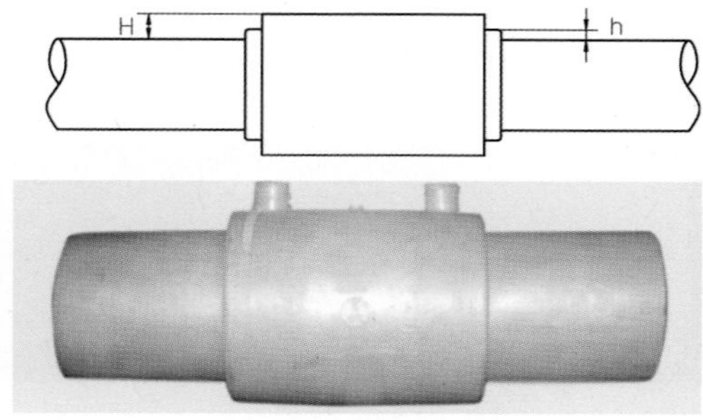

소켓 융착

③ 새들 융착(saddle fusion) : 새들 융착은 다음 기준에 적합하게 실시한다.

- 접합부 전면에는 대칭형의 둥근 형상 이중 비드가 고르게 형성되어 있을 것
- 비드의 표면은 매끄럽고 청결할 것
- 접합된 새들의 중심선과 배관의 중심선이 직각을 유지할 것
- 비드 높이(h)는 이음관의 높이(H) 이하일 것
- 시공이 불량한 융착이음부는 절단하여 제거하고 재시공할 것

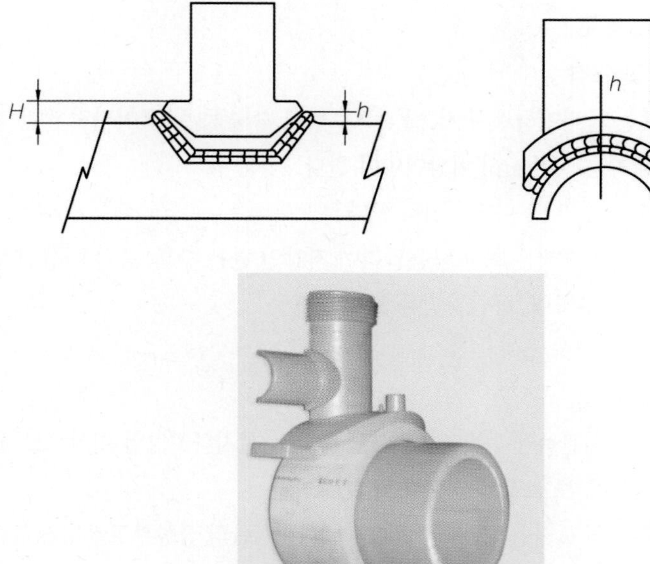

새들 융착

6. 배관의 보호판

가스배관 매설 시 매설 깊이를 확보할 수 없으면 보호관 또는 보호판을 사용하여 보호 조치를 할 것

가. 보호판은 배관 정상부에서 30[cm] 이상 높이에 설치할 것

나. 보호판의 두께는 4[mm] 이상일 것(단, 고압배관은 6[mm] 이상)

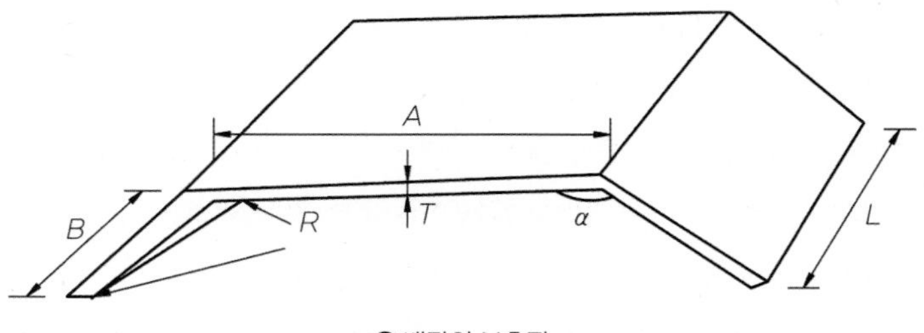

배관의 보호판

7. 배관의 보호포

가. 재질 및 규격

① 보호포는 폴리에틸렌 수지, 폴리프로필렌 수지 등 잘 끊어지지 않는 재질로 직조한 것으로서 두께는 0.2[mm] 이상이어야 한다.

② 보호포의 폭은 15~35[cm]로 한다.

③ 보호포의 바탕색은 최고 사용압력이 저압인 관은 황색, 중압 이상인 관은 적색으로 하고 가스명, 사용압력, 공급자명을 표시한다.

나. 설치기준

① 보호포는 배관폭에 10[cm]를 더한 폭으로 설치하고 2열 이상으로 설치할 경우 보호포 간의 간격은 보호포 넓이 이내로 한다.

② 보호포는 최고 사용압력이 저압인 때에는 배관의 정상부로부터 60[cm] 이상, 최고 사용압력이 중압 이상인 배관의 경우에는 보호판의 상부로부터 30[cm] 이상, 공동주택 등의 부지 내에 설치하는 배관의 경우에는 정상부로부터 40[cm] 이상 떨어진 곳에 설치한다.

8. 배관의 지상설치 및 방호조치

배관을 지상에 설치하는 경우에는 배관의 부식 방지와 검사 및 보수를 위하여 지면으로부터 30[cm] 이상의 거리를 유지하여야 하며 배관의 손상 방지를 위하여 주위의 상황에 따라 방책이나 가드레일 등의 방호조치를 하여야 한다.

가. "ㄷ" 형태로 가공한 방호 철판에 의한 방호구조물은 다음과 같다.

① 방호 철판의 두께는 4[mm] 이상이고 재료는 KS D 3503(일반 구조용 압연 강재) 또는 이와 동등 이상의 기계적 강도가 있는 것일 것

② 방호 철판은 부식을 방지하기 위한 조치를 취할 것

③ 방호 철판 외면에는 야간 식별이 가능한 야광 테이프 또는 야광 페인트의 의해 배관임을 알려주는 경계표시를 할 것

④ 방호 철판과 배관은 서로 접촉되지 않도록 설치하고 필요한 경우에는 접촉을 방지하기 위한 조치를 취할 것

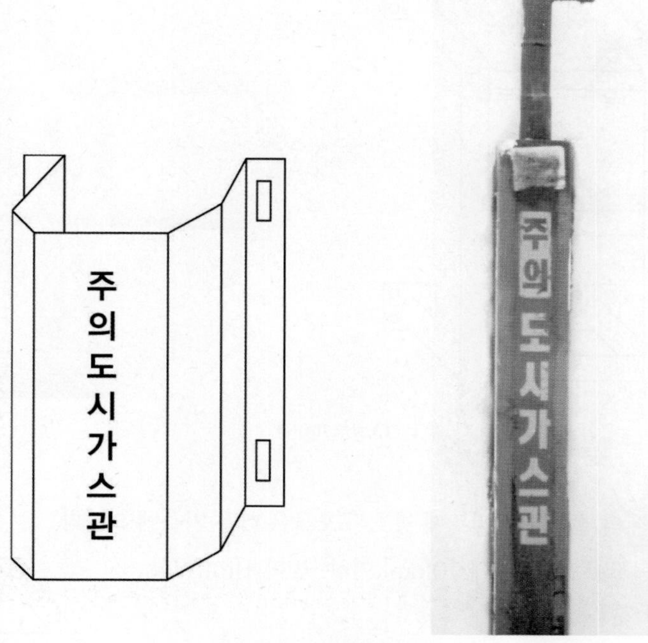

⊙ 방호 철판

나. 파이프를"ㄷ" 형태로 가공한 구조물에 의한 방호 구조물은 다음 기준에 의한다.

① 방호 파이프는 호칭지름 50[A] 이상으로 하고 재료는 KS D 3507(배관용 탄소강관) 또는 이와 동등 이상의 기계적 강도가 있는 것일 것

② 강관제 구조물은 부식을 방지하기 위한 조치를 할 것

③ 강관제 구조물 외면에는 야간 식별이 가능한 야광 테이프 또는 야광 페인트에 의해 도시가스 배관임을 알려주는 경계표시를 할 것

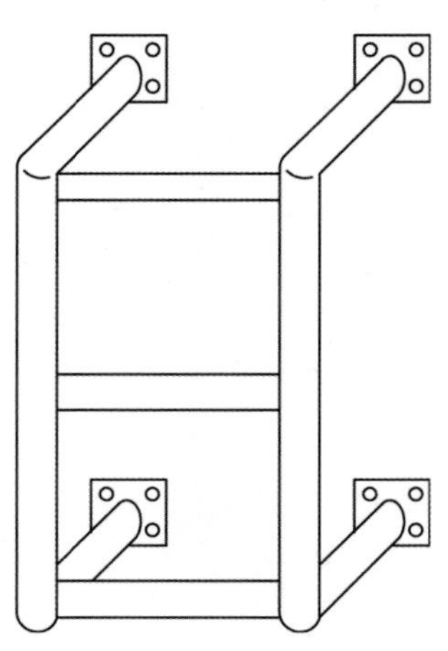

방호 파이프

다." ㄷ" 형태의 철근 콘크리트재 방호 구조물은 다음 기준에 의한다.

① 철근 콘크리트재는 두께 10[cm] 이상, 높이 1[m] 이상으로 할 것

② 철근 콘크리트재 구조물 외면에는 야간 식별이 가능한 야광 테이프 또는 야광 페인트에 의해 도시가스 배관임을 알려주는 경계 표시를 할 것

③ 철근 콘크리트재 구조물은 건축물 외벽에 견고하게 고정 설치할 것

④ 철근 콘크리트에 의한 방호구조물과 배관은 서로 접촉되지 않도록 설치하고 필요한 경우에는 접촉을 방지하기 위한 조치를 할 것

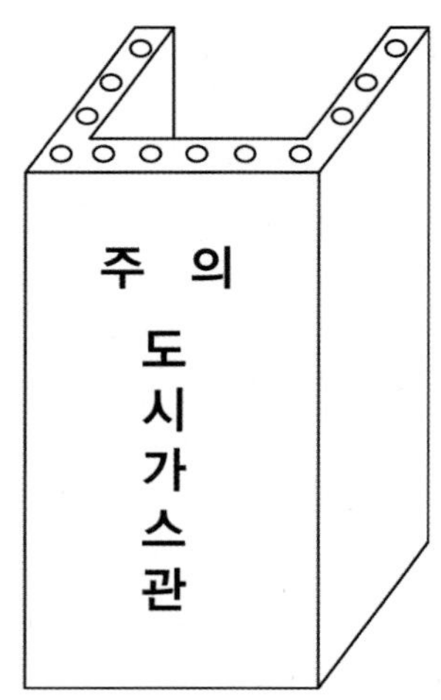

방호 철근 콘크리트

MEMO

Craftsman Gas

가/스/기/능/사/실/기

PART 2

동영상 기출문제

2012년 제1·2회 동영상 기출문제

01 다음 가스 운반 차량과 제1종 보호시설의 주, 정차 이격거리를 쓰시오.

해답

15[m]

02 다음 매설 가스관과 상수도관의 이격거리를 쓰시오.

해답

0.3[m] 이상

03 다음 안전설비의 명칭을 쓰시오.

해답

긴급차단장치

04 다음 구멍을 뚫은 목적과 그 간격을 쓰시오.

해답

1) 목적 : 누출된 가스가 지면으로 확산될 수 있도록 한다.
2) 간격 : 3[m] 이하

참고

보호판에는 직경 30[mm] 이상, 50[mm] 이하의 구멍을 3[m] 이하의 간격으로 뚫어 누출된 가스가 지면으로 확산될 수 있도록 한다.

05 다음 안전밸브의 종류를 3가지 쓰시오.

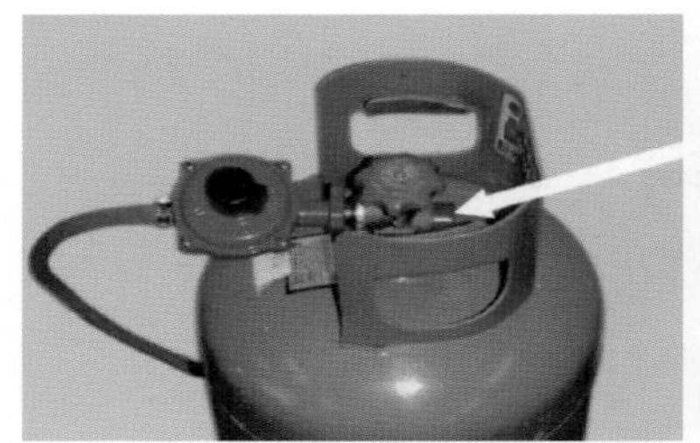

해답

① 스프링식　　　② 가용전식　　　③ 파열판식

06 다음 LPG용기 내부에 설치된 안전장치는 저장탱크 내용적의 몇 %를 넘지 않도록 하는지 쓰시오.

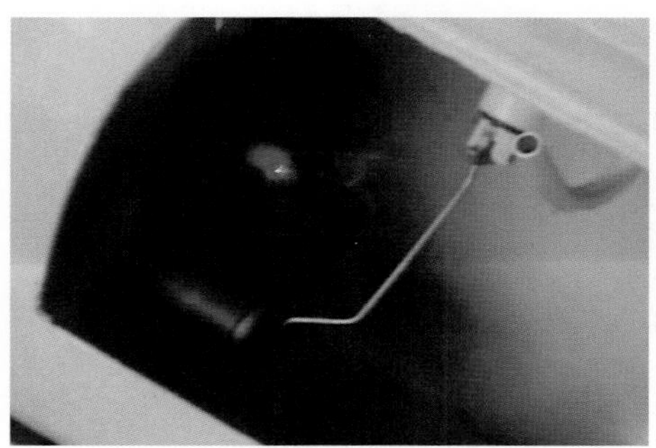

해답

85[%]

07 다음 차량이 통행하는 15[m] 도로폭에서 가스배관 매설심도(깊이)를 쓰시오.

해답

1.2[m] 이상

참고

폭 8[m] 이상 도로에서는 1.2[m] 이상

08 다음 A, B의 기능에 대해 설명하시오.

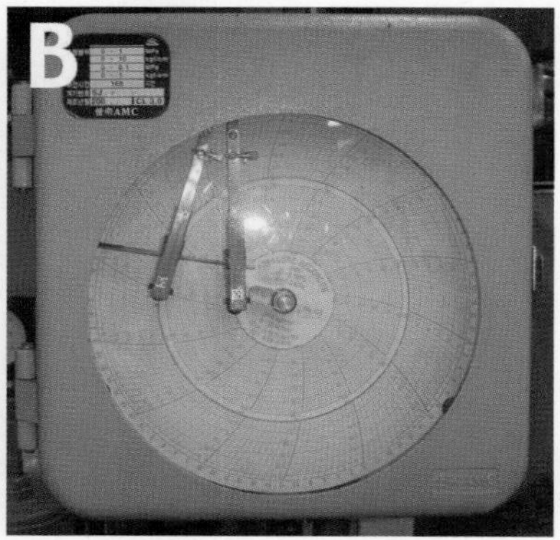

해답

- A : 필터, 가스 내 이물질 제거
- B : 자기압력기록계, 가스 누출 상태 확인

09 다음 배관에서 SDR11일 때 최고 사용압력을 쓰시오.

해답

SDR11 : 0.4[MPa]

10 다음 LPG판매소 용기보관실의 면적을 쓰시오.

해답

면적 : $19m^2$

11 다음 A, B, C, D의 용기에 충전하는 공업용가스 명칭을 쓰시오.

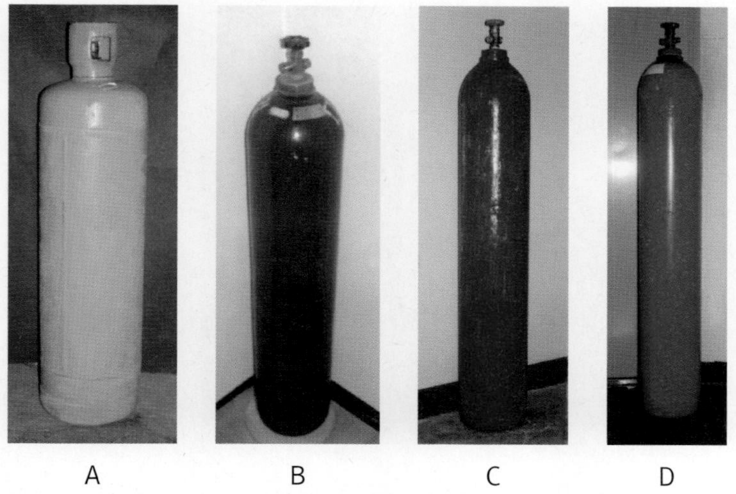

해답

• A : 아세틸렌 • B : 산소 • C : 이산화탄소 • D : 수소

12 다음 LPG 탱크로리에서 저장탱크로 이충전하는 작업 시 접지 이유를 쓰시오.

해답

정전기 제거

13 다음 용기 재질의 탄소 함유량을 쓰시오.

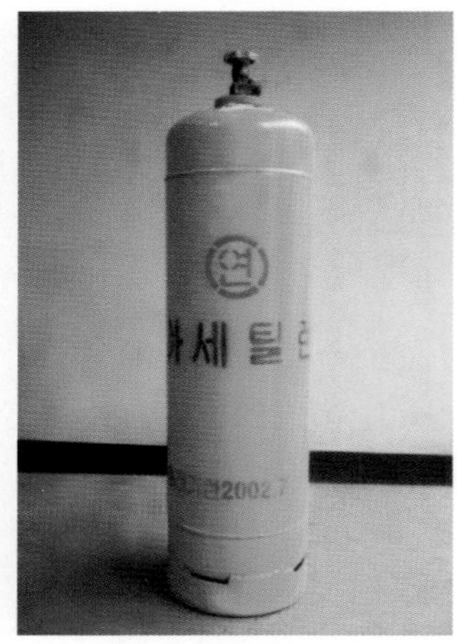

해답

탄소함유량 : 0.33[%]

14 다음 배관 부속품 A, B, C, D에서 전기융착법(EF)으로 사용한 것을 쓰시오.

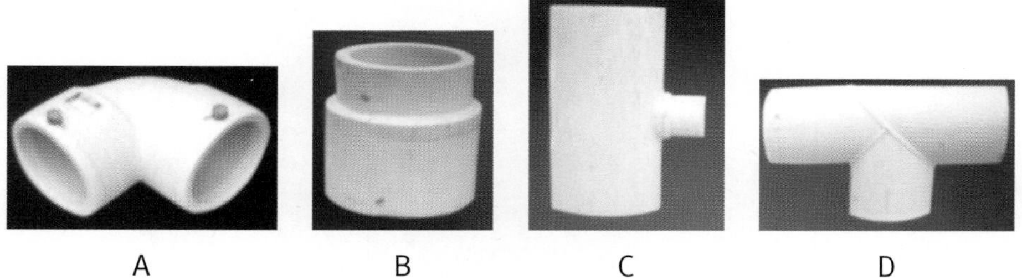

해답

A

15 가스설비 방폭전기기기의 표시방법 5가지를 쓰시오.

해답

압력 방폭구조, 내압 방폭구조, 유입 방폭구조, 본질 안전 방폭구조, 안전증 방폭구조

16 다음 가스배관 관경이 200[A]일 때 지지간격을 쓰시오.

해답

12[m]

17 다음 작업 시 안전수칙 3가지를 쓰시오.

해답

LPG 자동차충전 작업 시

1) 자동차 시동을 끌 것
2) 디스펜서와 자동차 용기의 암수 커플링이 정상적으로 체결되었는지 확인 후 충전하고 충전 시 과충전되지 않도록 한다.
3) 충전 완료 후 충전 호스는 자동차 용기에서 완전 분리 후 자동차를 출발시킬 것

18 다음 보냉재의 구비조건을 쓰시오.

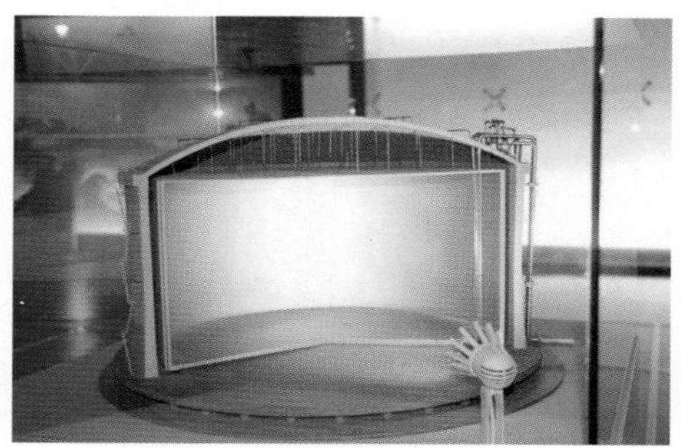

해답

1) 열 전도율이 적을 것
2) 흡습성이 적을 것
3) 사용온도에 대해 변질되지 않을 것

19 다음 외부전원법 전기 방식 장치의 설치거리를 쓰시오.

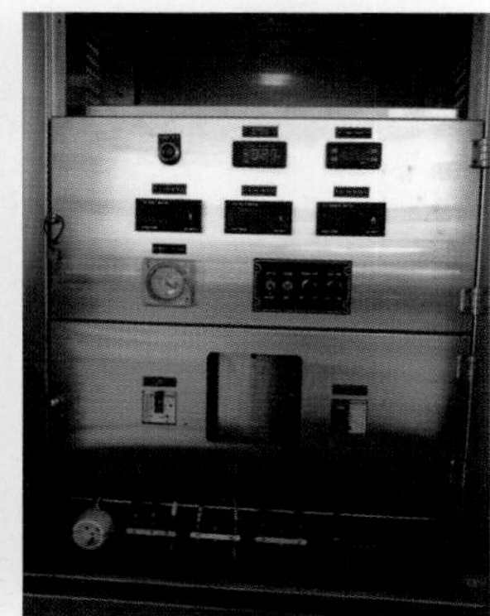

해답

500m

20 다음 주황색 용기의 재질을 쓰시오.

해답

탄소강

21 다음 녹색용기에 실시하는 시험검사 명칭을 3가지 쓰시오.

해답

내부조명검사, 음향검사, 내압시험

22 다음 배관시공 시 사용되는 기구의 명칭을 쓰시오.

해답

피그(pig)

23 다음 가스배관을 건축물의 외벽과 같이 도색했을때 설치기준을 쓰시오.

해답

지면에서 1[m] 높이에 폭 3[cm]의 황색 띠 2줄을 표시

24 다음 가스누출검지기에서 장치의 명칭을 쓰시오.

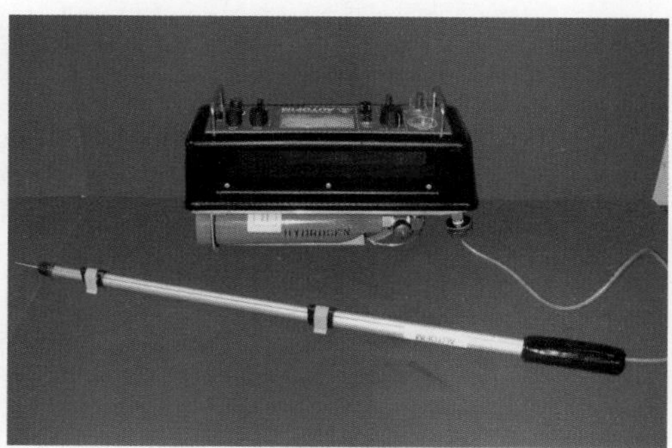

해답

FID(수소불꽃 이온화 검출기)

25 다음 갈색용기 안전장치의 작동온도를 쓰시오.

해답

65~68[℃]

26 다음 비파괴 검사의 명칭을 쓰시오.

해답

자분탐상검사(MT)

27 다음에서 보여주는 정압기의 명칭(형식)을 쓰시오.

해답

엑셀 플로우식 정압기(A.F.V)

28 다음 지하저장탱크 콘크리트실의 설계강도를 쓰시오.

해답

21~24[MPa]

29 다음 2.9톤의 LPG저장탱크와 사업소경계까지의 거리를 쓰시오.(저장탱크 내 액중펌프가 설치되지 않은 경우임)

해답

17[m]

30 LNG 저장탱크 내용적 5000[ℓ]일 때 긴급차단장치 조작거리를 쓰시오.

해답

10[m]

01 정압기에서 상용압력이 1[MPa]일 때 긴급차단장치의 작동압력을 쓰시오.

해답

1.2[MPa]

02 다음 장치의 명칭을 쓰시오.

해답

자유 피스톤식 압력계

03 다음 안전장치 명칭을 쓰시오.

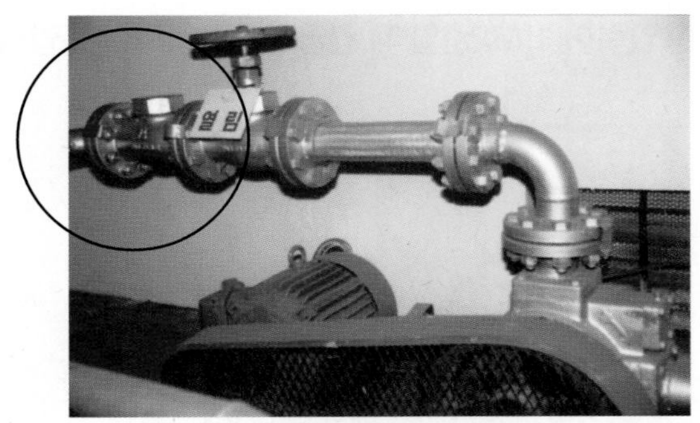

해답

역류방지장치

04 다음 안전장치 명칭을(형식 포함) 쓰시오.

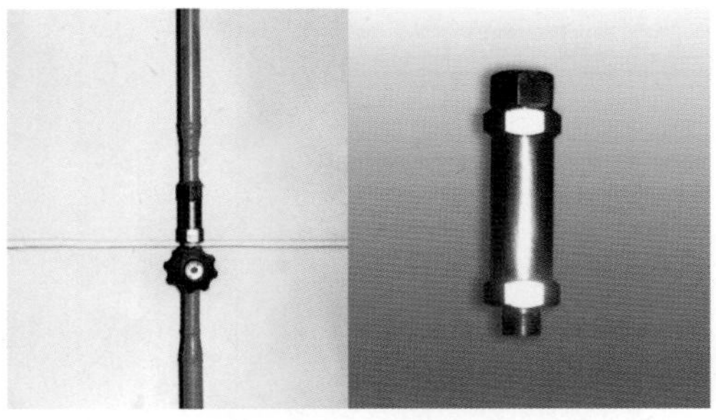

해답

스프링식 안전밸브

05 LPG 저장실 지붕재료 구비조건을 2가지 쓰시오.

해답

1) 경량일 것 2) 불연성 또는 난연성일 것

06 다음 초저온 용기에서 지시된 부분의 명칭을 쓰시오.

해답

- A : 스프링식 안전밸브
- B : 파열판식 안전밸브

07 다음의 밸브의 명칭을 쓰시오.

해답

충전용 주관 밸브

08 다음의 가스계량기의 명칭을 쓰시오.

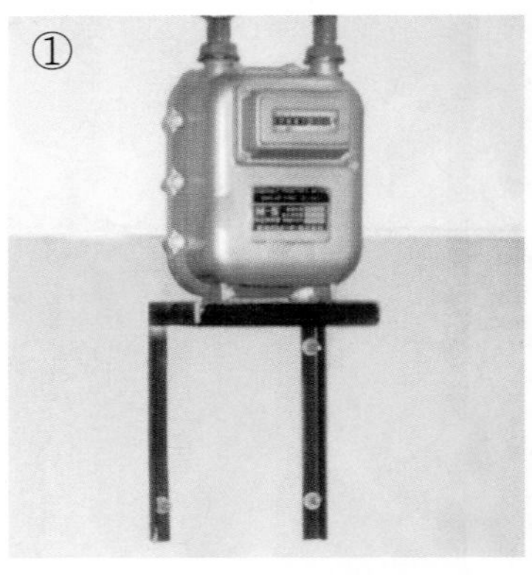

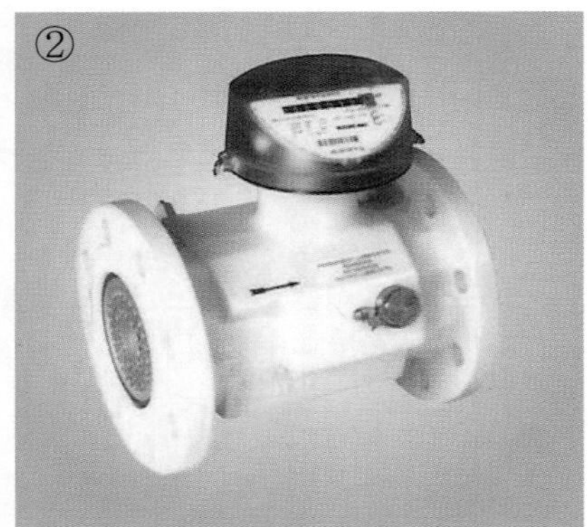

해답

① 막식 가스 계량기 ② 터빈식 가스 계량기

09 다음의 장치의 명칭을 쓰시오.

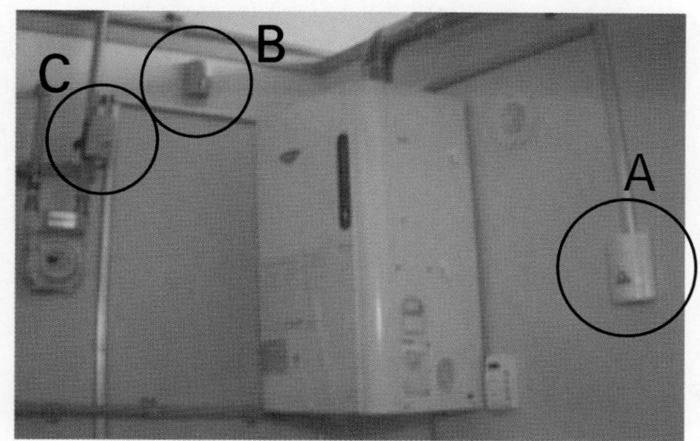

해답

• A : 제어부 • B : 검지부 • C : 차단부

10 P-E관 융착에서 각 부품을 분류하여 쓰시오.

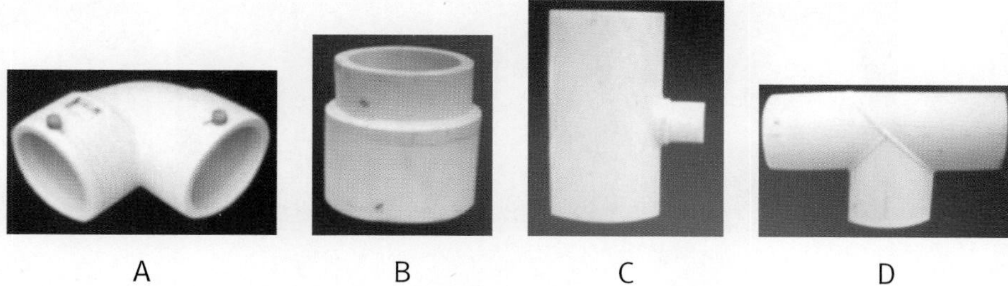

A B C D

해답

1) 열 융착 : B, C, D 2) 전기(전자) 융착 : A

11 다음 매설 가스배관의 방식에 쓰이는 재질을 원소기호로 쓰시오.

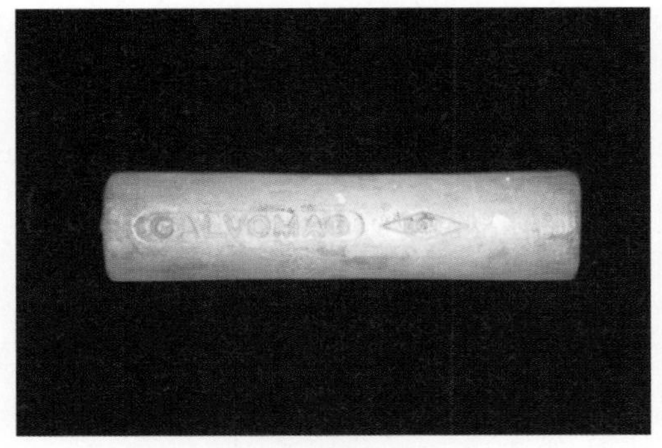

해답

Mg

12 다음 배관부속품의 명칭을 쓰시오.

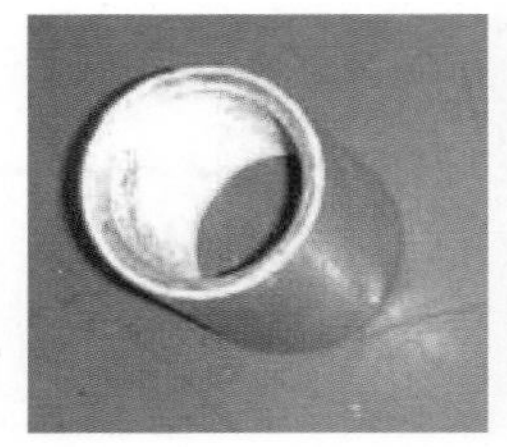

1

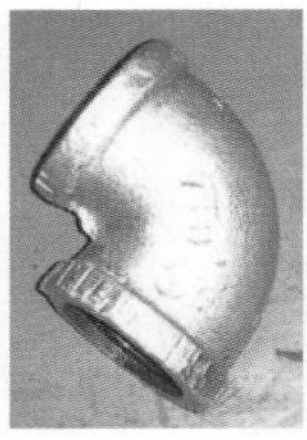

2

3

4

해답

1) 소켓 2) 엘보 3) 유니온 4) 캡

13 다음 지하정압기실 출입문에 설치된 장치의 명칭을 쓰시오.

해답

출입문 개폐감시장치

14 다음 LPG충전소의 충전기 중심과 대지경계의 거리를 쓰시오.

해답

24m

15 다음 설비의 명칭을 쓰시오.

해답

기화기

16 다음 이, 충전작업에서 압축기 사용 시 이점을 3가지 쓰시오.

해답

1) 베이퍼록의 발생이 없다.
2) 이, 충전 시 작업시간이 단축된다.
3) 잔가스 회수가 가능하다.

17 다음 지하정압기실의 흡입구와 배기구의 관경을 쓰시오.

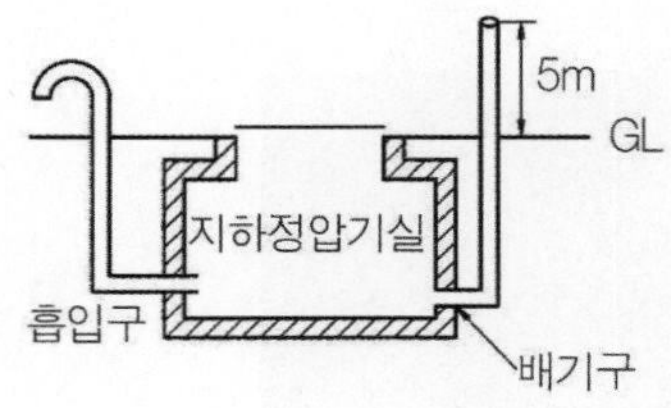

(a) 공기보다 무거운 경우

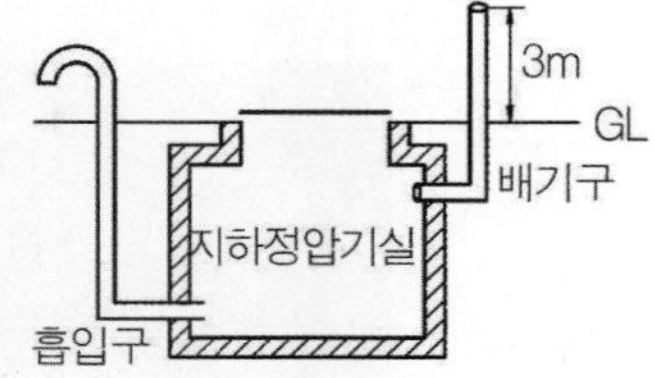

(b) 공기보다 가벼운 경우

해답

100[mm]

18 다음 방폭등에 표기된 방폭형 전기기기의 기호 및 의미에 대해서 쓰시오.

해답

EX d ⅡB T4

EX : 방폭의 준말(EXplosion)　　d : 내압 압력 방폭구조

ⅡB : 일반 산업용, 폭발 등급(2등급)　　T4 : 방폭형 전기기기의 최고 표면 허용온도

19 다음 지하에 매설된 LPG 저장탱크 침수방지조치기준에 의해 설치된 설비 명칭을 쓰시오.

해답

집수관

20 다음 매설배관 용접부 방사선 검사 시 장점을 3가지 쓰시오.

해답

1) 장치가 간단하다.

2) 운반이 용이하다.

3) 내부결함 검출이 가능하며 사진으로 찍는다.

21 다음 LPG 이송설비에 설치된 장치의 명칭을 쓰시오.

해답

접지장치

22 다음 저장탱크의 침하상태 측정주기를 쓰시오.

해답

1년에 1회

23 다음은 LPG 저장소 환기구 1개의 면적은 얼마 이하로 하는지 쓰시오.

해답

2,400[cm^2] 이하

24 다음 장치의 조작시설과 저장탱크의 이격거리는 얼마 이상이어야 하는지 쓰시오.

해답

5[m]

25 다음 저장탱크 안전밸브의 작동시험 주기를 쓰시오.

해답

1년에 1회

26 다음 LPG 저장탱크에 설치된 가스장치의 명칭을 쓰시오.

해답

슬립튜브게이지

27 다음 가스크로마토그래피의 구성요소 3가지를 쓰시오.

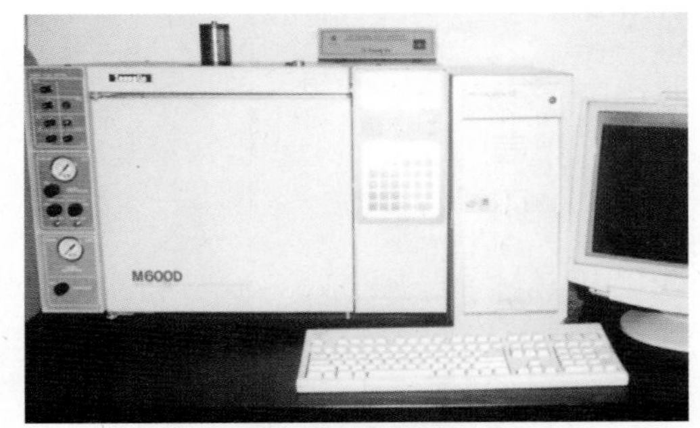

해답

칼럼(분리관), 검출기, 기록계

28 다음에서 표시된 기호(LG)는 무엇을 의미하는가?

해답

액화가스

29 다음 저장탱크의 방출구 높이는 얼마로 하여야 하는가?

해답

지상에서 5[m] 또는 탱크 정상부에서 2[m] 중 높은 것으로 할 것

30 다음 폴리에틸렌관 맞대기 융착공정을 보여주고 있다. 주요 공정 3가지를 쓰시오.

해답

가열, 용융압착, 냉각

2013년 제1·2회 **동영상 기출문제**

01 다음 용기에 각인된 용어를 각각 쓰시오.

해답

• V : 내용적　　• W : 용기 질량　　• TP : 내압시험압력　　• FP : 최고충전압력

02 가스용기를 차량에 적재하여 운반 시 주의사항 3가지를 쓰시오.

해답

1) 고압가스 전용 운반차량에 세워서 운반할 것
2) 차량의 최대 적재량을 초과하여 적재하지 아니할 것
3) 외면에 가스의 종류, 용도 및 취급 시 주의사항을 기재한 것에 한하여 적재할 것

03 다음 각인된 표시기호의 의미를 쓰시오.

해답

아세틸렌

04 다음 문자(O)의 의미를 쓰시오.

해답

유입방폭구조

05 LP가스 이송펌프에서 케비테이션 발생원인을 한 가지 쓰시오.

해답

펌프 흡입 측 압력이 이송유체의 증기압보다 낮게 될 때 발생한다.

06 다음 지시한 장치의 명칭과 기능을 쓰시오.

해답

1) 명칭 : 긴급차단장치

2) 기능 : 설정압력 이상의 압력으로 공급 시에 차단하는 장치

07 다음 안전설비의 명칭을 쓰시오.

해답

냉각살수장치(물 분무장치)

08 다음 장치의 명칭을 쓰시오.

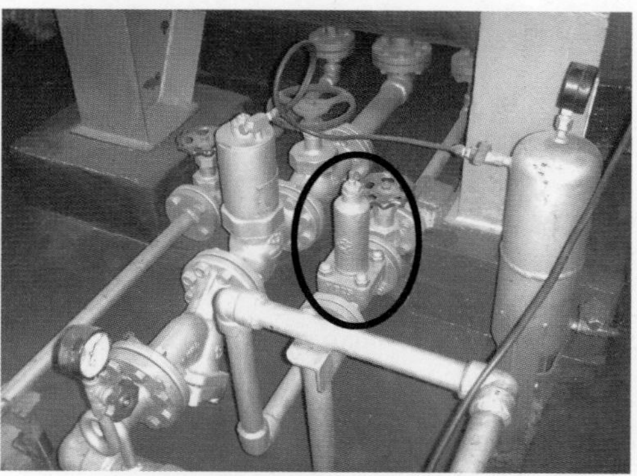

해답

릴리프 밸브

09 다음 갈색 용기의 안전장치 작동온도 범위를 쓰시오.

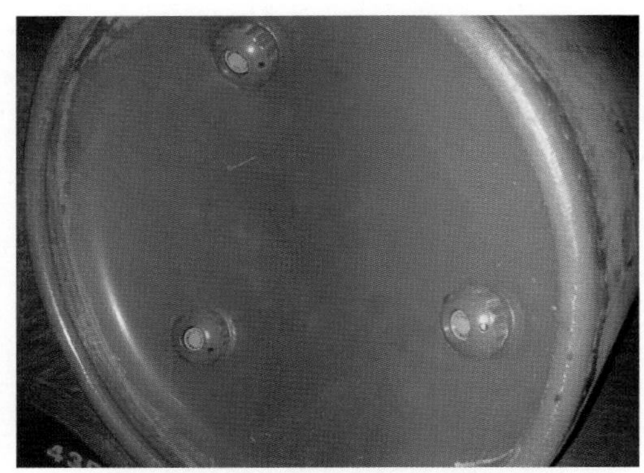

해답

65 ~ 68[℃]

10 내용적 500리터 미만의 녹색 용기의 재검사 주기를 쓰시오.(단, 신규 검사한 지 10년 이하 용기)

해답

5년

11 초저온 용기의 내·외조 사이를 진공으로 하는 이유를 쓰시오.

해답

단열(열의 침입 차단)

12 다음 장치는 몇 분 이상의 방사 능력의 수원에 접속되어야 하는지 쓰시오.

해답

30분

13 다음 LP가스충전시설의 설비 주변에 설치된 경계책의 높이를 쓰시오.

해답

1.5[m]

14 가스 운반차량의 삼각 깃발 기준 규격을 쓰시오.

해답

가로 : 40[cm], 세로 : 30[cm]

15 다음 용기 안전밸브의 재질 2가지를 쓰시오.

해답

납, 주석, 안티몬, 비스무트

16 다음 부품의 명칭을 쓰시오.

1

2

3

해답

1) 티이 2) 유니온 3) 엘보

17 가스 보일러의 안전성과 편리성을 위해서 설치하는 장치를 5가지 쓰시오.

해답

과열방지장치, 소화안전장치, 공연소방지장치, 가스누출방지장치, 동결방지장치

18 다음 설비의 용도를 쓰시오.

해답

전위 측정용 터미널

19 P-E관 맞대기 융착상태 적합 판단기준을 쓰시오.

해답

비드 폭

20 저압 조정기의 조정압력 범위와 최대폐쇄압력 범위를 쓰시오.

해답

1) 조정압력 범위 : 230~330[mmH_2O]

2) 최대폐쇄압력 범위 : 350[mmH_2O]

21 가스설비의 안전장치 동력원을 3가지 쓰시오.

해답

기압식, 액압식, 스프링식

22 정압기실에 설치된 RTU BOX 용도를 쓰시오.

해답

1) 정압기실 출입문 개폐 감지기능
2) 정압기실 이상상태 감시기능
3) 가스누출 검지경보 기능

23 압축기 주요 구성요소를 3가지 쓰시오.

해답

임펠러, 디퓨저, 가이드 베인

24 LNG 저장탱크의 보냉재로 사용되는 재질을 3가지 쓰시오.

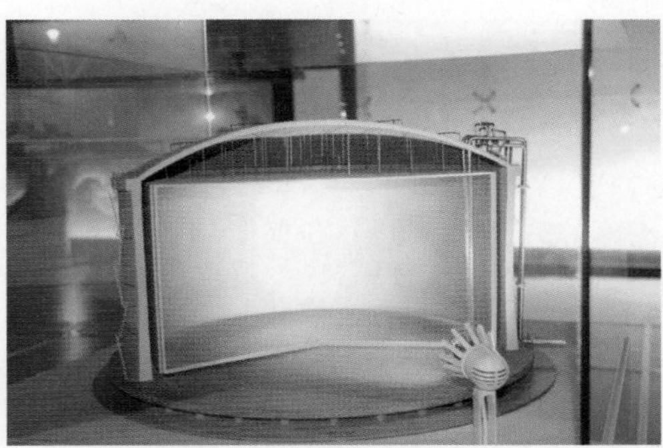

해답

펄라이트, 폴리염화비닐폼, 경질폴리우레탄폼

25 격납상자에 설치된 가스미터(30m³/h 미만)의 설치 높이를 쓰시오.

해답

높이 제한이 없다.

26 가스연소기의 불완전 연소 원인을 2가지 쓰시오.

해답

1) 공기의 공급량 부족
2) 연소기 프레임 냉각 시

27 나사충전구가 왼나사인 용기를 쓰시오.

해답

③

28 다음 명칭을 쓰시오.

해답

라인마크

29 다음 유량계 명칭을 쓰시오.

해답

와류유량계

30 다음 자동차 충전시설에서 충전호스의 길이를 쓰시오. (단, 자동차 제조공정 중 설치된 것 제외)

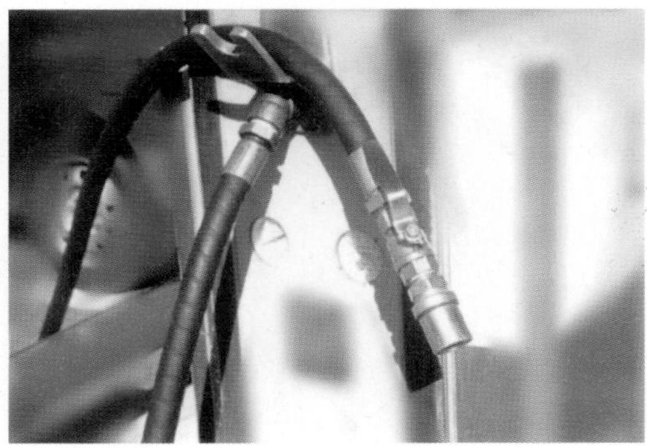

해답

5[m] 이하

2013년 제4·5회 동영상 기출문제

01 가스 사용시설의 호스 길이를 쓰시오.

해답

3[m]

02 다음 가스설비의 명칭을 쓰시오.

해답

슬루스 밸브

03 다음 가스기기의 용도를 쓰시오.

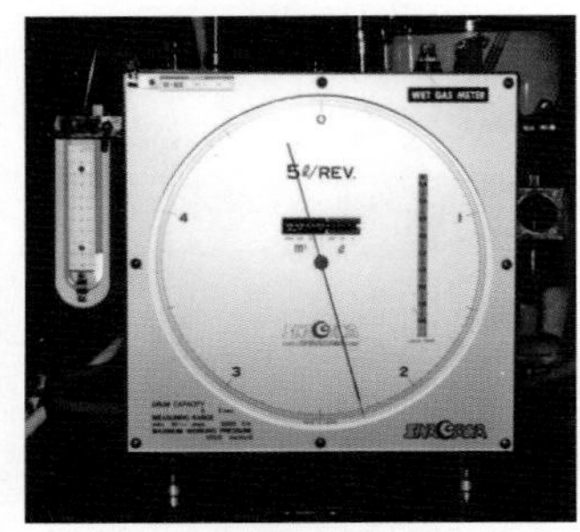

해답

1) 실험실 및 연구실용
2) 표준가스미터

04 다음 가스장치 사용 시 이점을 3가지 쓰시오.

해답

1) 기화량을 가감할 수 있다.
2) 공급가스 조정이 일정하다.
3) 가스 종류에 관계없이 한랭 시에도 충분히 기화할 수 있다.

05 다음 지시된 A, B의 명칭을 쓰시오.

해답

- A : 안전밸브
- B : 가스 방출관

06 정압기실 출입문에 설치된 장치의 명칭을 쓰시오.

해답

출입문 개폐감시장치

07 다음 2번 펌프의 명칭을 쓰시오.

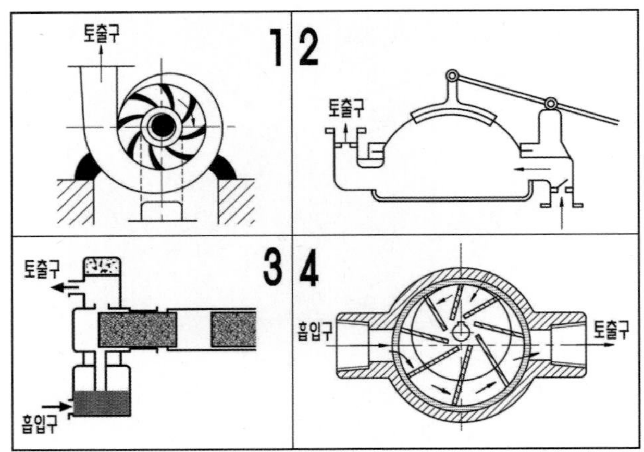

해답

다이어프램식 펌프

08 다음 가스미터 A, B, C의 명칭을 쓰시오.

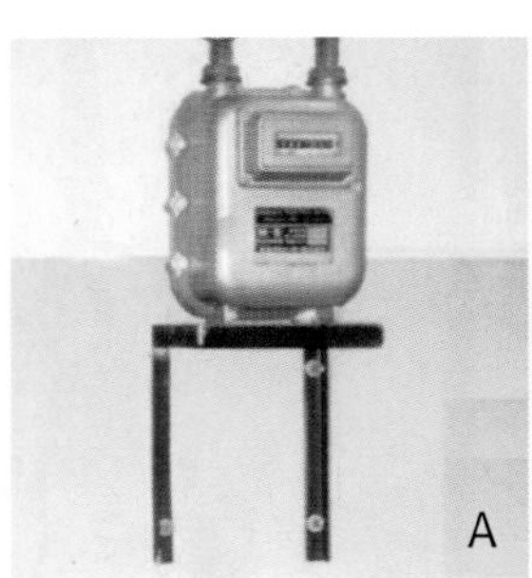

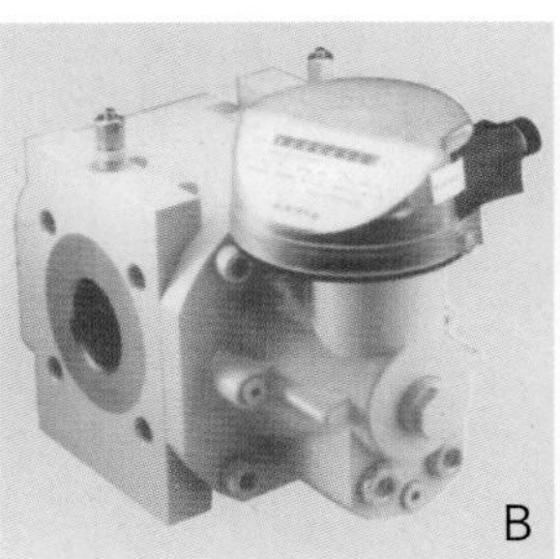

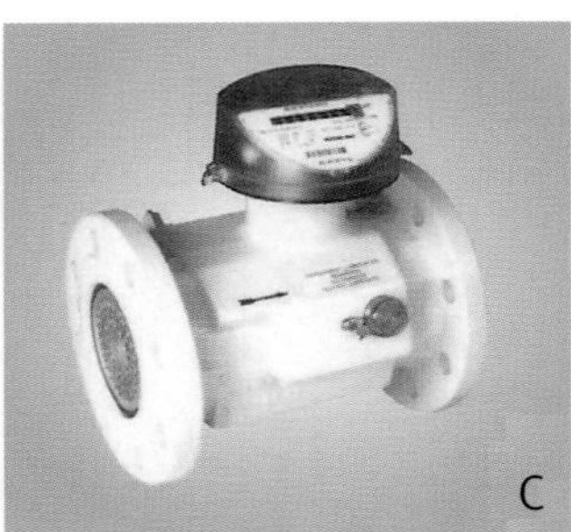

해답

- A : 막식 가스미터
- B : 로터리식 가스미터
- C : 터빈식 가스미터

09 LP 가스 판매소 용기 보관실 면적을 쓰시오.

해답

19[m²]

10 1톤 소형저장탱크의 가스충전구와 건축물 개구부까지 이격거리를 쓰시오.

해답

3[m]

11 다음 정압기의 명칭(형식)을 쓰시오.

해답

A. F. V식 (엑셀 플로우식 정압기)

12 다음 보냉재가 갖춰야 할 중요한 성질을 쓰시오.

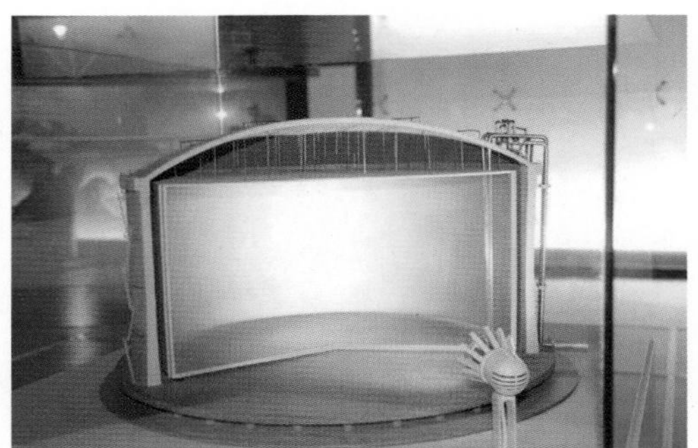

해답

1) 열전도율이 적을 것
2) 흡습성이 적을 것
3) 사용온도에 대해 변질되지 않을 것

13 LPG 이송펌프 설비에서 설치된 장치의 명칭을 쓰시오.

해답

역류방지장치

14 가스 누출검지경보장치의 검지부 설치 개수 기준을 쓰시오.

해답

둘레 20[m]에 대해서 1개 비율로 설치

15 다음 비파괴 검사의 명칭을 영문 약자로 쓰시오.

해답

RT

16 LPG 충전용기 보관실 면적이 100[m^2]일 때 통풍구 면적을 쓰시오.

해답

$100 \times 0.03 = 3[m^2]$

참고

통풍구는 용기 보관실 바닥면적 1[m^2]당 300[cm^2] (3[%])

17 다음 계측기의 명칭을 쓰시오.

해답

자유피스톤식 압력계

18 다음 용접법의 명칭을 쓰시오.

해답

티그(Tig) 용접

19 "ㄷ"자형으로 되어 있는 가스배관의 명칭을 쓰시오.

해답

곡관(온도신축흡수장치)

20 LPG 2.9톤 저장탱크와 사업소 경계까지 이격거리를 쓰시오.(단, 액중펌프는 내장되어 있지 않다.)

해답

17[m]

21 다음 A, B 안전밸브의 형식을 쓰시오.

해답

• A : 스프링식 안전밸브 • B : 파열판식 안전밸브

22 가연성 가스를 사용하는 시설에서 베릴륨 합금공구를 사용하는 이유를 쓰시오.

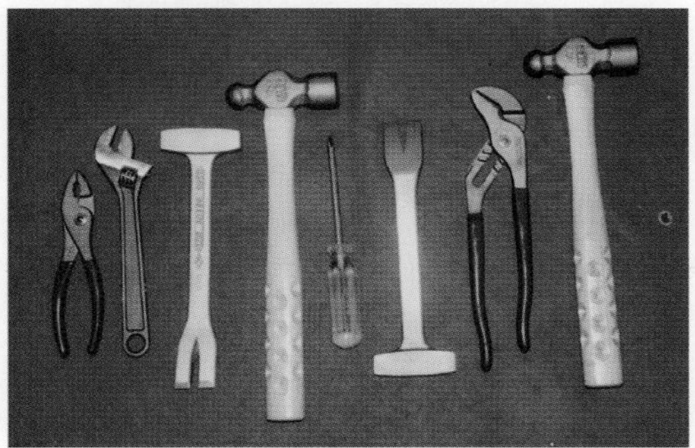

해답

충격 또는 마찰에 의한 불꽃 또는 스파크 발생 방지

23 다음 기호의 의미를 쓰시오.

해답

• TW : 다공질물을 포함한 용기 총질량 • V : 용기의 내용적 • W : 용기의 질량

24 LPG 지하 저장탱크 기계실 내부에 물이 침입할 경우에 대비한 배관설비의 명칭을 쓰시오.

해답

집수관

25 다음 갈색 용기에 충전된 가스의 명칭을 쓰시오.

해답

염소

26 다음 정압기의 가스공급 세대 기준을 쓰시오. (단, 저압공급이다.)

해답

250세대

참고

중압인 경우 150세대

27 다음 방호벽의 설치 높이 기준을 쓰시오.

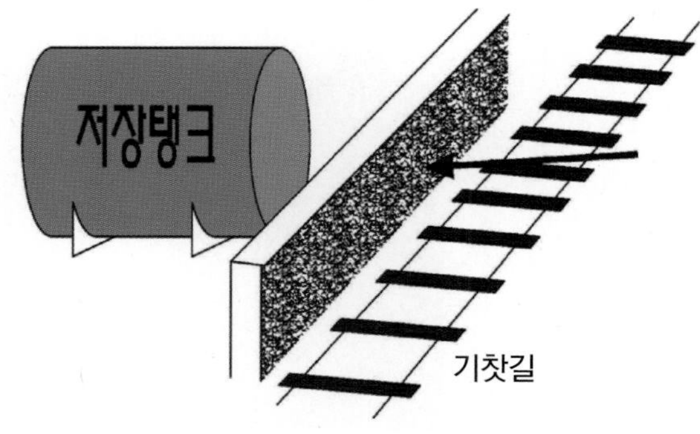

해답

2[m]

28 다음 가스설비의 명칭을 쓰시오.

해답

기화기

29 P-E관 맞대기 융착공정을 쓰시오.

해답

① 가열 - ② 용융압착 - ③ 냉각

30 가스보일러의 급배기 방식을 각각 쓰시오.

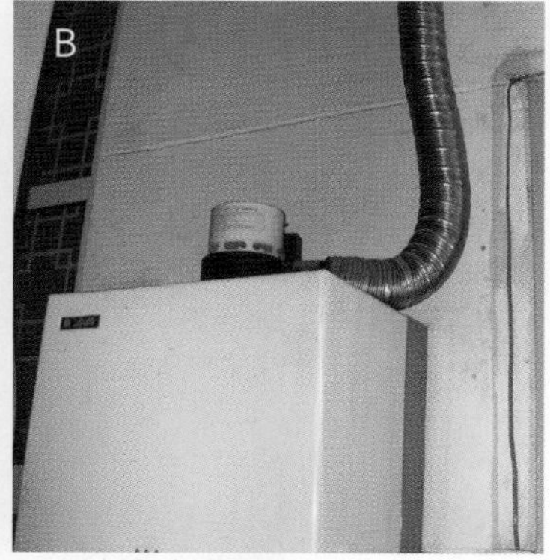

해답

• A : 밀폐식　　　　　• B : 반밀폐식

2014년 제1·2회 동영상 기출문제

01 다음 장치의 명칭을 쓰시오.

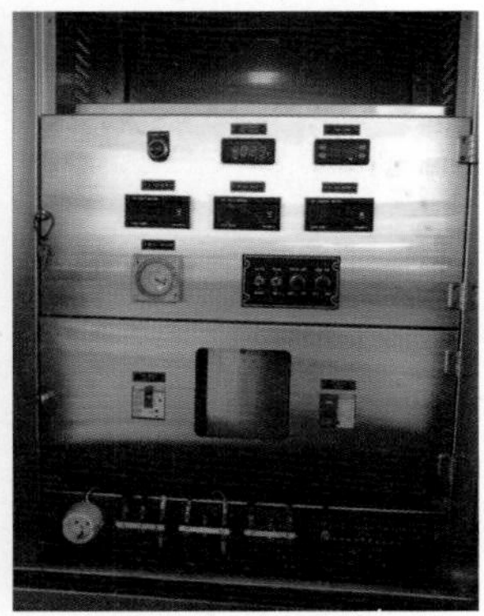

해답

외부 전원법

02 가스배관 시공 설치 시 사용되는 것의 명칭을 쓰시오.

해답

보호판

03 L. P.G 용기의 안전점검 및 관리기준을 5가지 쓰시오.

해답

1) 용기의 내면·외면을 점검하여 사용에 지장을 주는 부식·금·주름 등이 있는지 확인할 것
2) 용기에 도색과 표시가 되어 있는지 확인할 것
3) 용기의 스커트에 찌그러짐이 있는지와 사용에 지장이 없도록 적정 간격을 유지하고 있는지를 확인할 것
4) 유통 중 열 영향을 받았는지를 점검할 것. 열 영향을 받은 용기는 재검사할 것
5) 용기 캡이 씌워져 있거나 프로텍터가 부착되어 있는지 확인할 것
6) 재검사 기간의 도래 여부를 확인할 것
7) 용기 아랫부분의 부식 상태를 확인할 것
8) 밸브의 몸통·충전구 나사 및 안전밸브에 사용에 지장을 주는 홈, 주름, 스프링의 부식 등이 있는지를 확인할 것
9) 밸브의 그랜드 너트가 이탈하는 것을 방지하기 위하여 고정핀 등을 이용하는 등의 조치가 있는지를 확인할 것
10) 밸브의 개폐 조작이 쉬운 핸들이 부착되어 있는지를 확인할 것

04 다음 유체의 흐름을 확대 또는 축소시키는 장치의 명칭을 쓰시오.

해답

오리피스

05 다음 정압기에서 필터의 최초 분해점검 시기에 관해서 쓰시오.

해답

최초 가스공급 개시 후 1개월 이내에 분해 점검할 것

06 다음 장치의 명칭을 쓰시오.

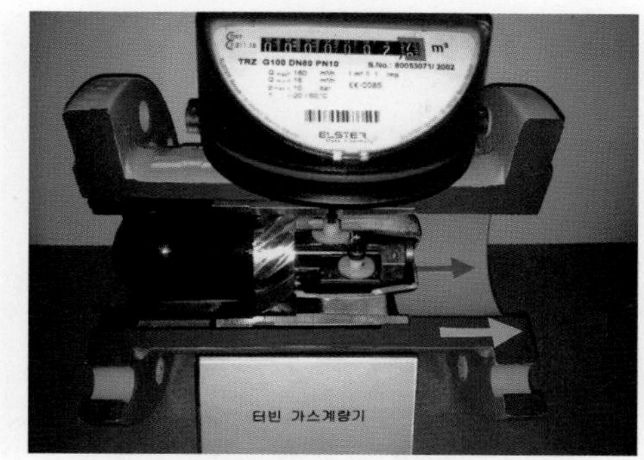

해답

터빈식

07 다음 LPG 충전시설에 설치된 장치의 명칭을 쓰시오.

해답

슬립튜브게이지

08 다음 가스관 지하매설 시공 시 타시설 배관과 이격거리를 쓰시오.

해답

0.3m 이상

09 저장탱크 액면계 상하배관에 설치되어 있는 밸브의 설치목적을 쓰시오.

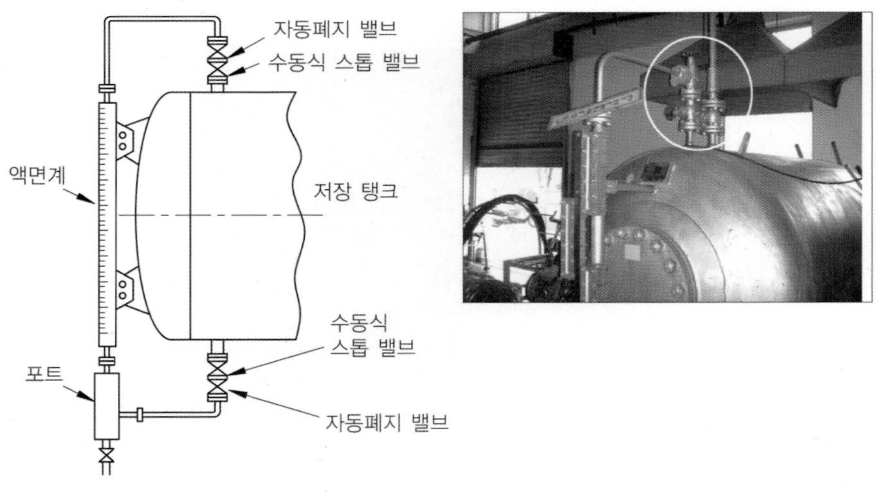

해답

액면계 파손 시 탱크 내 가스 유출을 신속히 차단하기 위해서 설치한다.

10 다음 압축기에서 실린더 이상음 발생 시 원인 3가지를 쓰시오.

해답

1) 실린더 내 피스톤이 닿았을 때
2) 실린더 내에 이물질이 혼입됐을 때
3) 피스톤링의 마모, 가스 분출 시

11 다음 기기의 용도를 2가지 쓰시오.

해답

1) 이상 압력 상태 확인
2) 가스 누출시험

12 **다음 환기구의 통풍면적은 바닥면적 1[m²]당 몇 cm²의 비율로 하여야 하며 환기구 1개소의 면적은 몇 cm² 이하로 해야 하는지 쓰시오.**

해답

1) 통풍 면적 : 바닥면적1[m²] 당 300[cm²] 의 비율

2) 환기구 1개소의 면적 : 2,400[cm²] 이하

13 **다음 도시가스 정압기실 출입문에 설치된 장치의 명칭을 쓰시오.**

해답

출입문 개폐감시장치

14 다음 공기 정제탑에서 공기를 액화 분리하여 산소, 질소, 알곤 제조 시 이산화탄소를 제거 및 정제해야 하는 이유를 쓰시오.

해답

저온장치에서 이산화탄소는 고형의 드라이아이스가 되어 장치를 폐쇄시켜 장치폭발의 위험성이 있다.

15 다음은 각각 몇 종의 위험장소에서 사용되는지 쓰시오.

해답

1종 장소

16 다음 정압기의 명칭을 쓰시오.

해답

A.F.V식 정압기

17 다음은 방폭 구조이다. 방폭 종류를 5가지 쓰시오.

해답

- 내압 방폭구조
- 유입 방폭구조
- 압력 방폭구조
- 안전증 방폭구조
- 본질안전 방폭구조
- 특수 방폭구조

18 다음 가스 운송 탱크로리의 위험 표시인 삼각 깃발 위에 설치된 장치 명칭을 쓰시오.

해답

높이 검지봉

19 다음 가스 운반 차량에 표시된 경계표시의 규격을 쓰시오.

해답

1) 가로치수 : 차체폭의 30% 이상 2) 세로치수 : 가로치수의 20% 이상

참고

부득이한 경우 정사각형이나 이에 가까운 형상으로 면적이 600[cm^2] 이상

20 다음 계측방식의 명칭을 쓰시오.

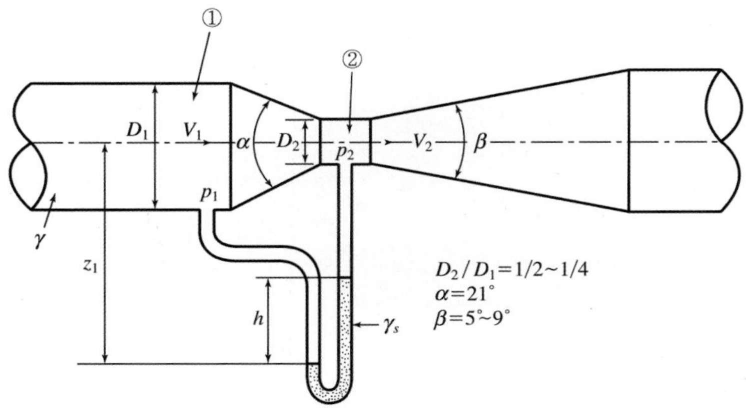

해답

벤튜리 유량계

21 다음 L.N.G 저장탱크 주위에 설치하는 방류둑의 용량기준을 쓰시오.

해답

저장탱크 저장량의 상당용적 이상

22 다음 라인마크의 설치 거리를 쓰시오.

해답

매설배관 50[m]마다 설치

23 다음 계측장치의 명칭과 용도를 2가지만 쓰시오.

해답

1) 명칭 : 자유피스톤식 압력계

2) 용도 : 연구실, 실험실 용도, 2차 압력계(브르돈관식) 교정용(표준압력계)

24 다음 지하 저장탱크실의 철근콘크리트 상부 슬라브 두께(cm)를 쓰시오.

해답

30[cm] 이상

25 다음 도시가스 누출검지 경보 농도의 기준을 쓰시오.

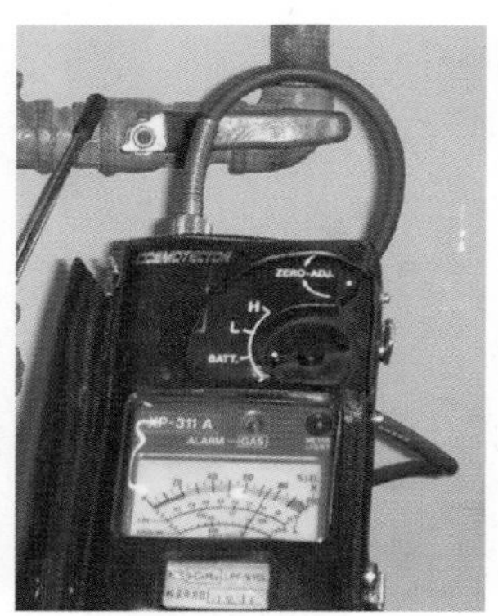

해답

폭발하한의 1/4 농도에서 검지경보할 것

26 다음 방호벽의 설치 목적을 쓰시오.

해답

저장탱크의 폭발 시 피해확대를 방지하기 위해서 설치함

27 다음 C의 명칭을 쓰고 보호판과의 설치 이격거리를 쓰시오.

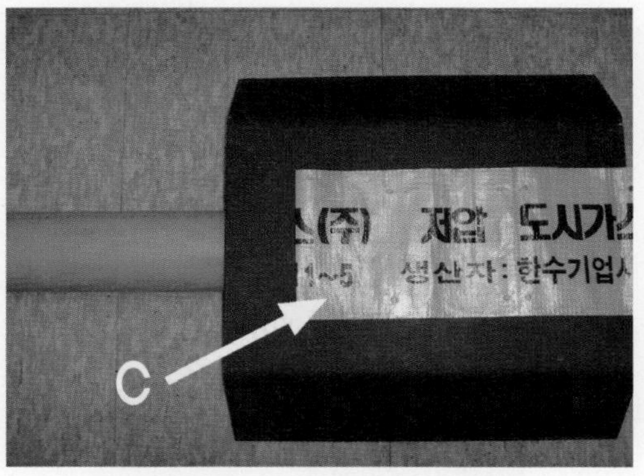

해답

1) 명칭 : 보호포 2) 설치거리 : 30[cm]

28 **다음은 도시가스의 정압기실이다. 여기에 설치된 설비의 명칭을 영문 약자로 쓰시오.**

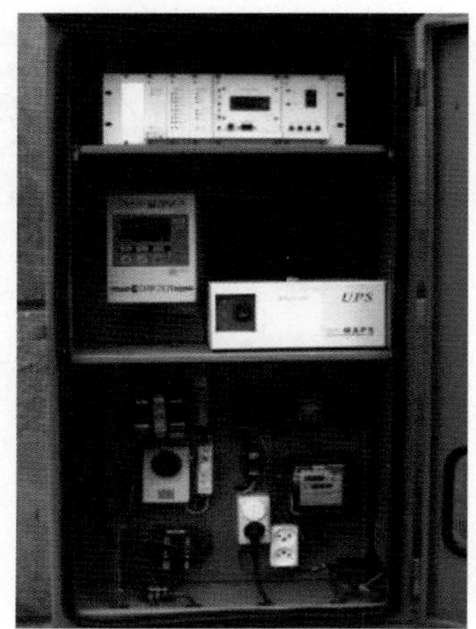

해답

RTU(Remote Terminal Unit)

29 **다음 용기의 재질은 무엇인지 쓰시오.**

해답

탄소강

2014년 제4·5회 동영상 기출문제

01 다음 계측장치의 명칭을 쓰시오.

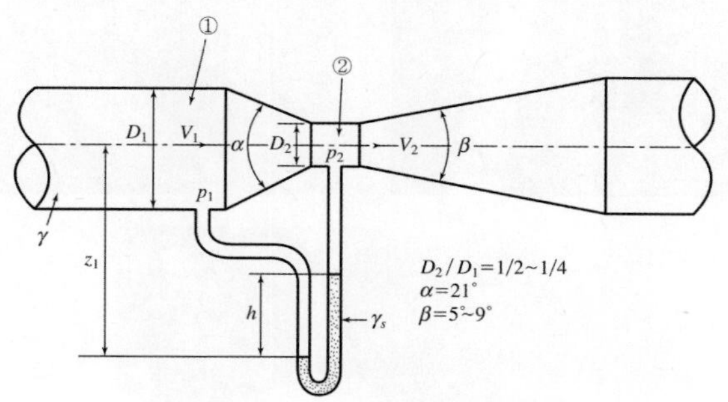

해답

벤튜리 유량계

02 다음 가스용기 중 왼나사인 용기를 쓰시오.

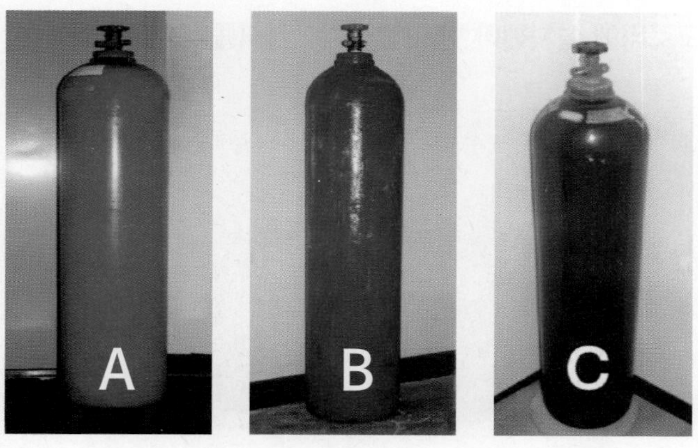

해답

A, 수소용기

03 다음 비파괴 검사법 3가지를 쓰시오.

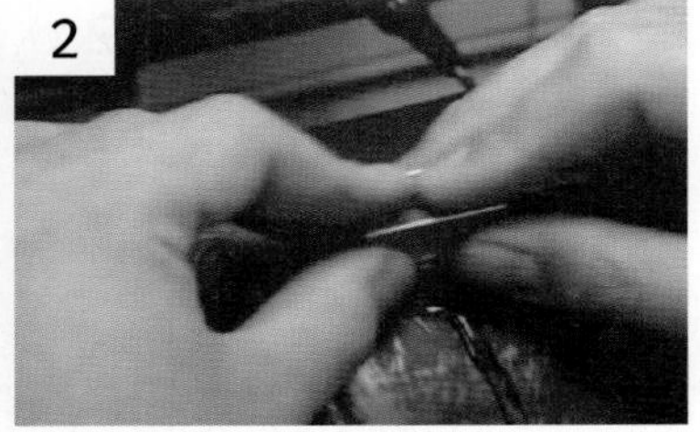

해답

1) 방사선 검사 2) 초음파 검사 3) 자분탐상 검사

04 다음 탱크로리에 설치해야 할 안전장치 3가지를 쓰시오.

해답

1) 긴급 차단장치 2) 안전밸브 3) 폭발 방지장치

05 다음 보호판에 구멍을 뚫은 목적과 그 거리를 쓰시오.

해답

1) 목적 : 배관에서 누출된 가스가 지면으로 확산될 수 있도록 한다. 2) 간격 : 3[m] 이하

참고

보호판에는 직경 30[mm] 이상, 50[mm] 이하의 구멍을 거리가 3[m] 이하의 간격으로 뚫어 누출된 가스가 지면으로 확산될 수 있도록 한다.

06 다음 정압기에 설치된 필터의 최초 분해점검 시기에 관해서 쓰시오.

해답

최초 가스공급 개시 후 1개월 이내에 분해점검할 것

07 저장탱크 액면계 상하배관에 설치되어 있는 밸브의 설치목적을 쓰시오.

해답

액면계 파손 시 탱크내 가스유출을 신속히 차단하기 위해서 설치한다.

08 다음 정압기에 설치된 자기압력기록계의 용도를 2가지 쓰시오.

해답

1) 이상 압력 상태 확인

2) 가스 누출시험

09 다음 가스 누출검지경보장치의 검지부 설치 개수 기준을 쓰시오.

해답

둘레 20[m]에 대해서 1개 비율로 설치한다.

10 다음 저장탱크의 긴급차단장치의 설치 위치를 쓰시오.

해답

저장탱크 메인밸브(주밸브) 외측으로서 탱크 가까운 위치 또는 저장탱크의 내부에 설치한다.

참고

적용시설

긴급차단장치의 적용시설은 내용적 5000[L] 이상의 저장탱크로 액상의 가스를 이입, 충전하는곳에 설치한다.

11 다음 가스 운송 탱크로리의 위험 표시인 삼각 깃발 위에 설치된 장치 명칭을 쓰시오.

해답

높이 검지봉

참고

이유(목적)

탱크(탱크의 정상부에 설치한 부속품 포함)의 정상부의 높이가 차량 정상부의 높이보다 높을 경우 설치한다.

12 다음 방출관의 설치 높이를 쓰시오.

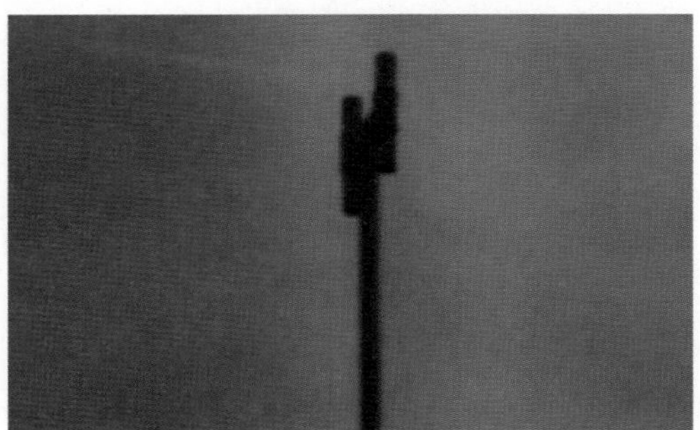

해답

지상에서 5[m] 이상(단, 전기시설물과 접촉 등의 사고가 우려되는 장소에서는 3[m] 이상)

13 다음 가스설비에 설치된 안전밸브의 검사 주기를 쓰시오.

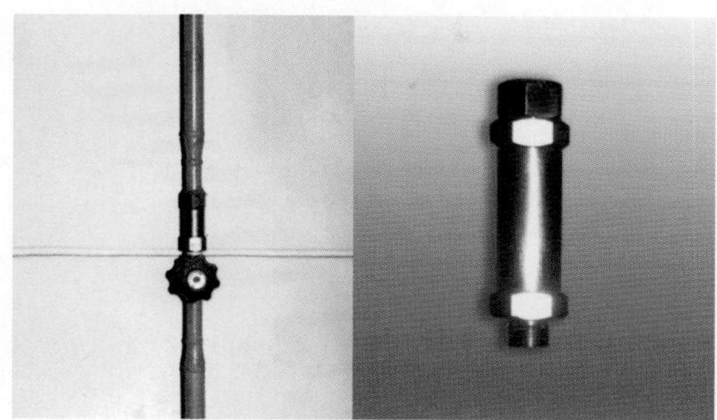

해답

2년에 1회

14 다음 물분무장치의 조작시설과 당해 저장탱크와의 이격거리를 쓰시오.

해답

조작거리 : 5[m]

15 다음 설치된 방호벽의 설치 규격 기준을 쓰시오.

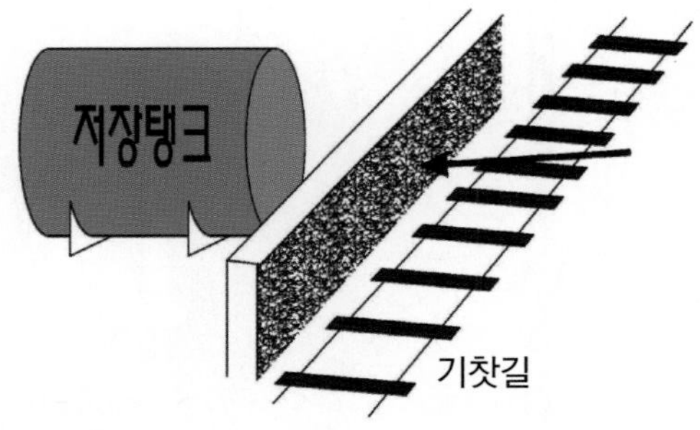

해답

1) 높이 : 2[m]　　2) 두께 : 12[cm] 이상일 것

16 다음 표지판의 가로, 세로 규격을 쓰시오.

해답

1) 가로치수 : 200[mm]　2) 세로치수 : 150[mm]

참고

높이 : 700[mm]　　설치거리 : 500[m] 간격으로 설치

17 다음 측정기기의 주된 용도를 쓰시오.

해답

2차 압력계인 부르돈관식 압력계의 교정용

18 다음 가스 운반차량이 주, 정차 시 제1종 보호시설과의 이격거리를 쓰시오.

해답

15[m]

19 다음 일반도시가스 사업자의 공급관을 도로폭이 20[m]인 곳에 매설 시 배관 매설 심도를 쓰시오.

해답

배관상부에서 도로 지표면까지 1.2[m] 이상일 것

20 다음 가스설비에 설치된 안전밸브이다. 안전밸브 종류를 3가지만 쓰시오.

해답

스프링식 안전밸브, 파열판식 안전밸브, 가용전식 안전밸브

21 **다음의 차량으로 배관 선상의 지표에서 공기를 흡입하여 가스누출여부를 검사하는 검출기의 명칭을 쓰시오.**

해답

수소불꽃이온화검출기(FID)

22 **다음 전기방식법의 명칭을 쓰시오.**

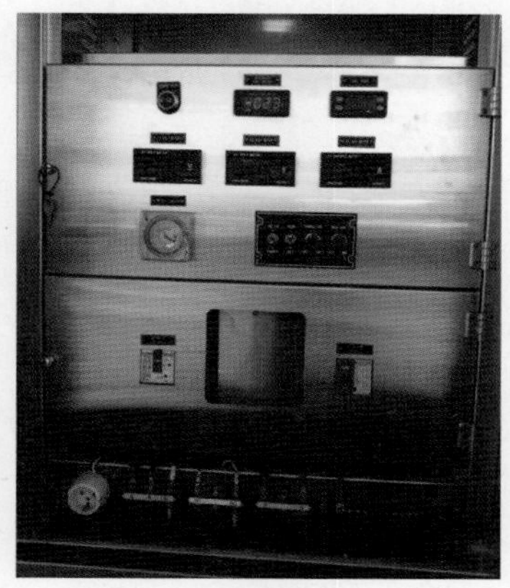

해답

외부전원법

23 다음은 LP Gas를 압축기로 이송하고 있는데, 이 방법 외에 다른 이송방법 2가지를 쓰시오.

해답

• 펌프에 의한 이송법 • 차압에 의한 이송법

24 다음 용기는 제조 후 16년이 경과된 내용적 47[L]의 LPG 용기로 재검사 기간을 쓰시오.

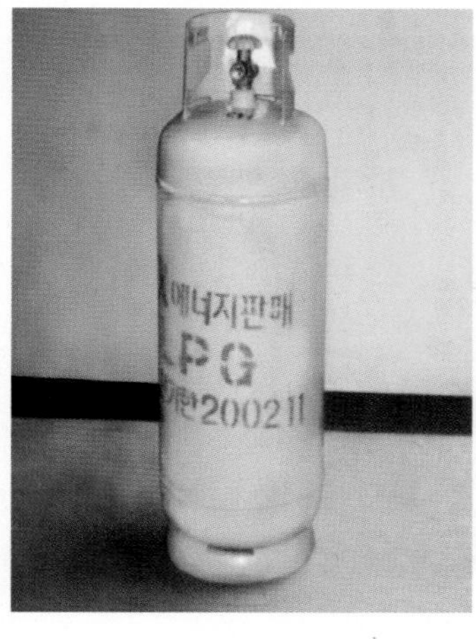

해답

5년 1회

참고

500[L] 이하인 LPG 용접용기의 재검사 기간

제조 후 20년 미만은 5년마다

제조 후 20년 이상은 2년마다

25 다음 지시하는 안전장치의 명칭을 쓰시오.

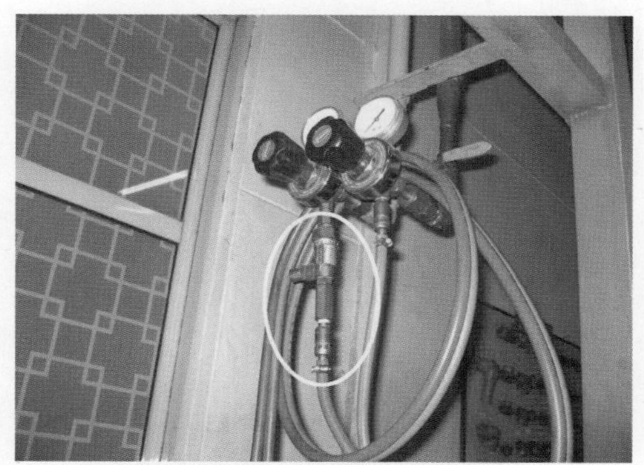

해답

역화방지장치

26 다음 방식용 정류기에서 방식전위의 기준을 쓰시오.(포화황산동 기준전극)

해답

- 방식전위 상한값 : -0.85V 이하(포화황산동 기준전극)
- 방식전위 하한값 : -2.5V 이상(포화황산동 기준전극)

27 다음 가스 배관 시공 시 사용되는 기구의 명칭을 쓰시오.

해답

피그(Pig)

28 다음 프로판가스 1[Nm^3] 가 연소할 때 필요한 이론공기량은(Nm^3) 얼마인지 계산하시오.

해답

$C_3H_8 + 5O_2 \rightarrow 3CO_2 + 4H_2O$

5/0.21 = 23.8[Nm^3] 공기량

29 다음 갈색용기의 안전장치의 작동온도를 쓰시오.

해답

65~68[℃]

30 다음 가스 누출 검지기의 지시계 눈금 범위 기준을 쓰시오.

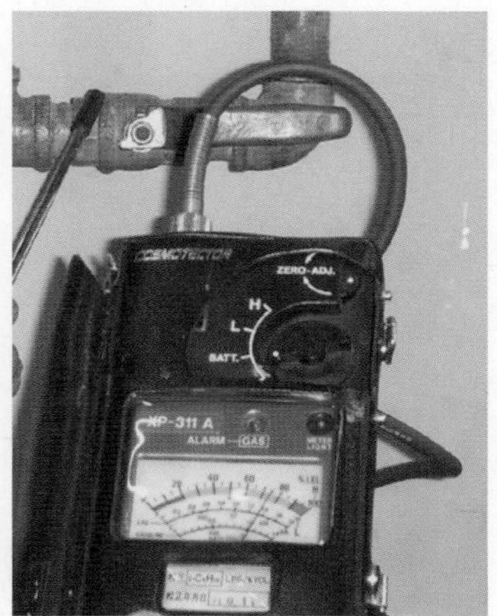

해답

0~폭발하한계

2015년 제1·2회 동영상 기출문제

01 다음 펌프에서 진공펌프로 사용하기에 적합한 것은?

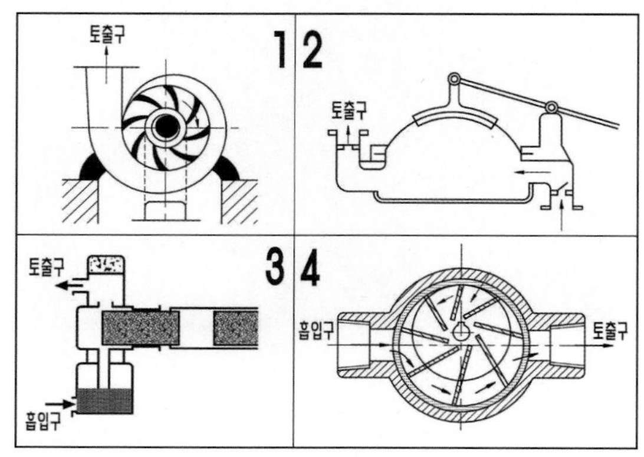

해답

4, 베인펌프

02 다음 용접 용기의 탄소 함유량을 쓰시오.

해답

0.33%

03 다음 계측기기의 명칭과 용도 2가지를 쓰시오.

해답

1) 명칭 : 자유피스톤식 압력계

2) 용도 : ① 연구실, 실험실용 ② 2차 압력계(브르돈관식) 교정용

04 다음 기기의 명칭을 쓰시오.

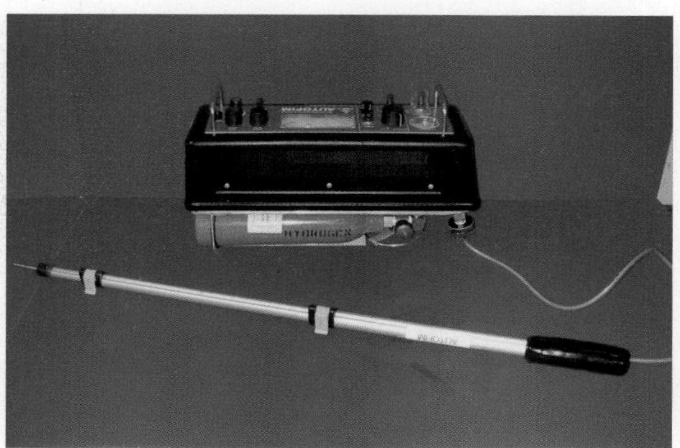

해답

FID(수소 불꽃 이온화 검출기)

05 다음 가스정압기실에 설치된 RTU BOX의 용도를 3가지 쓰시오.

해답

1) 정압기실 이상상태 감시기능
2) 정압기실 출입문 개폐 감지기능
3) 가스누출 검지 경보기능

06 다음 장치의 명칭을 쓰시오.

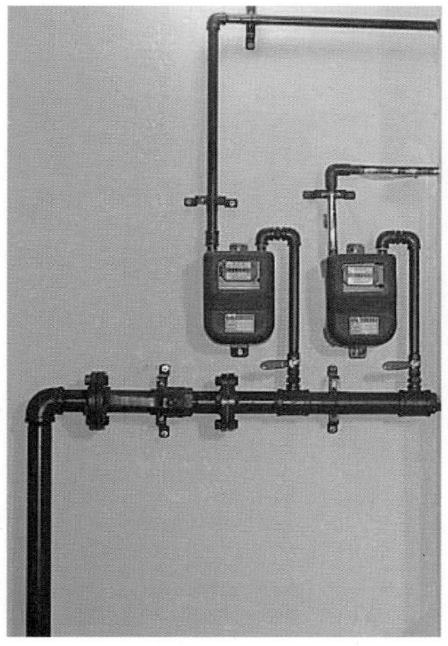

해답

배관고정장치(브라켓)

07 다음 정압기실에 설치된 A, B, C, D 각각의 장치 명칭을 쓰시오.

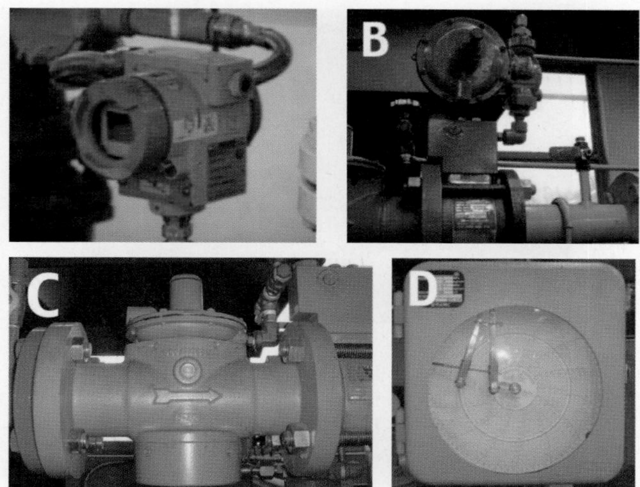

해답

• A : 이상압력통보장치 • B : 정압기 • C : 긴급차단장치 • D : 자기압력기록계

08 다음 LPG 저장탱크에 설치된 장치의 명칭과 용도를 쓰시오.

해답

1) 명칭 : 맨홀

2) 용도 : 탱크 내부 점검 시에 개방하여 작업자가 들어가서 점검하기 위함

09 다음 폴리에틸렌관의 연결하는 방식을 쓰시오.

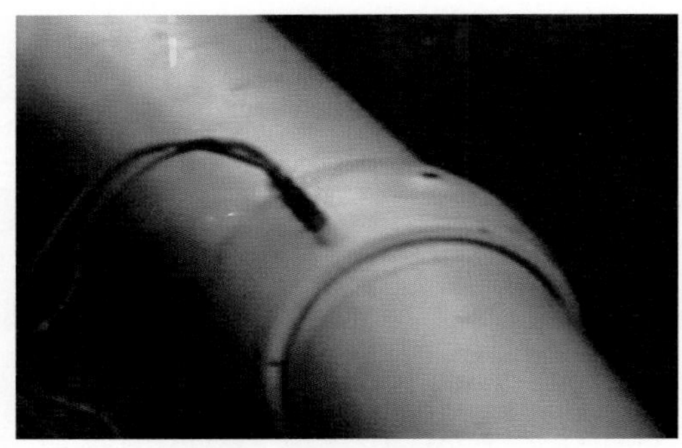

해답

전자식 융착

10 다음 비파괴 검사 방법의 장점을 3가지 쓰시오.

해답

1) 내부결함 검출이 가능하며 사진으로 찍는다.

2) 장치가 간단하다.

3) 운반이 용이하다.

11 다음의 명칭과 설치기준 3가지를 쓰시오.

해답

1) 명칭 : 라인마크

2) 설치기준 : ① 매설 배관길이 50[m]마다 설치할 것
② 주요 분기점에 설치할 것
③ 구부러진 지점에 설치할 것

12 다음 정압기의 명칭을 쓰시오.

해답

A. F. V식(엑셀 플로우식 정압기)

13 다음 지하저장탱크 콘크리트실의 설계강도를 쓰시오.

해답

21~24[MPa]

14 다음 정압기실 출입문에 설치된 장치의 명칭을 쓰시오.

해답

출입문 개폐 감시장치

15 다음 전위측정용 터미널 (T/B)은 외부 전원법에서는 몇 m의 간격으로 설치해야 하는지 쓰시오.

해답

500[m]마다 설치할 것

16 다음 가스 용기에 충전하는 공업용 가스 명칭을 쓰시오.

해답

• A : 수소 • B : 이산화탄소 • C : 아세틸렌 • D : 산소

17 다음 용접 결함에 대해서 쓰시오.

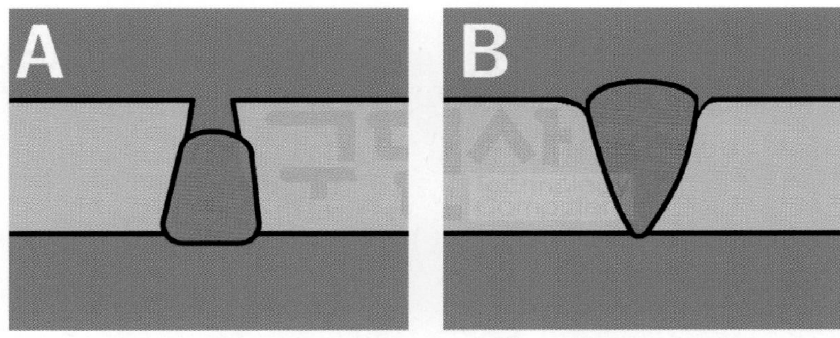

해답

• A : 용입불량　　　　• B : 언더컷

18 다음 안전장치의 명칭(형식 포함)을 쓰시오.

해답

스프링식 안전밸브

19 다음 용기의 재질을 쓰시오.

해답

탄소강

20 다음 정압기 설계유량이 1,000[Nm³/h] 미만 일 때 안전 밸브 방출관 크기를 쓰시오.

해답

25[A] 이상

21 다음 아세틸렌 가스 용기에 사용되는 용제 2가지를 쓰시오.

해답

아세톤, 디메틸포름아미드(DMF)

22 다음에 사용되는 가스 명칭을 쓰고 폭발범위를 쓰시오.

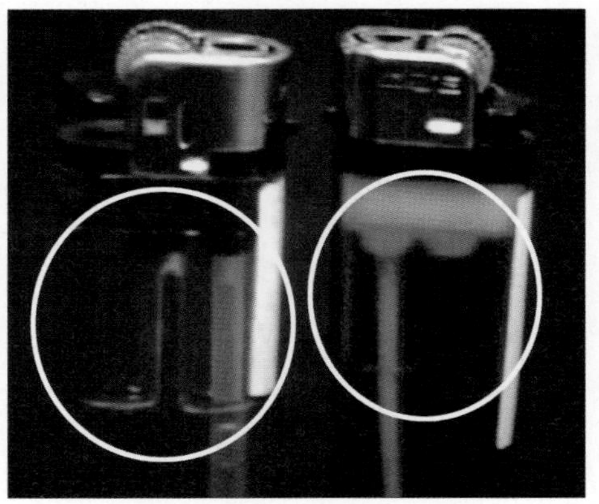

해답

1) 가스명칭 : 부탄(C_4H_{10})

2) 폭발범위 : 1.8~8.4[%]

23 다음 2단 감압조정기의 장점을 3가지 쓰시오.

해답

1) 공급압력이 안정하다.
2) 중간배관이 가늘어도 된다.
3) 배관입상에 의한 압력손실을 보정할 수 있다.

24 다음 P-E관 융착공정에서 주요공정 3가지를 쓰시오.

해답

1) 가열 2) 용융압착 3) 냉각

25 다음 PLP 강관 용접부의 비파괴 검사법을 영문으로 쓰시오.

해답

RT

26 다음 장치의 명칭을 쓰시오.

해답

역류방지 장치

27 다음 계측기기의 명칭을 쓰시오.

해답

클린카식 액면계

28 다음 용기에 각인된 기호에 대해 설명하시오.

해답

- TP : 내압 시험 압력
- FP : 최고충전 압력
- TW : 다공질물 및 용제를 포함한 용기 총질량

29 LPG 저장탱크 저장량이 15톤일 때 1종 보호시설(병원)과의 안전거리를 쓰시오.

해답

21[m]

30 다음 L·N·G 기화기에 사용되는 열매체를 쓰시오.

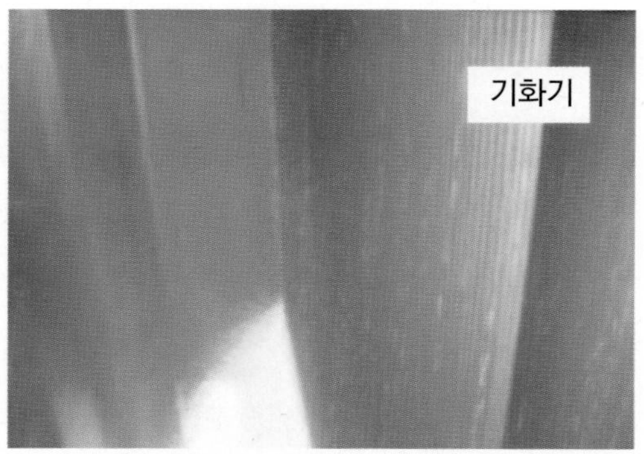

해답

해수(바닷물)

2015년 제4·5회 동영상 기출문제

01 다음 저장탱크 가스 충전구와 건축물 개구부까지 이격거리를 쓰시오.

해답

3[m]

02 다음 용기의 충전구 나사 형식과 왼나사인지 오른나사인지를 쓰시오.

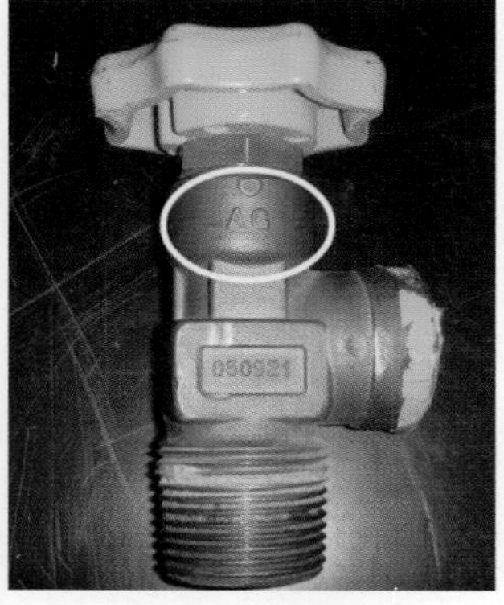

해답

- 충전구 나사형식 : B형(암나사)
- 왼나사(가연성 가스)

03 LPG 용기의 안전점검 및 관리기준을 5가지 쓰시오.

해답

1) 용기의 내면·외면을 점검하여 사용에 지장을 주는 부식·금·주름 등이 있는지 확인할 것
2) 용기에 도색과 표시가 되어 있는지 확인할 것
3) 용기의 스커트에 찌그러짐이 있는지와 사용에 지장이 없도록 적정 간격을 유지하고 있는지를 확인할 것
4) 유통 중 열 영향을 받았는지를 점검할 것. 열 영향을 받은 용기는 재검사할 것
5) 용기 캡이 씌워져 있거나 프로텍터가 부착되어 있는지 확인할 것
6) 재검사 기간의 도래 여부를 확인할 것
7) 용기 아랫부분의 부식 상태를 확인할 것
8) 밸브의 몸통·충전구 나사 및 안전밸브에 사용에 지장을 주는 흠, 주름, 스프링의 부식 등이 있는지를 확인할 것
9) 밸브의 그랜드 너트가 이탈하는 것을 방지하기 위하여 고정핀 등을 이용하는 등의 조치가 있는지를 확인할 것
10) 밸브의 개폐 조작이 쉬운 핸들이 부착되어 있는지를 확인할 것

04 다음 계측기의 명칭을 쓰시오.

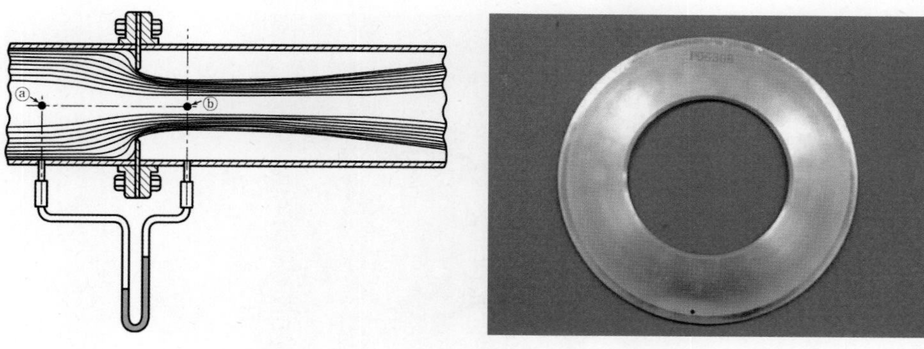

해답

오리피스 유량계

05 다음 LPG 충전기와 사업소 대지 경계까지의 안전거리를 쓰시오.

해답

24[m]

06 다음 가스 배관이"ㄷ"자형으로 되어 있는 것의 명칭을 쓰시오.

해답

곡관(온도신축흡수장치)

07 다음 LPG 용기 내부에 설치된 안전장치의 명칭을 쓰고, 저장탱크 내용적의 몇% 를 넘지 않도록 하는지 쓰시오.

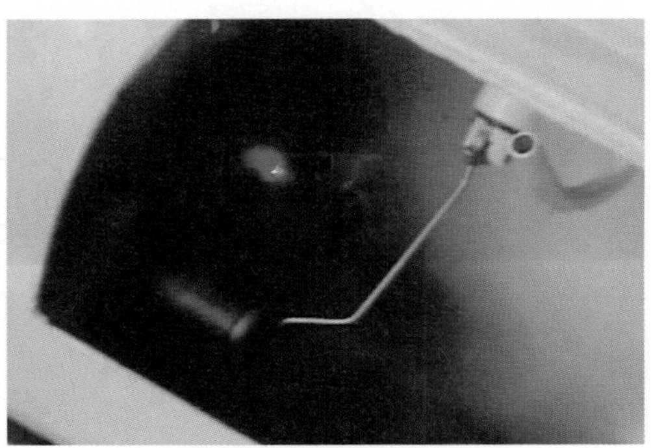

해답

1) 명칭 : 과충전방지장치

2) 85[%]

08 다음 저압 압력 조정기의 합격 유량범위와 가스 공급 세대수를 쓰시오.

해답

1) 유량범위 : ±20[%]

2) 저압 조정기 가스 공급 세대수 : 250세대

09 다음 보일러 배기통의 입상높이는 몇 m 이내인지 쓰시오.

해답

10[m]

10 다음 L·N·G 저장탱크에 사용되는 단열재의 구비조건 3가지를 쓰시오.

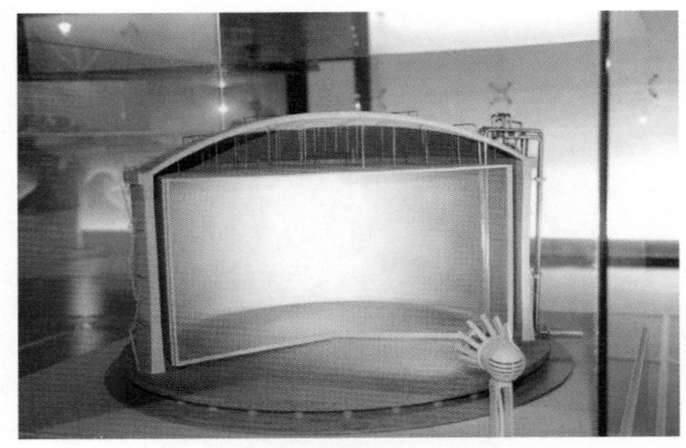

해답

1) 열전도율이 적을 것

2) 흡수성이 적을 것

3) 사용온도에 대해 변질되지 않을 것

11 다음 터보 압축기 정지순서를 쓰시오.

해답

① 토출 밸브를 닫는다. - ② 모터를 정지시킨다. - ③ 흡입밸브를 닫는다. - ④ 잔류액을 배출한다.

12 **다음 500[ℓ] 이하인 녹색 용기의 재검사 기간을 쓰시오. (신규검사 후 10년 이하 된 용기이다.)**

해답

5년

13 **다음 가스운반 차량과 제 1종 보호시설과의 주·정차 이격거리를 쓰시오.**

해답

15[m]

14 다음 가스미터에 표시된 사항에 대해서 쓰시오.

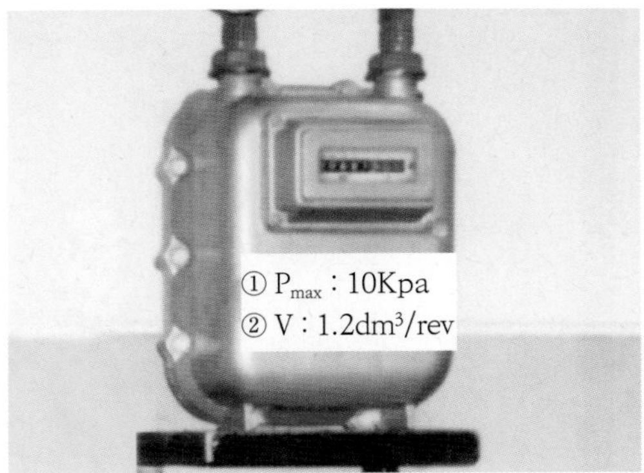

해답

1) P_{max} : 10[kpa], 가스미터사용 최대 압력이 10[kpa]임

2) V : 1.2[dm^3/rev], 가스미터의 1주기 체적이 1.2[dm^3]임

참고

dm^3 : 세제곱데시미터 : 1[L]

15 다음 가스 계측기기 명칭을 쓰시오.

해답

레이저 메탄 검지기(RMLD)

16 다음 펌프 이송 시에 발생되는 케비테이션 발생원인 3가지를 쓰시오.

해답

1) 흡입양정이 지나치게 길 때
2) 흡입관 측에서의 마찰저항이 증대 시
3) 흡입 유량이 과속으로 증대될 때

17 다음의 명칭을 쓰시오.

해답

라인 마크

18 다음 보호판에 구멍을 뚫은 목적과 규격, 그 거리를 쓰시오.

해답

1) 목적 : 배관에서 누출된 가스가 지면으로 확산될 수 있도록 한다.

2) 구멍의 규격 : 직경 30[mm] 이상, 50[mm] 이하

3) 구멍의 거리 : 3[m] 이하

19 다음 가스미터의 명칭을 쓰시오.

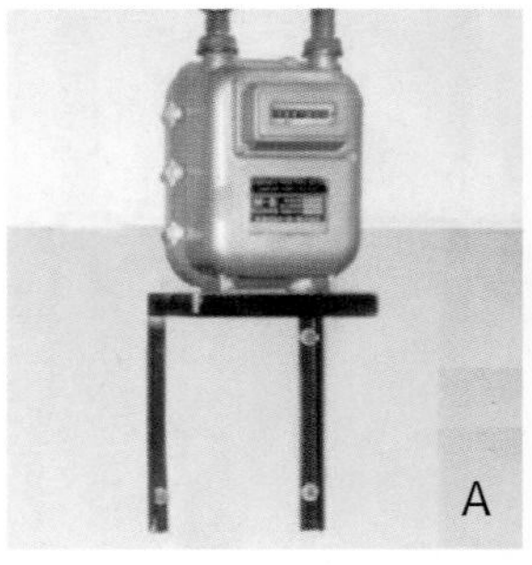

A

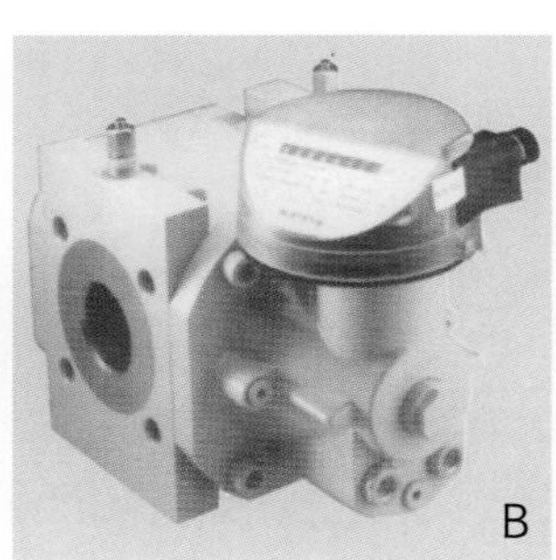

B

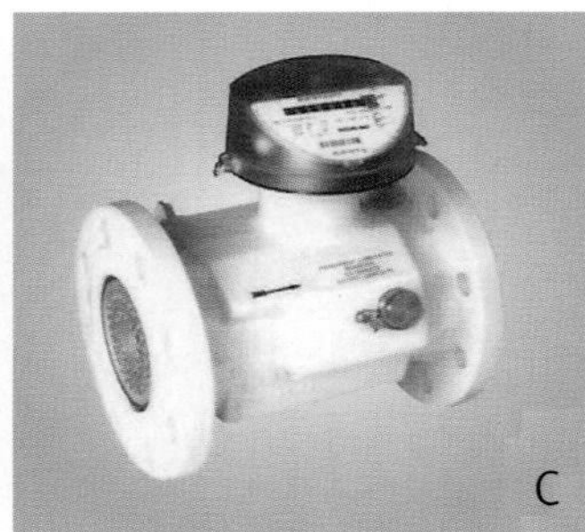

C

해답

• A : 막식 가스미터 • B : 로터리식 가스미터 • C : 터빈식 가스미터

20 **다음의 연소기는 연소에 필요한 공기를 1차로 가스와 혼입하고 부족한 공기는 2차 공기로 완전 연소하는 방식이다. 이 연소 방식을 쓰시오.**

해답

분젠식

21 **다음 설비의 조작시설과 당해 저장탱크와의 이격거리를 쓰시오.**

해답

조작거리 : 5[m]

22 다음 LPG 자동차 충전 시 안전수칙 3가지를 쓰시오.

해답

LPG 자동차 충전 작업 시

1) 자동차의 엔진을 정지할 것
2) 디스펜서와 자동차 용기의 암수 커플링이 정상적으로 체결되었는지 확인 후 충전하고 충전 시 과충전 되지 않도록 한다.
3) 충전 완료 후 충전 호스는 자동차 용기에서 완전 분리 후 자동차를 출발시킬 것

23 다음 밸브의 명칭을 쓰시오.

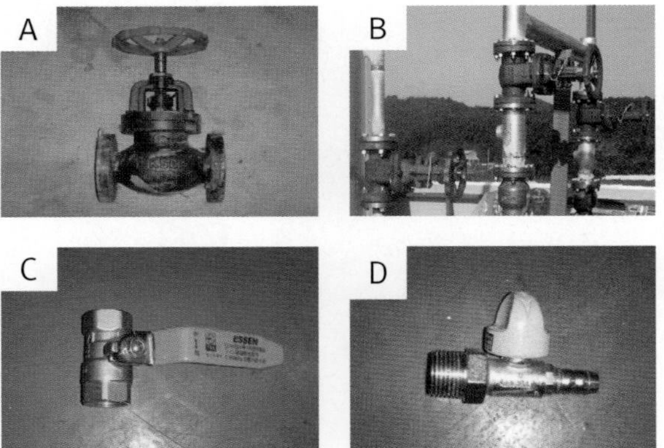

해답

• A : 글로브 밸브 • B : 슬루스 밸브 • C : 볼 밸브 • D : 퓨즈 콕

24 다음 가스 누출검지경보장치의 검지부 설치개수 기준을 쓰시오.

해답

바닥면 둘레 20[m]에 대해서 1개 비율로 설치할 것

25 다음 용기보관실을 30 X 30[mm] 이상의 앵글강을 가로, 세로 40 X 40[cm] 이하의 간격으로 용접 보강한 방호벽 강판의 두께를 쓰시오.

해답

강판두께가 3.2[mm] 이상일 것

26 다음 가스배관을 건축물의 외벽과 같이 도색했을 때 설치기준을 쓰시오.

해답

지면에서 1[m] 높이에 폭 3[cm]의 황색 띠 2줄을 표시

27 다음 LPG 용기 내부에 설치된 안전장치의 명칭을 쓰고 그 역할을 쓰시오.

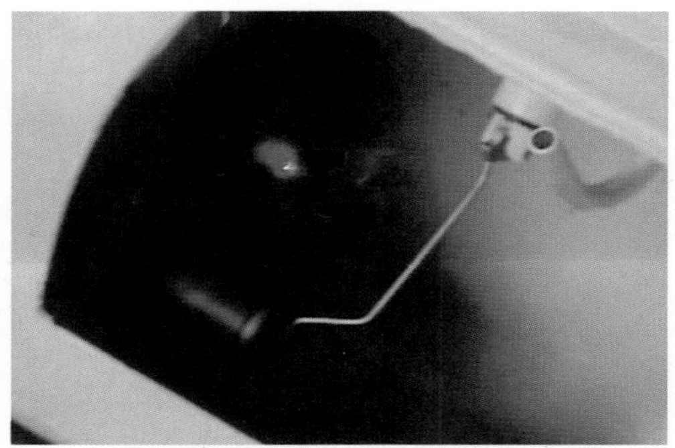

해답

1) 명칭 : 과충전방지 장치
2) 역할 : LPG 용기의 85[%] 범위까지만 충전할 수 있도록 하는 장치

28 다음 P-E관 접합 방식을 쓰시오.

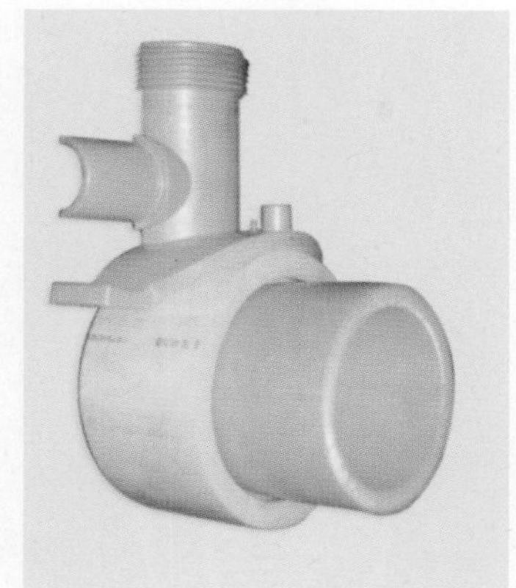

해답

새들 융착

29 다음 PLP 강관 용접부의 비파괴 검사법의 장점 3가지를 쓰시오.

해답

1) 장치가 간단하다.
2) 운반이 용이하다.
3) 내부결함 검출이 가능하며 사진으로 찍는다.

30 다음 가스설비의 방폭구조 종류 5가지를 쓰시오.

해답

- 압력 방폭구조
- 내압 방폭구조
- 유입 방폭구조
- 본질 안전 방폭구조
- 안전증 방폭구조

2016년 제1·2회 동영상 기출문제

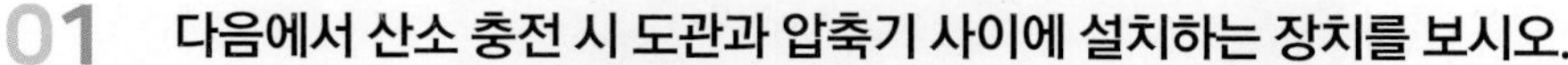

01 다음에서 산소 충전 시 도관과 압축기 사이에 설치하는 장치를 보시오.

해답

드레인 세퍼레이터(수취기)

02 다음 기화장치의 작동원리에 따라서 2가지로 분류해서 쓰시오.

해답

가온감압방식, 감압가온방식

03 다음 압축기 구성요소 3가지를 쓰시오.

해답

임펠러, 디퓨저, 가이드 베인

04 다음 가스계량기 설치장소 선정 시 고려해야 할 사항 4가지를 쓰시오.

해답

1) 화기로부터 2[m] 이격시켜 설치할 것
2) 부식성 가스 또는 용액이 비산하는 장소가 아닐 것
3) 진동이 적은 장소일 것
4) 용기 등의 접촉에 의해 가스미터가 파손되지 않은 장소 일 것

05 다음 LPG 이송설비에 설치된 장치의 명칭을 쓰시오.

해답

접지장치

06 다음 도시가스 정압기실에 설치된 가스누출경보기의 검지부 설치개수 기준을 쓰시오.

해답

둘레 20[m]에 대해서 1개의 비율로 설치

07 다음 장치의 명칭과 용도를 쓰시오.

해답

1) 명칭 : 피그(pig)

2) 용도 : 배관 내 이물질 제거

08 다음 정압기실에 설치된 감시장치(RTU BOX)이다. 이 장치의 용도 3가지를 쓰시오.

해답

1) 정압기실 출입문 개폐 감지기능

2) 정압기실 이상상태 감시기능

3) 가스누출 검지 경보 기능

09 다음 물음에 답하시오. 다음 보호관에 구멍을 뚫은 목적과 규격 2가지를 쓰시오.

해답

1) 목적 : 배관에서 누출된 가스가 지면으로 확산될 수 있도록 한다.

2) 구멍의 규격 : 직경 30[mm] 이상, 50[mm] 이하

3) 구멍의 거리 : 3[m] 이하

10 다음 펌프에서 진공펌프로 사용하기에 적합한 것은?

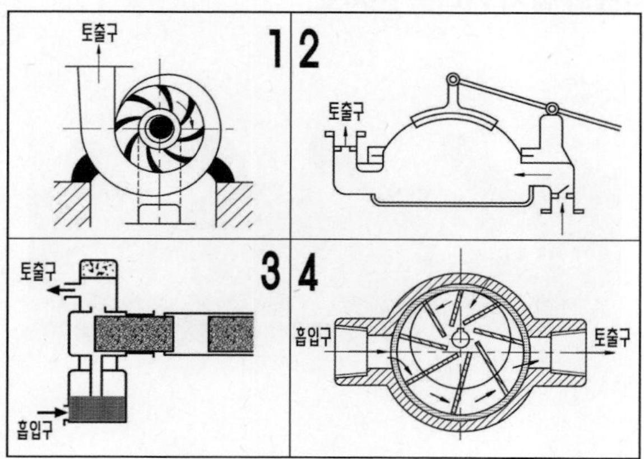

해답

4. 베인펌프

11 다음 방식용 정류기에서 방식전위의 기준을 쓰시오.(포화 황산동 기준전극)

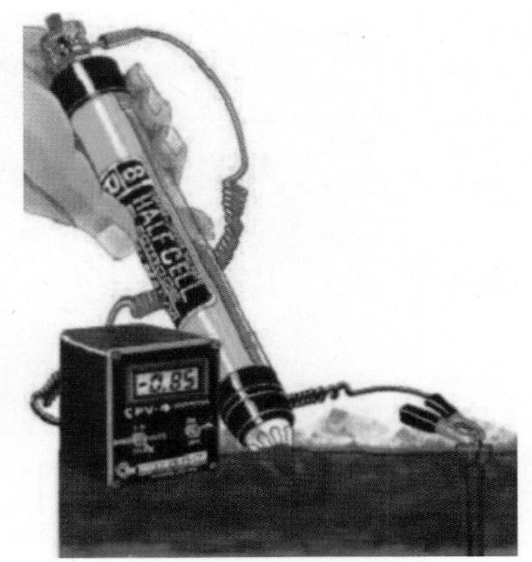

해답

• 방식전위 상한값 : -0.85v 이하 • 방식전위 하한값 : -2.5v 이상

12 다음 라인 마크의 설치 거리를 쓰시오.

해답

매설배관 50[m]마다 설치

13 저장탱크 액면계 상하배관에 설치되어 있는 밸브의 설치목적을 쓰시오.

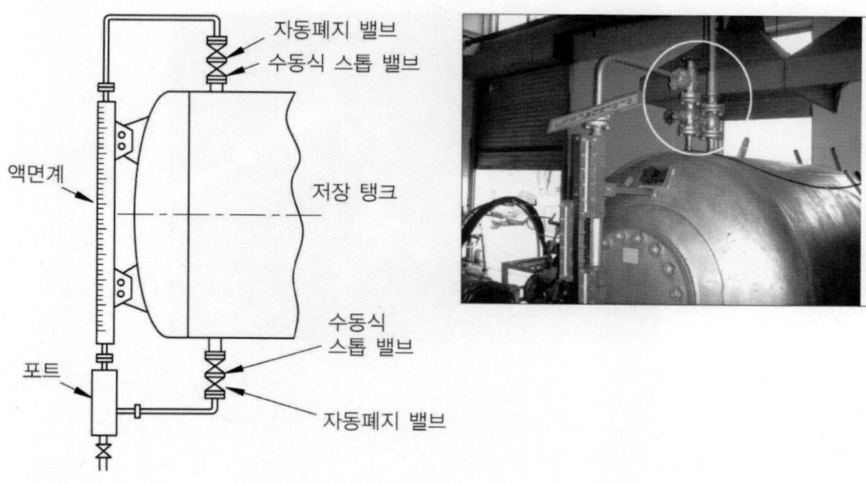

해답

액면계 파손 시 탱크 내 가스유출을 신속히 차단하기 위해서 설치한다.

14 다음 LPG 지하탱크 기계실 내부에 물이 침입할 경우에 대비한 배관설비의 명칭을 쓰시오.

해답

집수관

15 표준 상태에서 액화산소의 비등점 및 임계압력을 쓰시오.

해답

1. 비등점 : -183[℃] 2. 임계압력 : 50.1[atm]

16 다음 공기 정제탑에서 공기를 액화분리하여 산소, 질소, 알곤 제조 시 이산화탄소를 제거 및 정제해야 하는 이유를 쓰시오.

해답

저온장치에서 이산화탄소는 고형의 드라이아이스가 되어 장치를 폐쇄시켜 장치폭발의 위험성이 있다.

17 다음 펌프의 운전정지 순서를 쓰시오.

해답

펌프정지순서

① 토출 밸브 닫음 - ② 모터(Motor) 스위치 정지 - ③ 흡입 밸브 닫음 - ④ 드레인 시킴(잔류액)

18 다음 삼각 깃발의 가로 세로의 규격을 쓰시오.

해답

• 가로 : 40[cm]　　• 세로 : 30[cm]

19 다음 매설 가스배관의 방식에 쓰이는 재질의 명칭을 쓰시오.

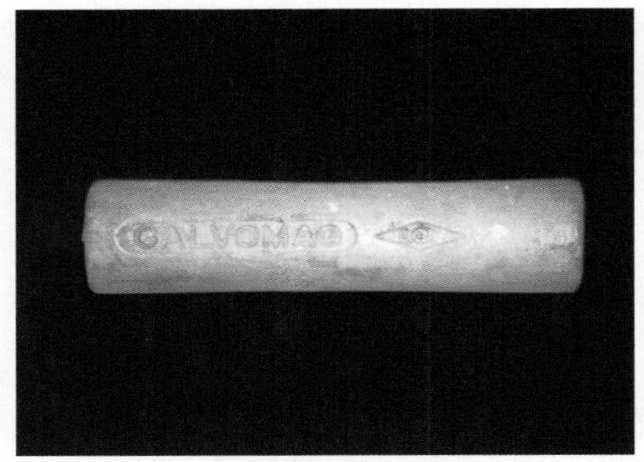

해답

마그네슘(Mg)

20 다음 도식화된 장치의 명칭을 쓰시오.

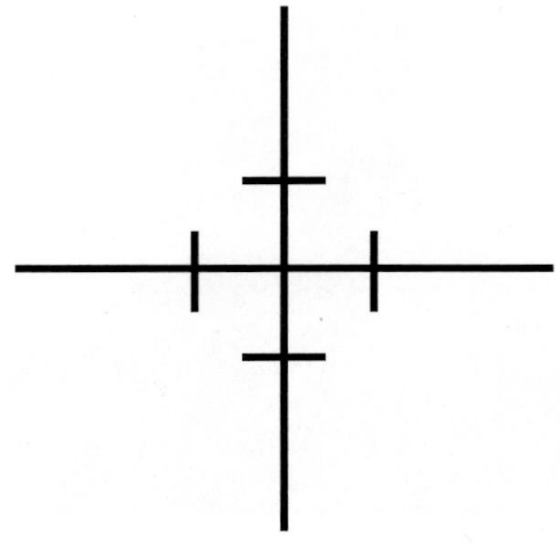

해답

크로스(사방티이)

21 다음 LPG 용기보관실의 방호벽 두께를 쓰시오.

해답

두께 : 6[mm]

22 다음 녹색용기에 실시하는 시험검사 명칭을 3가지 쓰시오.

해답

음향검사, 내부조명검사, 내압시험

23 다음 정압기에서 필터의 최초 분해점검 시기에 관해서 쓰시오.

해답

최초 가스공급 개시 후 1개월 이내에 분해점검 할 것

24 다음 LPG 용기 내부에 설치된 장치는 용기 내용적의 몇 %를 넘지 않아야 하는지를 쓰시오.

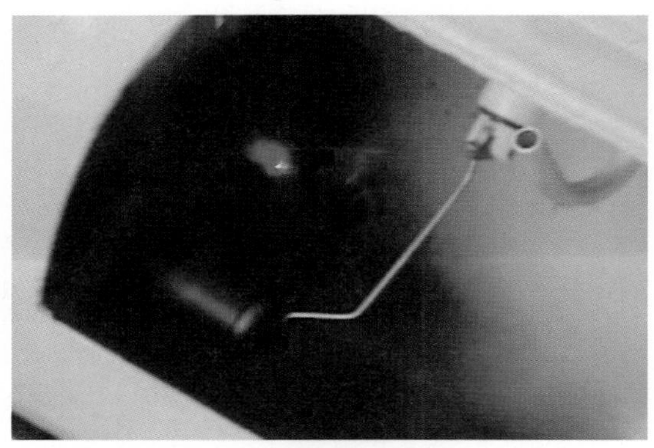

해답

85[%]

25 다음 지하정압기실 출입문에 설치된 장치의 명칭을 쓰시오.

해답

출입문 개폐감시장치

26 다음 전기방식법의 명칭을 쓰시오.

해답

외부 전원법

27 다음에 사용되는 가스명칭을 쓰고 폭발범위를 쓰시오.

해답

1) 가스 명칭 : 부탄(C_4H_{10})

2) 폭발범위 : 1.8 ~ 8.4[%]

28 다음 밸브에서 PG로 표시된 것의 의미를 쓰시오.

해답

압축가스

29 다음에서 지시한 기기의 명칭을 쓰시오.

해답

액트랩 장치

30 다음 배관에서 SDR11일 때 최고 사용압력을 쓰시오.

해답

SDR11 : 0.4[MPa]

2016년제 4·5회 동영상 기출문제

01 다음 가스설비에 설치된 장치의 검사주기를 쓰시오.

해답

2년에 1회

02 다음 용접법의 명칭을 쓰시오.

해답

Tig 용접(불활성가스 아크용접)

03 다음 안전밸브의 종류 3가지를 쓰시오.

해답

① 스프링식 안전밸브　② 가용전식 안전밸브　③ 파열판식 안전밸브

04 다음 장치의 명칭과 용도를 쓰시오.

해답

1) 명칭 : 맨홀

2) 용도 : 탱크 개방검사 시 탱크 내부 점검을 하기 위해 작업자가 들어가기 위함

05 다음 용기의 명칭을 쓰시오.

해답

사이폰 용기

06 다음에서 지시하는 것의 명칭과 규격을 쓰시오.

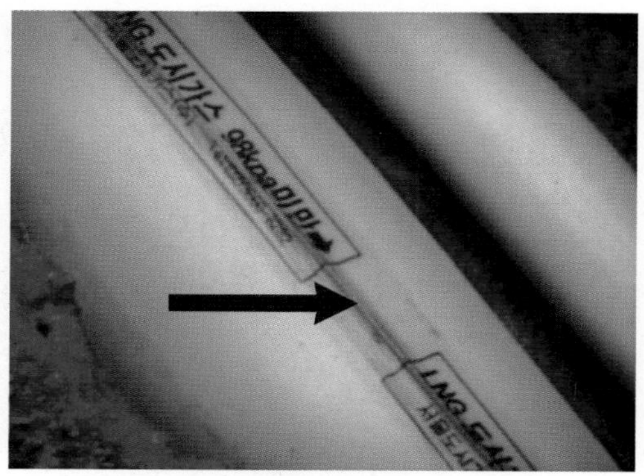

해답

1) 명칭 : 로케이팅 와이어

2) 규격 : 6[mm²] 이상

07 다음 일반도시가스 사업자의 배관 매설깊이를 쓰시오.

해답

배관상부에서 지표면까지 1.2[m] 이상일 것

08 다음 가스미터의 명칭을 쓰시오.

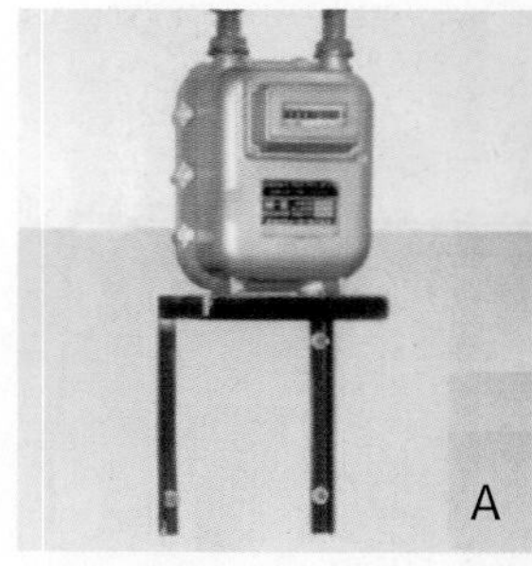

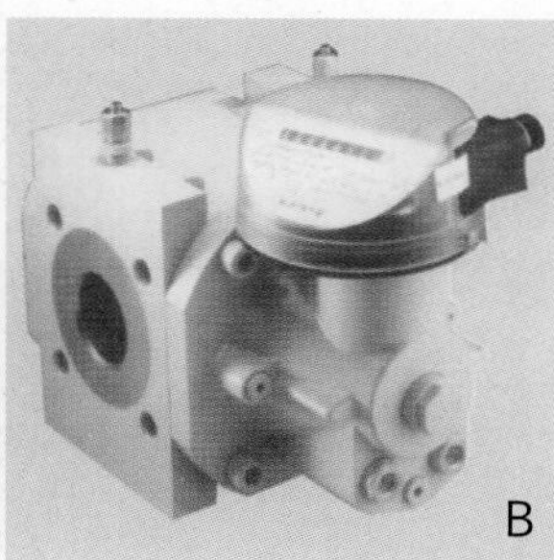

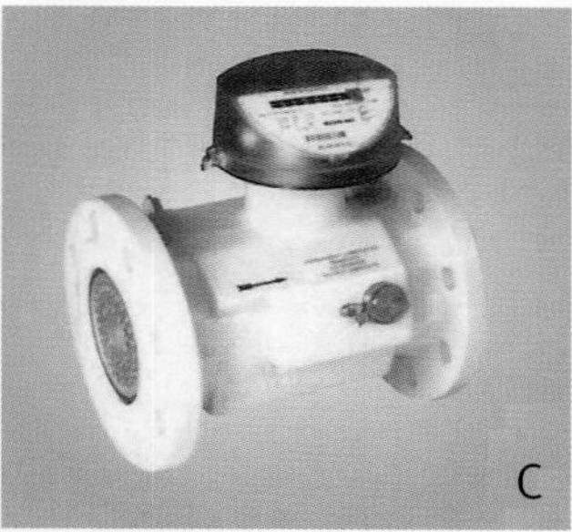

해답

- A : 막식 가스미터
- B : 로터리식 가스미터
- C : 터빈식 가스미터

09 다음 저장탱크의 침하상태 측정주기를 쓰시오.

해답

1년 1회

10 다음 LPG 이송 시 사용되는 장치의 명칭을 쓰시오.

해답

펌프, 압축기

11 다음 설비의 조작시설과 당해저장탱크의 이격거리를 쓰시오.

해답

조작거리 : 5[m]

12 다음 가스보일러의 급배기 방식을 각각 쓰시오.

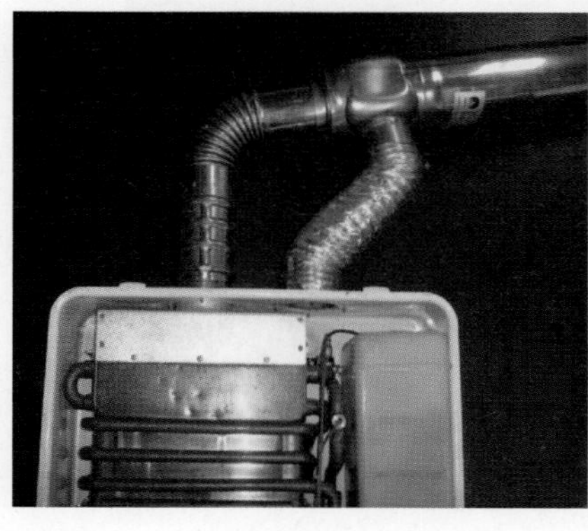

A

B

해답

- A : 밀폐식
- B : 반밀폐식

13 다음 장치에서 A와 B의 명칭을 쓰고, A를 작동시키기 위한 B의 조작 설치거리를 쓰시오.

해답

• A : 긴급차단장치 • B : 긴급차단밸브 • 설치거리 : 5m 이상

14 다음 안전장치의 명칭을 쓰시오.

해답

역화방지장치

15 다음 가스배관 시공 시 사용하는 기구이다. 이 기구의 명칭을 쓰시오.

해답

피그

16 다음 밸브의 명칭을 쓰시오.

A

B

C

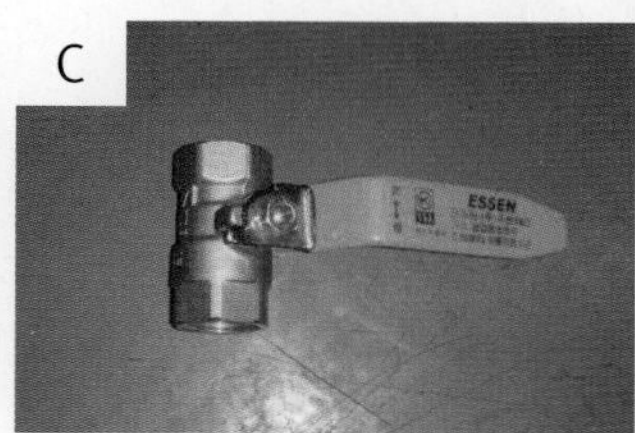

D

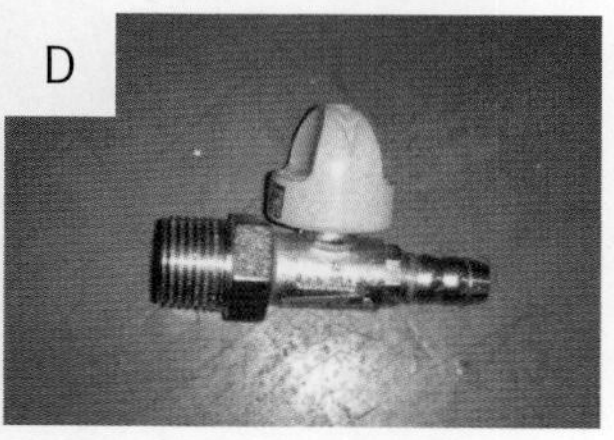

해답

• A : 글로브 밸브 • B : 슬루스 밸브 • C : 볼 밸브 • D : 퓨즈 콕

17 다음 탱크에서 LPG 글자 크기를 쓰시오.

해답

탱크직경의 1/10 이상

18 다음 방화벽의 설치목적을 쓰시오.

해답

저장탱크의 폭발 시 피해확대를 방지하기 위해서 설치함

19 다음 공업용 청색용기에 충전하는 가스명칭을 쓰시오.

해답

이산화탄소

20 다음 가스설비에서 A, B, C의 명칭을 쓰시오.

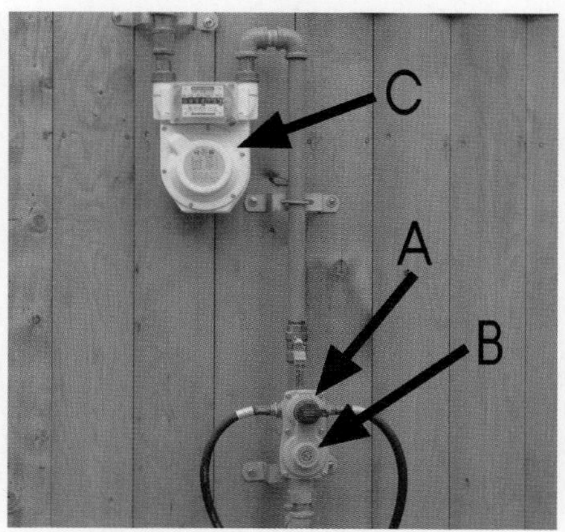

해답

• A : 가스자동 절체기 • B : 가스압력 조정기 • C : 막식가스미터(막식 가스계량기)

21 다음에서 표시된 기호(PG)는 무엇을 의미하는가 쓰시오.

해답

압축가스

22 다음 용기에 실시하는 재검사 명칭을 3가지 쓰시오.

해답

1) 음향검사　　　　2) 내부조명검사

3) 내압시험　　　　4) 파괴검사(충격검사) 파기시험

23 다음 설비에서 강제통풍장치의 통풍능력을 쓰시오.

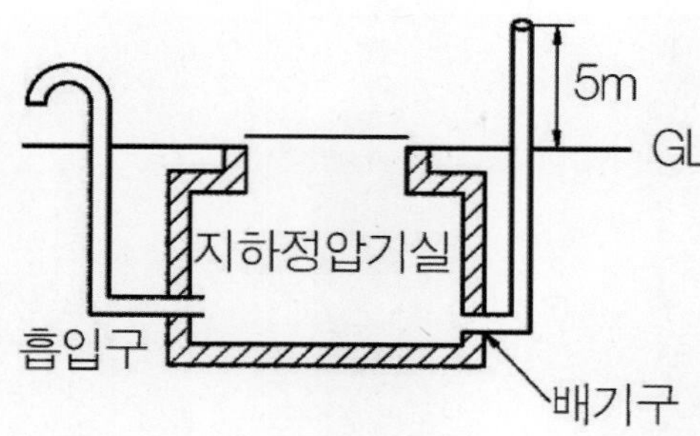

(a) 공기보다 무거운 경우

해답

바닥면적 1[m^2] 당 0.5[m^3/분]

24 다음 가스설비의 최초 검사 주기를 쓰시오.

해답

3년 1회

25 다음 가스 용기 중 충전구 나사를 왼나사로 하는 것을 쓰시오.

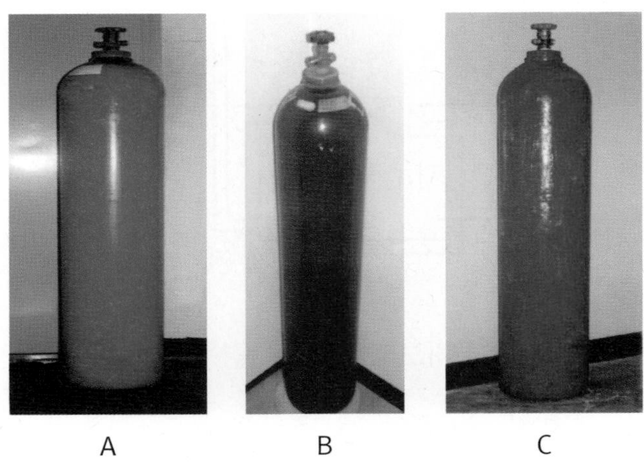

A　　　B　　　C

해답

A : 수소용기

26 다음 가스설비의 방폭구조의 구조별 표시방법에서 T4가 의미하는 것을 쓰시오.

EXd IIBT4

해답

T4 : 방폭형 전기기기의 최고표면 허용온도

27 가스 입상배관을 황색으로 하지 않고 건축물 외벽 도색과 같은 색상으로 할 때의 설치기준을 쓰시오.

해답

지면 1[m] 높이에 폭 3[cm]의 황색 띠 2줄을 표시

28 다음 용기의 내부충전물질을 쓰시오.

해답

규조토, 목탄, 산화철, 석회, 석면, 탄산마그네슘, 다공성플라스틱

29 다음 장치는 몇 분 이상의 방사능력의 수원에 접속되어야 하는지 쓰시오.

해답

30분

30 다음 배관의 이음법을 쓰시오.

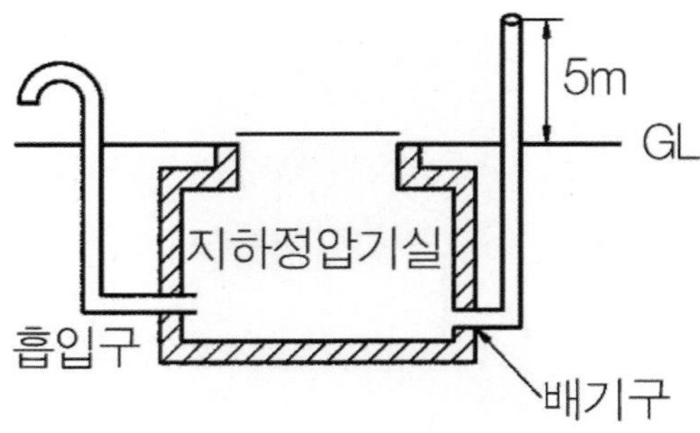

해답

유니온 이음

2017년 제1·2회 동영상 기출문제

01 다음 계측기의 명칭을 쓰고 용도 2가지를 쓰시오.

해답

1) 명칭 : 자유 피스톤식 압력계

2) 용도 : ① 연구실, 실험실용　　② 2차 압력계(브르돈관식) 교정용

02 다음은 정압기실에 설치된 감시장치(RTU BOX)이다. 이 장치의 용도 3가지를 쓰시오.

해답

1) 가스누출 검지 경보기능　　2) 정압실 출입문 개폐 감지기능

3) 정압실 이상상태 감시기능

03 다음 압축기의 운전 중 점검사항 3가지를 쓰시오.

해답

- 작동 중 이상은 없는가 확인
- 가스누설이 없는가 확인
- 온도가 상승하지 않았는가 확인
- 압력계는 규정압력을 나타내고 있는가 확인
- 진동유무 확인

04 다음 충전호스에 과도한 인장력이 가해졌을 때 충전기와 가스 주입기가 자동으로 분리되는 안전장치의 명칭을 쓰시오.

해답

세이프티 커플러

05 다음 가스 검출기의 설치 개수 기준을 쓰시오.

해답

바닥면 둘레 20[m]에 대해서 1개 비율로 설치할 것

06 다음 운전 중인 압축기에서 실린더 이상음이 발생할 때 원인 3가지를 쓰시오.

해답

1) 실린더와 피스톤이 닿는다. 2) 실린더 내에 이물질 혼입 3) 피스톤 링의 마모

07 다음 지시된 초저온 용기의 명칭을 각각 쓰시오.

해답

• A : 스프링식 안전밸브 • B : 파열판식 안전밸브 • C : 진공 작업구 • D : 액면계

08 다음 고압가스 운반차량의 주, 정차 시 1종 보호시설과 이격거리를 쓰시오.

해답

15[m]

09 다음 가스누출 자동차단 장치의 지시된 각 부분의 명칭을 쓰시오.

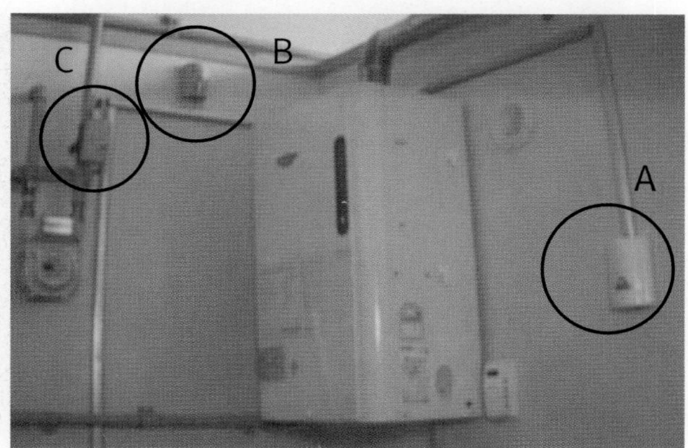

해답

- A : 제어부
- B : 검지부
- C : 차단부

10 다음 용기는 제조 후 16년이 경과된 내용적 47[L]의 LPG용기로 재검사 기간을 쓰시오.

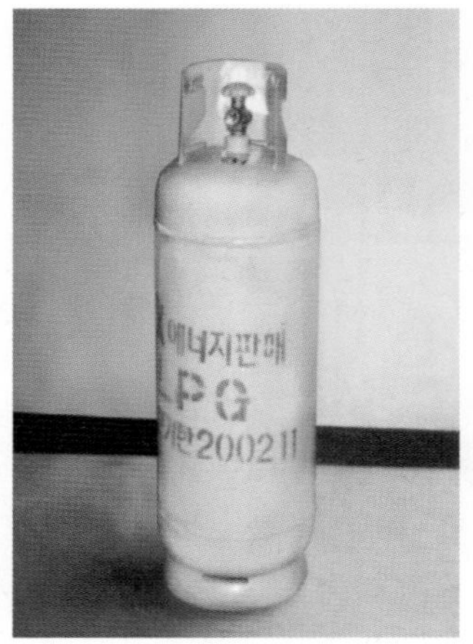

해답

5년 1회

참고

500[L] 이하인 LPG 용접용기의 재검사 기간
제조 후 20년 미만은 5년마다, 제조 후 20년 이상은 2년마다

11 지하에 매설된 가스배관과 다른 시설물의 이격거리를 쓰시오.

해답

0.3[m] 이상

12 다음 용기의 재질을 쓰시오.

해답

탄소강

13 가스 저장실 바닥 면적이 9[m²]이다. 이때 환기구의 면적은 얼마로 하여야 하는지 쓰시오.

해답

9[m²] × (300[cm²]/ 1[m²]당) = 2700[cm²] 이상

참고

환기구 면적 : 바닥면적 1[m²]당 300[cm²] 이상

14 가스 용기를 차량에 적재하여 운반할 때 주의사항 3가지를 쓰시오.

해답

1) 고압가스 전용 운반차량에 세워서 운반할 것
2) 차량의 최대적재량을 초과하여 적재하지 아니할 것
3) 외면에 가스의 종류 용도 및 주의사항을 기재한 것에 한하여 적재할 것

15 다음 지하에 매설된 LPG 저장탱크에 침수 방지 조치 기준에 의해 설치된 설비의 명칭을 쓰시오.

해답

집수관(80[A] 이상일 것)

16 다음 지하에 매설된 LPG 저장탱크에서 가스 누출 시 점검하기 위한 설비의 명칭과 규격을 쓰시오.

해답

1) 명칭 : 검지관

2) 규격 : 40[A] 이상일 것

17 다음 LPG 용기 저장소의 용기 안전점검 기준을 3가지 쓰시오.

해답

1) 용기도색 및 표시가 되어 있는지 확인한다.

2) 재검사 기간의 도래여부를 검사한다.

3) 용기 내외면을 점검하여 사용에 지장이 있는 부식, 금, 주름이 있는지 확인한다.

18 다음 1000[kg]의 저장탱크 가스 충전구로부터 건축물 개구부까지의 이격거리를 쓰시오.

해답

이격거리 3[m]

19 다음 가스 정압기실이다. A, B, C, D의 명칭을 쓰시오.

해답

• A : 필터 • B : 자기압력 기록계 • C : 긴급차단장치 • D : 정압기

20 다음 저장탱크에서 표시한 밸브의 설치 목적에 대해서 쓰시오.

해답

액면계 파손 시 자동 또는 수동으로 차단되어 가스유출을 방지

21 다음 보냉재가 갖추어야 할 특성 3가지를 쓰시오.

해답

1) 열전도율이 적을 것
2) 흡습성이 적을 것
3) 사용온도에 대해 변질되지 않을 것

22 LNG 저장탱크의 보냉재로 사용되는 재질을 3가지 쓰시오.

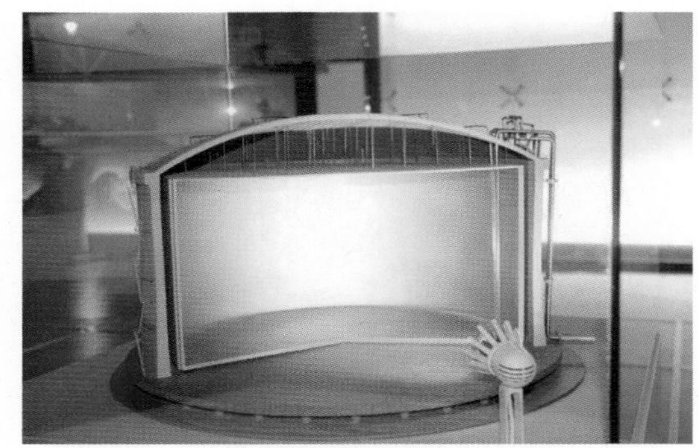

해답

①펄라이트 ② 폴리염화비닐폼 ③경질폴리우레탄폼

23 다음 현상을 쓰시오.

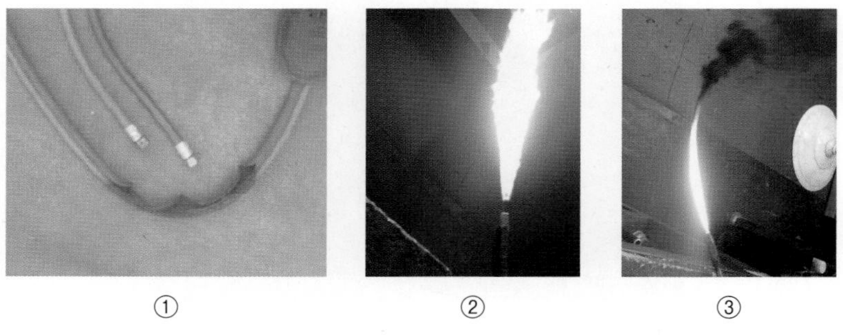

해답

① 역화 ② 리프팅(선화) ③ 불완전연소(옐로우팁)

24 다음 장치의 명칭을 쓰시오.

해답

접지장치

25 다음 장치의 명칭을 쓰시오.

해답

절연 조인트

26 다음 장치의 명칭을 쓰시오.

해답

절연 가스켓(절연 스페이스)

27 다음 용기에 각인된 기호의 의미를 쓰시오.

해답

- TW : 다공질물 및 용제를 포함한 용기 총질량
- V : 용기의 내용적
- W : 용기의 질량

28 다음 보일러 배기통 입상높이 제한은 얼마인지 쓰시오.

해답

10[m]

29 다음 LPG 판매소용기 보관실의 면적은 얼마로 하는지 쓰시오.

해답

면적 : 19[m^2]

30 **다음 정압기실 출입문에 설치된 장치의 명칭을 쓰시오.**

해답

출입문 개폐감시장치

2017년 제4·5회 동영상 기출문제

01 다음 지시된 명칭을 쓰시오.

해답

액면계

02 다음 가스 계량기와 전기 계량기의 이격거리를 쓰시오.

해답

60[cm] 이상

03 다음 각 밸브의 명칭을 쓰시오.

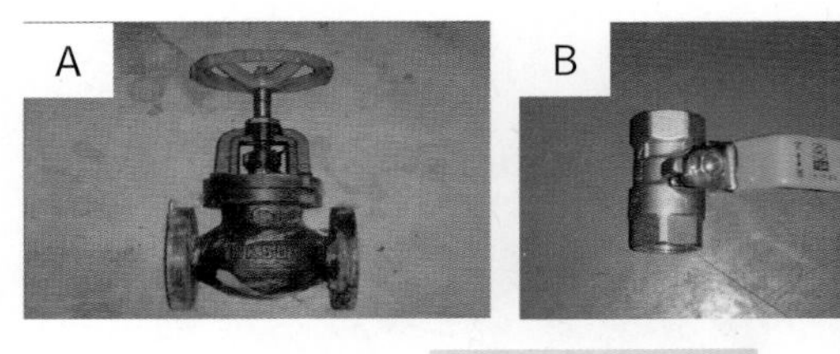

해답

- A : 글로브 밸브
- B : 볼 밸브
- C : 슬루스 밸브
- D : 역류방지 밸브(체크 밸브)
- E : 버터플라이 밸브

04 다음 계측기의 명칭을 쓰시오.

해답

다기능가스안전 계량기

05 다음 지하 가스배관 시공 설치 시 사용되는 것의 명칭을 쓰고 구멍을 뚫은 목적과 규격, 거리를 쓰시오.

해답

1) 명칭 : 보호판

2) 목적 : 누출된 가스가 지면으로 확산될 수 있도록 한다.

3) 규격 : 직경 30[mm] 이상 50[mm] 이하　　4) 거리 : 3[m] 이하의 간격

06 다음 장치의 명칭과 장점 2가지를 쓰시오.

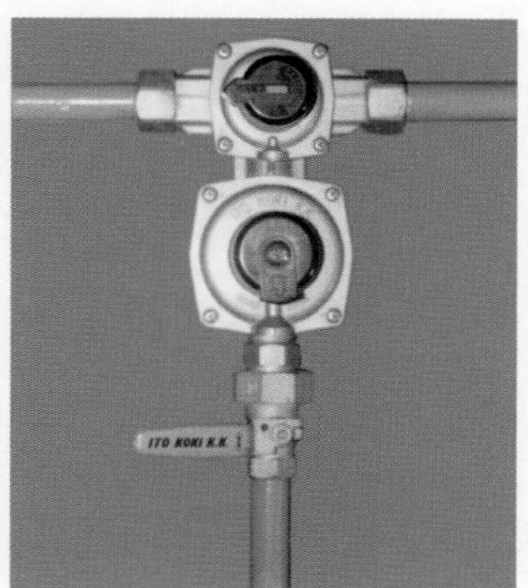

해답

1) 명칭 : 가스 자동절체식 조정기

2) 장점 : ① 잔액이 거의 없어질 때까지 소비된다.

② 전체용기 수량이 수동교체식의 경우보다 적어도 된다.

③ 용기 교환주기의 폭을 넓힐 수 있다.

07 다음 물음에 적합한 설명을 쓰시오.

보기

- 고압가스 충전용기 운반 시 용기는 반드시 (   ) 운반하도록 한다.
- 에어졸 운반 시에는 박스에 포장하고 (   )을 씌워서 운반할 것

해답

세워서, 보호망

08 다음 초저온용기 단열성능 시험가스를 3가지만 쓰시오.

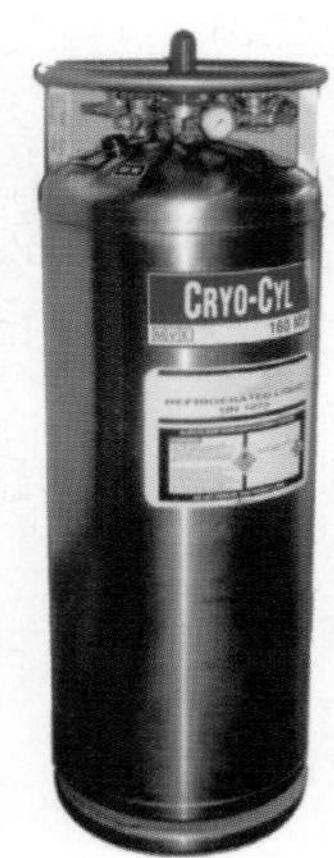

해답

액화산소, 액화알곤, 액화질소

09 다음 계측기의 명칭을 쓰시오.

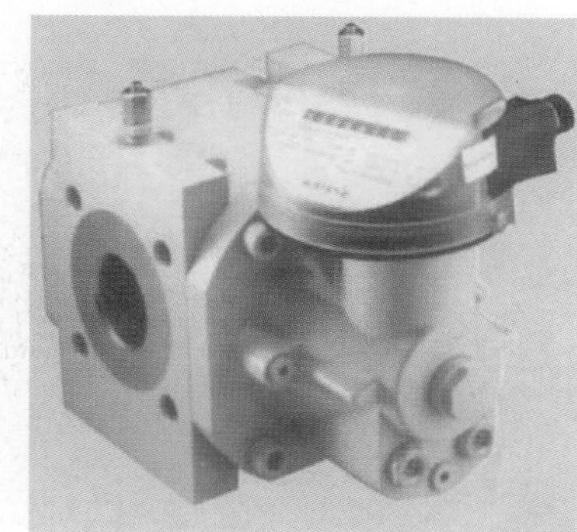

해답

로터리식 가스미터

10 다음 LNG 저장탱크와 긴급차단장치의 조작거리를 쓰시오.

해답

10[m]

11 다음 LPG 이송 시 접지하는 이유를 쓰시오.

해답

정전기 제거

12 다음 매설된 가스배관의 방식법에서 그 명칭을 쓰고, 이 방식에 사용되는 재질을 3가지만 쓰시오.

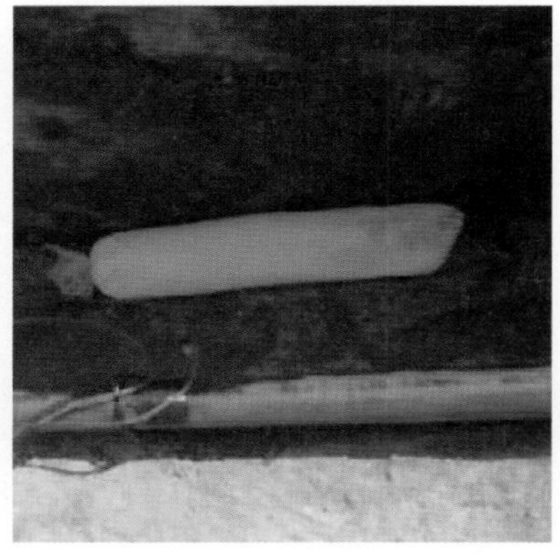

해답

1) 명칭 : 전기양극법(희생양극법)

2) 재질 : 마그네슘, 아연, 알루미늄

13 다음 장치의 명칭을 쓰시오.

해답

안전밸브

14 다음 LPG 충전 시 안전수칙 3가지를 쓰시오.

해답

LPG 자동차 충전 작업 시

1) 자동차의 엔진을 정지할 것
2) 디스펜서와 자동차 용기의 암수 커플링이 정상적으로 체결되었는지 확인 후 충전하고 충전 시 과충전되지 않도록 한다.
3) 충전 완료 후 충전 호스는 자동차 용기에서 완전 분리 후 자동차를 출발시킬 것

15 다음 장치의 명칭을 쓰시오.

해답

액 자동절체기

16 다음 계측기의 구성 3요소를 쓰시오.

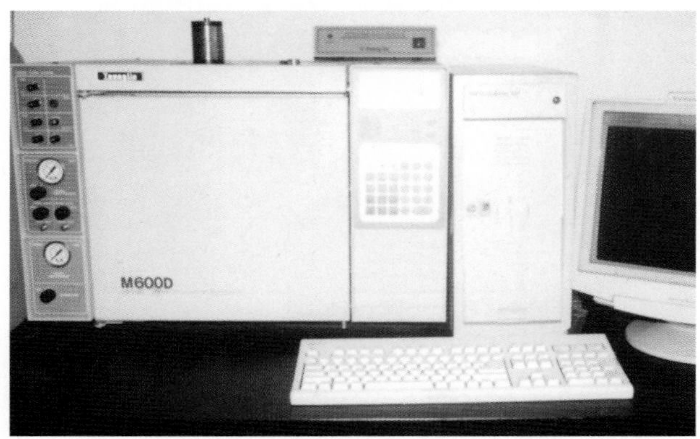

해답

칼럼(분리관), 검출기, 기록계

17 다음 계측장치의 명칭과 용도를 2가지 쓰시오.

해답

1) 명칭 : 자유 피스톤식 압력계

2) 용도 : ① 연구실, 실험실용 ② 2차 압력계(브르돈관식) 교정용

18 다음 펌프의 명칭을 쓰시오.

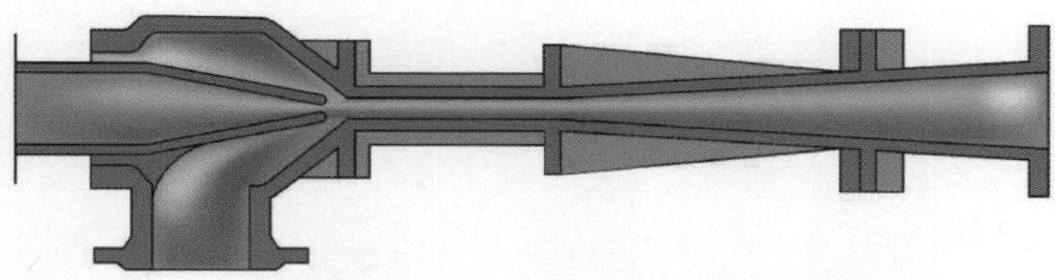

해답

제트펌프

19 다음 가스 공급 설비에서 긴급용으로 설치되는 설비이다. 방출구 위치를 쓰시오.

해답

- 작업원이 정상작업을 하는 데 필요한 장소에 설치
- 작업원이 항시 통행하는 장소에서 10m 이상 떨어진 곳에 설치

참고

- 긴급용 : 10m 이격
- 일반용 : 5m 이격

20 다음과 같이 밀폐된 용기 또는 설비 내에 밀봉된 가연성 가스가 그 용기 또는 설비의 사고로 인해 파손되거나 오조작의 경우에만 누출할 위험이 있는 장소는 위험장소의 등급 분류상 몇 종에 해당하는지 쓰시오.

해답

2종 장소

참고

- 1종 장소 : 상용 상태에서 가연성 가스가 체류하여 위험하게 될 우려가 있는 장소. 정비 보수나 누설로 가연성 가스가 체류할 우려가 있는 장소
- 0종 장소 : 가연성 가스 농도가 연속해서 폭발하한계 이상이 되는 장소

21 다음 아세틸렌 용기의 내부물질 구성 성분 종류 5가지를 쓰시오.

해답

규조토, 목탄, 산화철, 탄산 마그네슘, 다공성 플라스틱, 석회, 석면

22 다음에서 진흙탕이나 슬러리가 함유되어 있는 액체 이송에 적합한 번호의 펌프를 쓰시오.

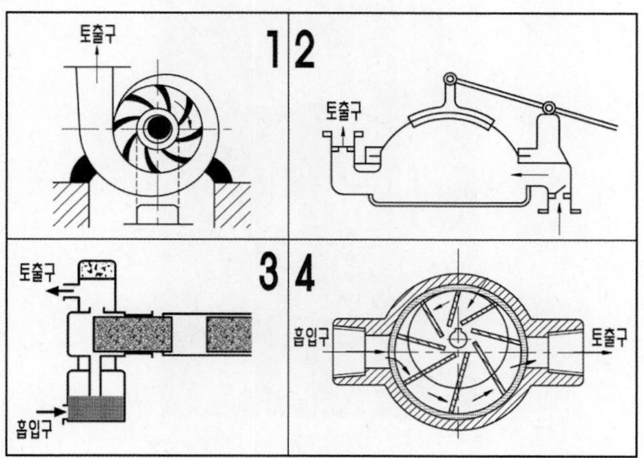

해답

2. 다이어프램 펌프

23 다음 장치는 매설배관 부식방지 장치이다. 이 장치의 명칭을 쓰시오.

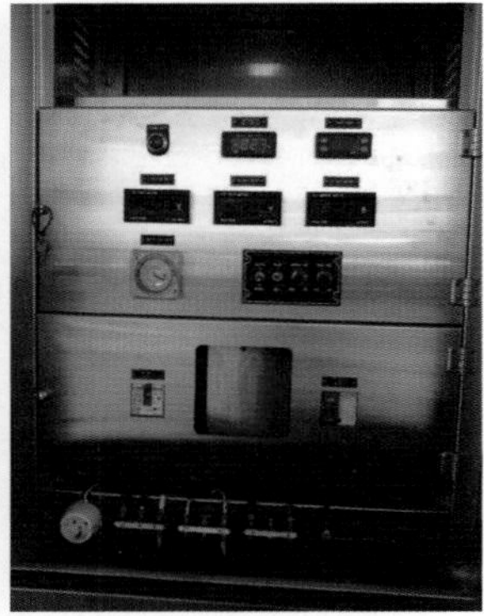

해답

외부 전원법

24 다음 가스배관이 “ㄷ”자형으로 되어 있는 것의 명칭을 쓰시오.

해답

곡관(온도신축흡수장치)

25 다음 입상가스배관에 설치된 밸브의 설치 높이를 쓰시오.

해답

1.6[m] 이상 2[m] 이하의 높이로 설치할 것

26 다음 정압기실에 설치된 RTU BOX의 용도를 쓰시오.

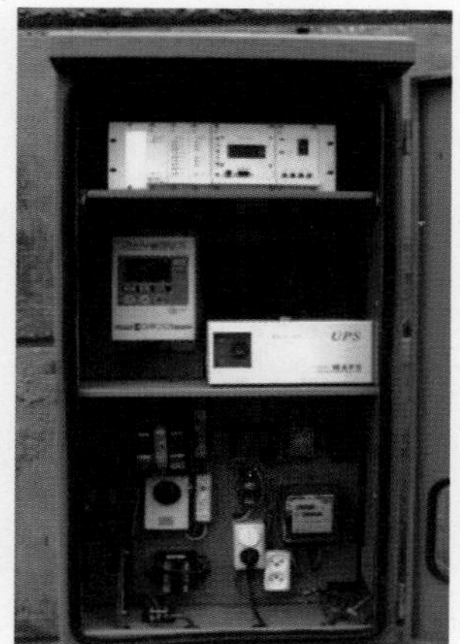

해답

1) 정압기실 출입문 개폐 감지기능

2) 정압기실 이상상태 감시기능

3) 가스누출 검지 경보기능

27 다음 지시한 장치의 명칭과 기능을 쓰시오.

해답

1) 명칭 : 긴급차단장치

2) 기능 : 설정압력 이상의 압력으로 공급시에 차단하는 장치

28 다음 장치의 명칭과 기능을 쓰시오.

해답

1) 명칭 : 액면 측정장치(레벨 게이지)

2) 기능 : 저장 탱크 내의 액면 측정

29 다음 용기에서 안전밸브 구성 재질 2가지만 쓰시오.

해답

납(Pb), 주석(Sn), 안티몬(Sb), 비스무트(Bi)

30 다음 계측기의 각부 명칭을 쓰시오.

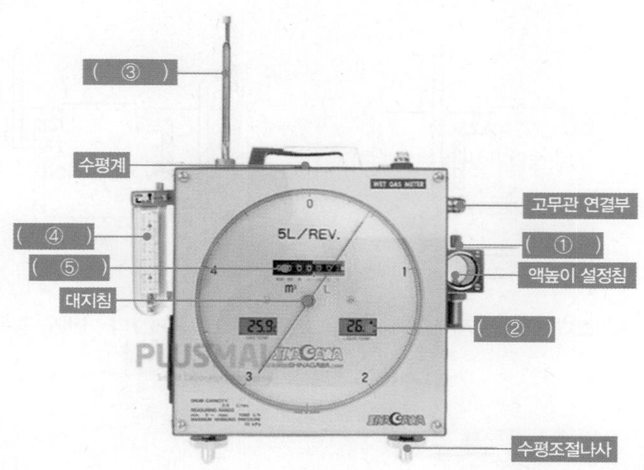

해답

① 액면계 ② 액체온도계 ③ 가스온도계 ④ 마노미터 ⑤ 적산계

2018년 제1·2회 동영상 기출문제

01 다음 LNG 저장탱크에 설치된 방류둑의 용량을 쓰시오.

해답

LNG 저장탱크의 저장량에 상당하는 용량일 것

02 다음 지하정압기실에 설치하는 배기구의 관경을 쓰시오.

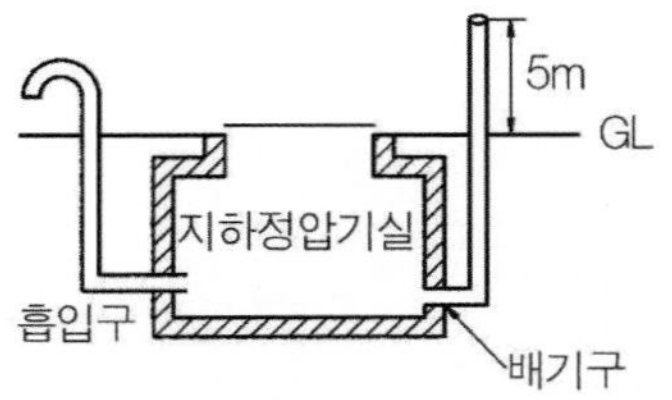

(a) 공기보다 무거운 경우

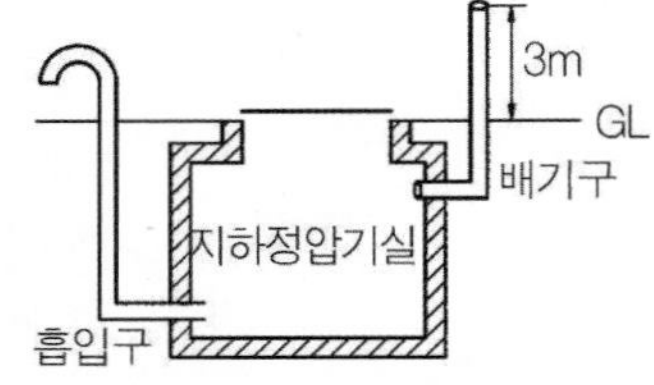

(b) 공기보다 가벼운 경우

해답

배기구의 관경 100mm 이상일 것

03 다음 가스 정압기의 분해점검 주기를 쓰시오.

해답

단독정압기, 3년에 1회

04 다음 액체이송에 사용되는 펌프의 명칭을 쓰시오.

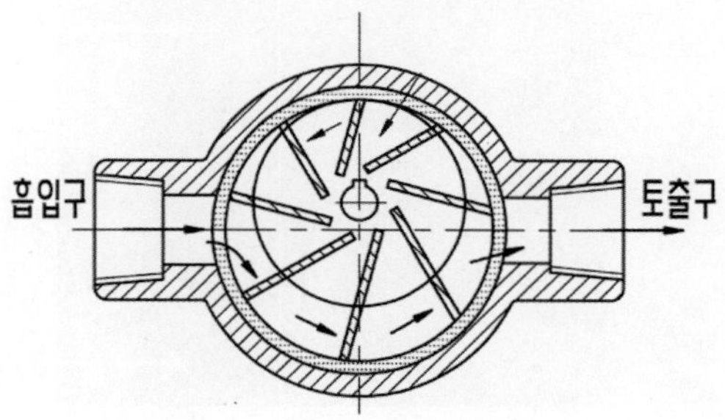

해답

베인 펌프

05 다음 지시하는 것의 명칭과 용도를 쓰시오.

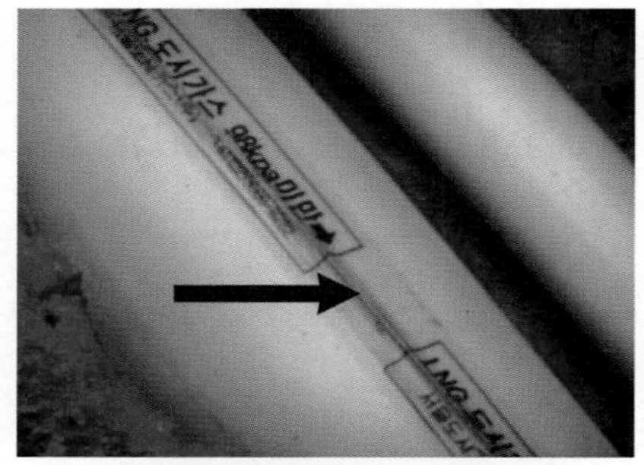

해답

1) 명칭 : 로케이팅 와이어

2) 용도 : P-E 배관의 지하 매설 위치 확인

06 다음은 도시가스 정압기실에 설치된 기기이다. 지시된 기기의 명칭을 쓰시오.

해답

1) 모뎀 2) 가스 누출검지 경보장치 3) ups

참고

• 모뎀 : 신호변환장치 • ups : 무정전 전환장치

07 다음 가스용기를 차량에 적재하여 운반할 때 용기운반 시 주의사항 3가지를 쓰시오.

해답

1) 고압가스 전용 운반차량에 세워서 운반할 것
2) 차량의 최대 적재량을 초과하여 적재하지 아니할 것
3) 외면에 가스의 종류, 용도 및 주의사항을 기재한 것에 한하여 적재할 것

08 다음 정압기 설계유량이 1000Nm^3/h 미만일 때 안전밸브 방출관의 크기를 쓰시오.

해답

25A 이상

09 다음 가스매설 배관의 방식법 명칭을 쓰고, 이 때 사용되는 재질 명칭을 3가지 쓰시오.

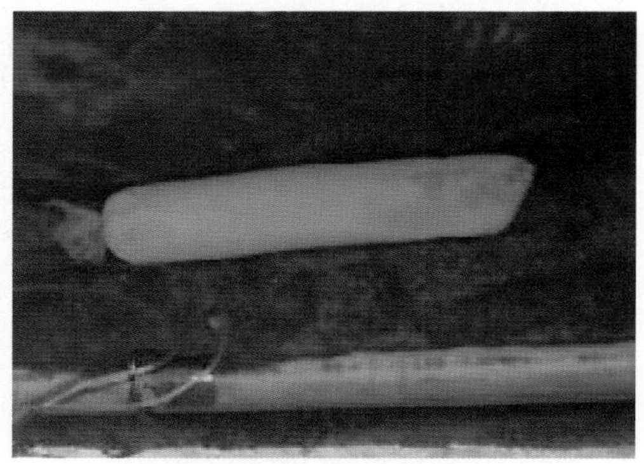

해답

1) 방식법 : 희생 양극법

2) 재질 : 마그네슘, 알루미늄, 아연

10 다음 강판제 방호벽의 강판두께는 몇 mm 되어야 하는지 쓰시오.

해답

두께 6[mm] 이상일 것

11 다음 공기액화 정류탑에서 질소, 산소, 아르곤의 분류되어지는 순서를 쓰시오.

해답

산소 → 아르곤 → 질소

12 다음 가스미터에 표시된 사항을 쓰시오.

해답

1) Pmax : 10[kpa] - 가스미터 최대사용압력이 10[kpa]임

2) V : 1.2[dm^3/rev] - 가스미터 1주기 체적이 1.2[dm^3]임

13 다음 가스 계측기의 명칭을 쓰고 작업자가 무슨 작업을 실행하는지 쓰시오.

해답

1) 계측기명칭 : 레이저 메탄 검지기 (RMLD)

2) 실행작업 : 레이저 메탄 검지기를 사용하여 가스 누출 검사 실행

14 다음 계측장치의 명칭을 쓰시오.

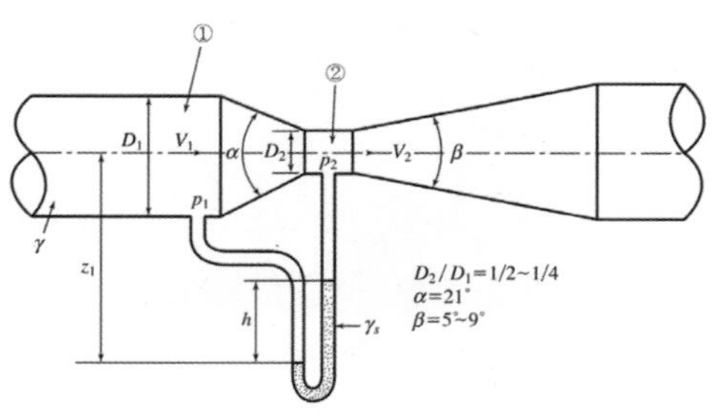

해답

벤튜리 유량계

15 다음 가스연소기의 연소 현상과 그 원인을 한 가지 쓰시오. (공기조절기 조절)

해답

1) 연소현상 : 불완전 연소　　2) 원인 : 연소공기량 부족

16 다음에 사용되는 가스 명칭을 쓰고 폭발범위를 쓰시오.

해답

1) 가스명칭 : 부탄(C_4H_{10})　　2) 폭발범위 : 1.8~8.4[%]

17 다음 용기 보관실을 30×30[mm] 이상의 앵글강을 가로, 세로 40×40[cm] 이하의 간격으로 용접 보강한 방호벽의 강판의 두께를 쓰시오.

해답

강판 두께 3.2[mm] 이상일 것

18 다음 가스보일러 배기통의 입상높이는 몇 m 이내 인지 쓰시오.

해답

10[m]

19 다음 용기에 각인된 기호를 설명하시오.

해답

- TP : 내압시험 압력
- FP : 최고 충전 압력
- Tw : 다공질물 및 용제를 포함한 용기의 총 질량
- V : 용기 내용적

20 다음 펌프의 명칭을 쓰고 특징을 쓰시오.

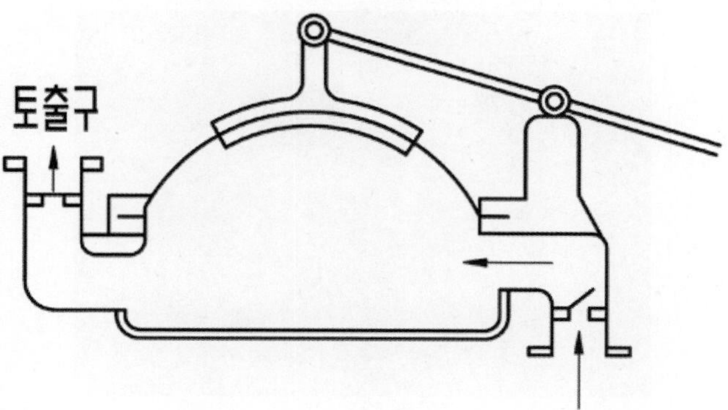

해답

1) 명칭 : 다이어프램 펌프
2) 특징 : 진흙탕이나 슬러리가 함유된 액 이송에 적합한 펌프이다.

2018년 제4·5회 동영상 기출문제

01 다음 가스설비에서 장치의 명칭을 쓰시오.

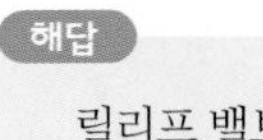

릴리프 밸브

02 다음 표지판은 (　　)m 마다 1개 이상 설치하여야 하는지 쓰시오.

해답

500[m]

03 다음 A 와 B 재질 중 부식이 발생되는 곳을 쓰시오.

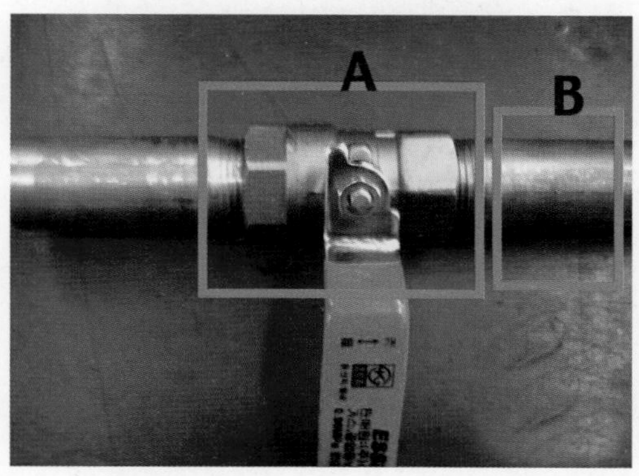

해답

B(배관부위)

04 다음 전선의 굵기 및 명칭을 쓰시오.

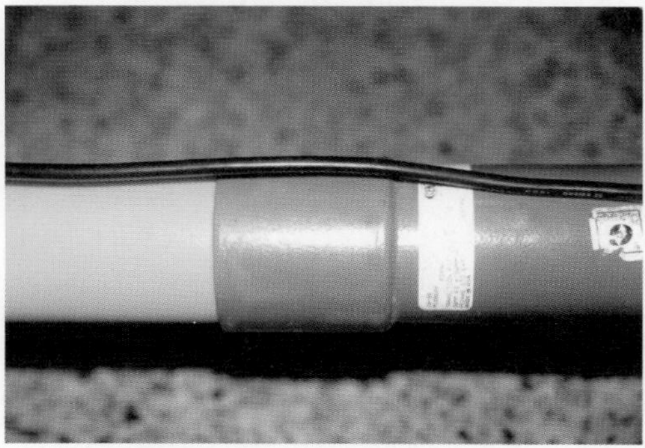

해답

1) 굵기 : 6[mm^2]

2) 명칭 : 로케이팅 와이어

05 다음 가연성 가스 취급설비에서 베릴륨 합금공구를 사용하는 이유를 쓰고, 이때 사용 가능한 재질을 3가지 쓰시오.

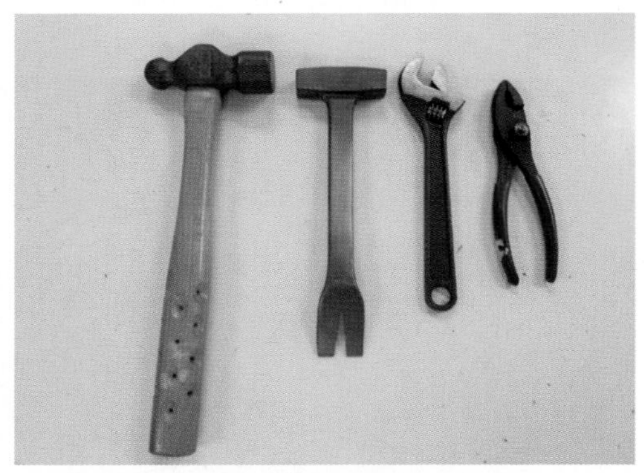

해답

1) 이유 : 스파크 및 불꽃이 발생하지 않으므로

2) 재질 : 나무, 고무, 플라스틱

06 다음 용접 결함에 대해서 쓰시오.

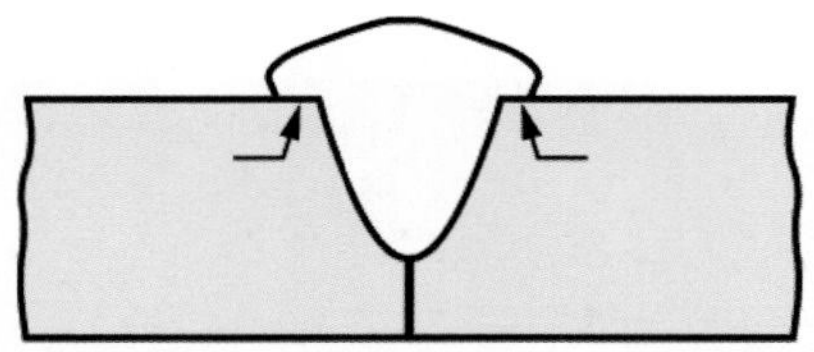

해답

오버랩

07 다음 갈색용기에 충전되는 가스명칭을 쓰고, 여기에 사용되는 안전밸브 형식을 쓰시오.

해답

1) 충전가스 명칭 : 염소

2) 안전밸브 형식 : 가용전식 안전밸브

08 다음 저장탱크 액면계 상하배관에 설치되어 있는 밸브의 설치 목적을 쓰시오.

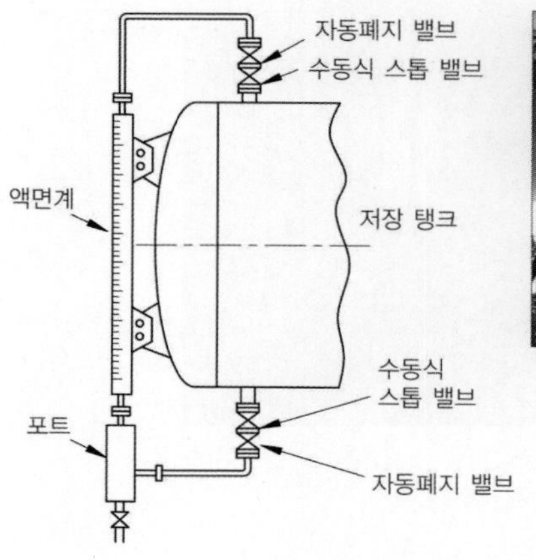

해답

액면계 파손 시 탱크 내 가스유출을 신속히 차단하기 위해서 설치한다.

09 다음 설비에서 강제통풍장치의 통풍능력을 쓰시오.

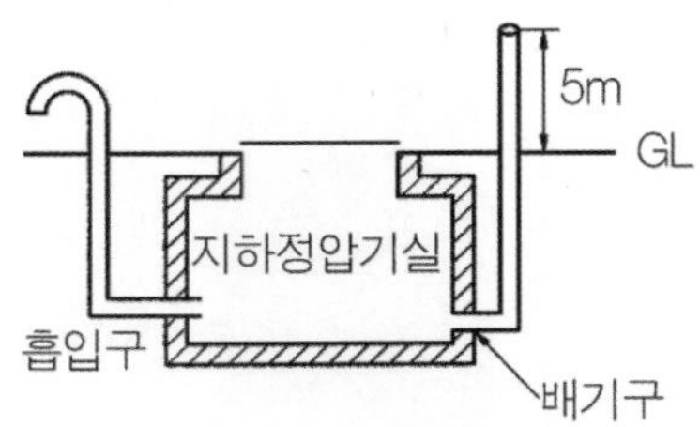

(a) 공기보다 무거운 경우

해답

바닥 면적 1[m^2] 당 0.5[m^3/분]

10 다음 산소 충전 시 도관과 압축기 사이에 설치하는 장치를 쓰시오.

해답

드레인 세퍼레이터(수취기)

11 LPG 저장탱크의 저장량이 15톤일 때 제 1종 보호시설(병원)과 안전거리를 쓰시오.

해답

21[m]

12 다음 가스 장치의 명칭(형식포함)을 쓰시오.

해답

스프링식 안전밸브

13 다음 펌프는 진공펌프로 사용하기에 적합한 것이다. 명칭을 쓰시오.

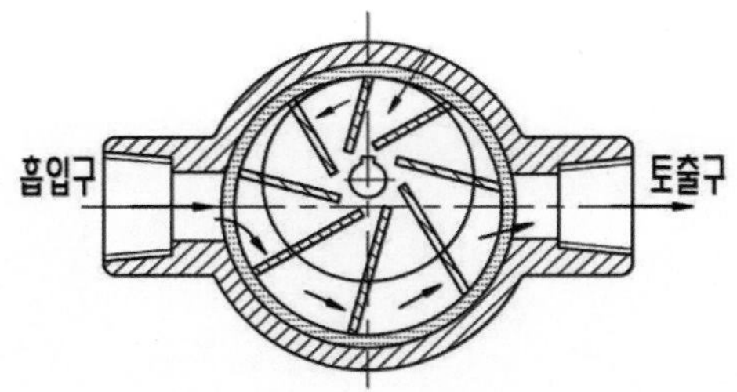

해답

베인펌프

14 다음 가스 보일러의 안전성과 편리성을 위해서 설치 하는 안전장치 5가지를 쓰시오.

해답

① 소화안전장치 ② 가스누출방지장치
③ 과열방지장치 ④ 공연소 방지 장치
⑤ 동결방지장치

15 다음 아세틸렌 용기에 충전되어 있는 다공물질 종류 5가지를 쓰시오.

해답

규조토, 목탄, 산화철, 탄산 마그네슘, 다공성 플라스틱, 석회, 석면

16 다음 장치의 기능(역할)을 쓰시오.

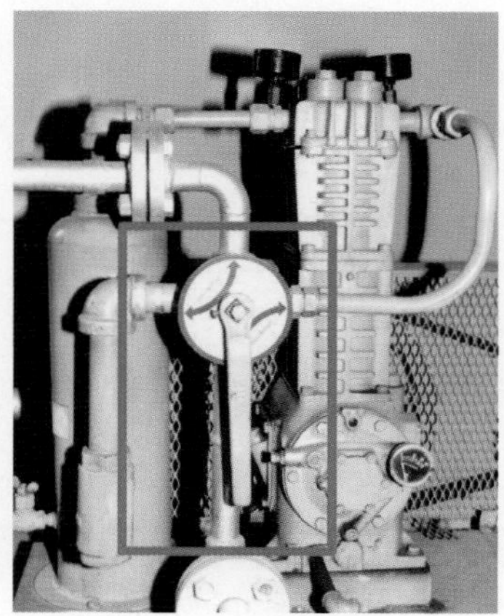

해답

잔가스 회수

17 다음 에어졸 제조시설에서 온수누출 시험 시 온수의 온도범위를 쓰시오.

해답

46[℃] 이상~50[℃] 미만

18 다음 2단 감압 조정기의 장점을 3가지 쓰시오.

해답

1) 공급압력이 안정하다
2) 중간배관이 가늘어도 된다
3) 입상 배관에 의한 압력손실을 보정할 수 있다.

19 다음은 P-E관 융착공정이다. 주요공정 3가지를 쓰시오.

해답

① 가열 ② 용융압착 ③ 냉각

20 다음 LPG 이송설비에 설치된 장치의 명칭을 쓰시오.

해답

접지장치

2019년 제1·2회 **동영상 기출문제**

01 다음 설비에서 강제통풍장치의 통풍능력을 쓰시오.

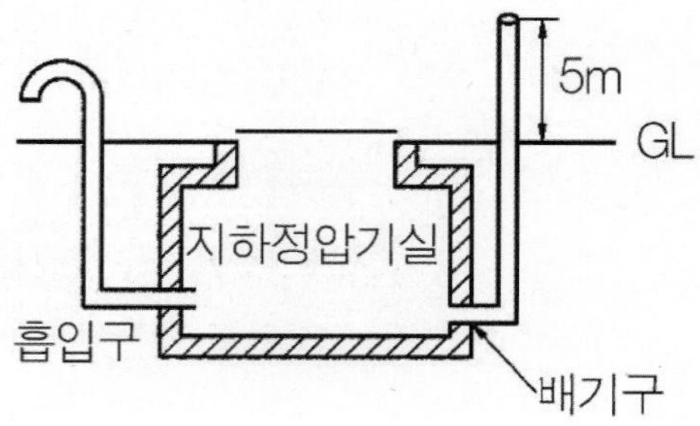

해답

바닥면적 1[m^2] 당 0.5[m^3/분]

02 다음 용기의 재질을 쓰시오.

해답

탄소강

03 다음 밸브의 명칭을 쓰시오.

해답

충전용 주관 밸브

04 LPG 이송 펌프에서 발생하는 케비테이션 현상을 1가지 쓰시오.

해답

흡입관 측의 마찰저항 증대 시 발생됨

05 다음 지시된 것의 명칭을 쓰시오.

해답

필터

06 다음 물음에 적합한 설명을 쓰시오.

보기

- 고압가스 충전용기 운반 시 용기는 반드시 (　　　　) 운반하도록 한다.
- 에어졸 운반 시에는 박스에 포장하고 (　　　)을 씌워서 운반할 것

해답

세워서, 보호망

07 다음의 명칭을 쓰시오.

해답

라인 마크

08 다음 기기의 명칭을 쓰시오.

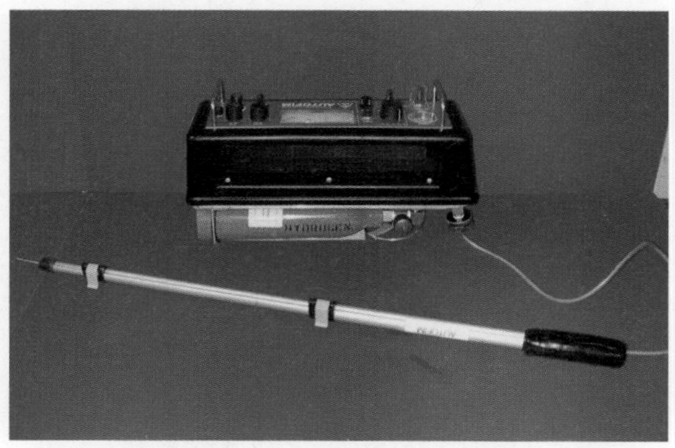

해답

FID(수소 불꽃 이온화 검출기)

09 다음 계측기기의 용도를 쓰시오.

해답

브르돈관식 압력계 교정용(표준 압력계)

10 다음 지시된 장치의 명칭을 쓰시오.

해답

슬립튜브게이지

11 다음 장치의 명칭을 쓰시오.

해답

출입문 개폐 감시장치

12 다음 가스설비의 방폭구조에서 구조별 표시방법의 종류를 5가지 쓰시오.

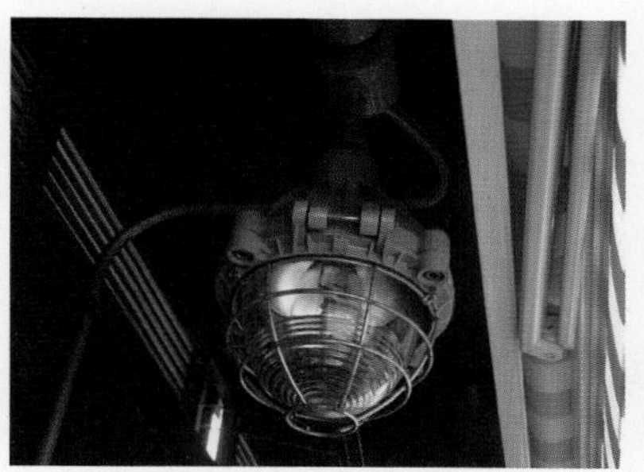

해답

d : 내압방폭구조 o : 유입방폭구조 p : 압력방폭구조 e : 안전증방폭구조
ia 또는 ib : 본질안전방폭구조 s : 특수방폭구조

참고

방폭형 전기기기의 기호 및 의미

EX d ⅡB T4

EX : 방폭의 준말(EXplosion) d : 내압압력 방폭구조

ⅡB : 일반산업용, 폭발등급(2등급) T4 : 방폭형 전기기기의 최고 표면 허용온도

13 소형 저장 탱크 충전 질량이 1000[kg]일 때 가스 충전구로부터 건축물 개구부까지의 이격거리를 쓰시오.

해답

3[m]

14 다음 기기의 명칭을 쓰시오.

해답

다기능가스안전 계량기

15 내용적이 500[ℓ]인 초저온 용기에 250[kg]의 액화산소를 채우고 20시간 동안 방치한 결과 200[kg]이 되었다. 용기 단열 상태의 합격여부를 판정하시오.(단, 외기 온도 : 20[℃], 시험용 액화산소의 비점 : −183[℃], 기화잠열 : 51[kcal/kg]이다.)

해답

$$Q = \frac{w \cdot g}{H \cdot \Delta t \cdot v} = \frac{50 \times 51}{20 \times \{20-(-183)\} \times 500} = 0.00126[\text{kcal}/\ell\,\text{h}[℃]]$$

∴ 판정 : 불합격(1000[ℓ] 이하는 0.0005[kcal/ℓ·h·[℃]] 이하일 때 합격)

16 다음 부취제 주입 설비의 정량(메터링) 펌프의 사용 목적을 쓰시오.

해답

일정량의 부취제 첨가

17 다음과 같이 가스 계량기(30[m^3/h] 미만)가 격납상자에 설치되어 있는 경우 설치 높이를 쓰시오.

해답

높이 제한이 없다.

18 다음 밸브의 작동시험 주기를 쓰시오.

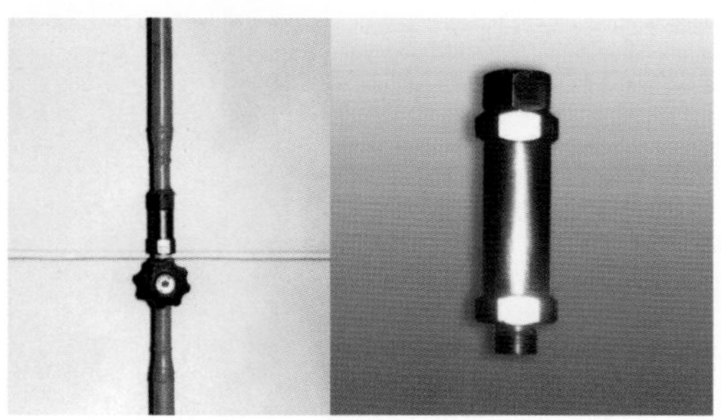

해답

2년 1회

19 다음 용기에서 충전구 나사 형식이 왼나사인 용기를 쓰시오.

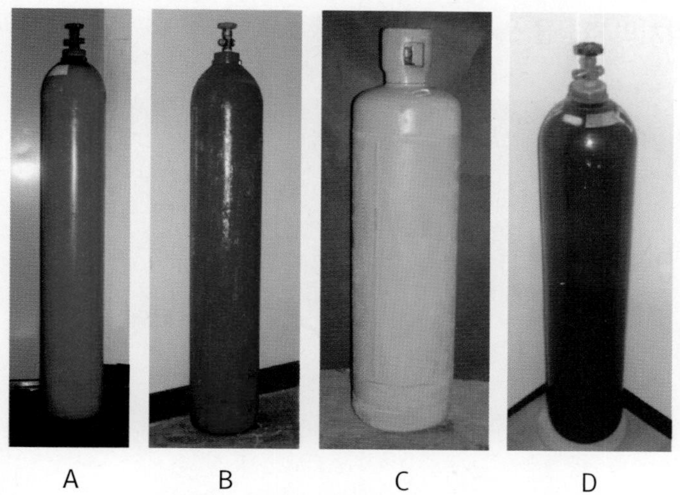

A B C D

해답

• A : 수소용기 • C : 아세틸렌용기

참고

• B : 이산화탄소용기 • D : 산소 용기

20 다음 가스크로마토그래피에 사용되는 캐리어 가스의 종류를 3가지 쓰시오.

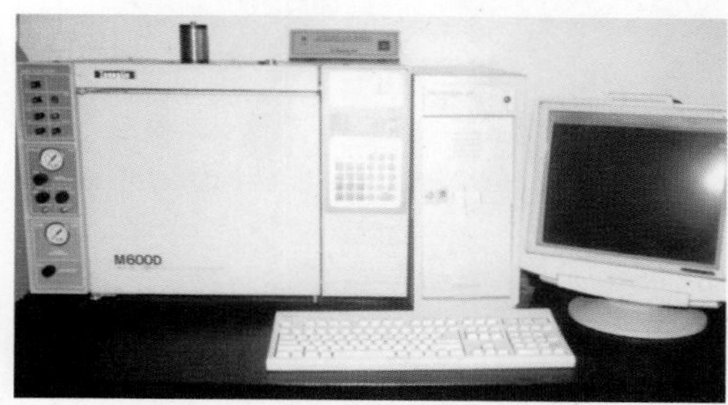

해답

수소, 헬륨, 질소, 아르곤

2019년 제4·5회 동영상 기출문제

01 다음 장치의 명칭을 쓰시오.

해답

세이프티 커플러

02 다음 충전 장치의 명칭과 형식을 쓰시오.

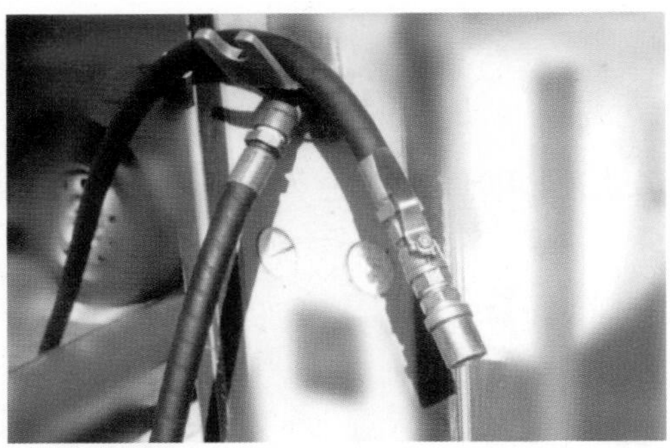

해답

1) 명칭 : 퀵 커플러

2) 형식 : 원터치형

참고

자동차용 LPG충전기에서 가스 자동 주입 장치는 퀵 커플러 형태인 원터치형으로 설치할 것

03 다음 정압기에서 기능 3가지를 쓰시오.

해답

① 정압기능 ② 감압기능 ③ 폐쇄기능

04 다음 장치의 명칭을 쓰시오.

해답

역류방지 장치

05 다음 저장탱크 액면계 상하배관에 설치되어 있는 밸브의 설치목적을 쓰시오.

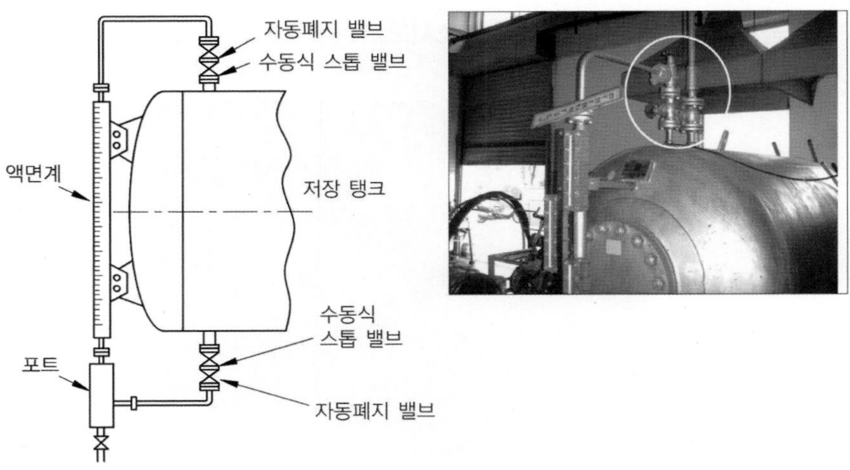

해답

액면계 파손 시 탱크 내 가스유출을 신속히 차단하기 위해서 설치한다.

06 다음 지시된 장치의 명칭을 쓰시오.

해답

슬립튜브게이지

07 다음 장치의 명칭을 쓰시오.

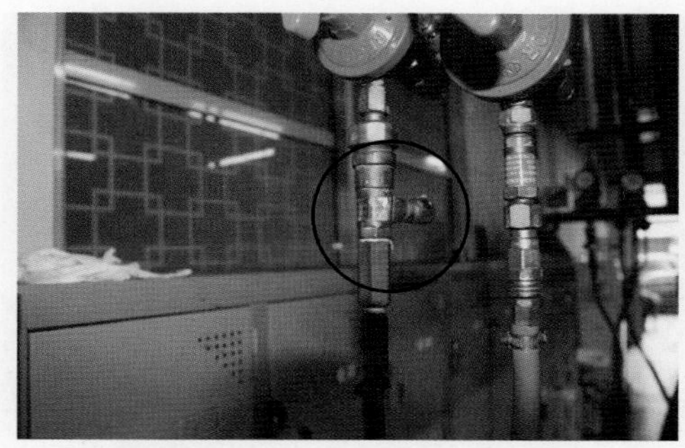

해답

역화방지장치

08 다음 물음에 답하시오.

보기

가. 가스 보일러 배기통의 굴곡수는 몇 개소 이하로 제한하는가?
나. 가스 보일러 배기통의 가로 길이의 제한은 몇 m인가?

가. 4개소 이하　　　나. 5[m] 이하

09 다음 계측기기의 용도를 쓰시오.

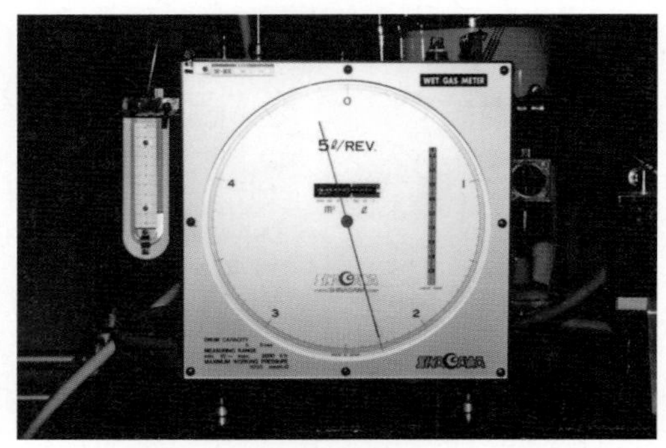

해답

1) 실험실 및 연구실용 2) 표준가스미터

10 다음 정압기의 설계유량이 1,000[Nm³/h] 이상일 때 안전 밸브 방출관의 크기를 쓰시오.

해답

50[A] 이상

11 다음 장치의 명칭을 쓰시오.

해답

절연 조인트

12 다음 C의 명칭을 쓰고 C는 배관 상부에서 몇 cm 높이에 설치하는지 쓰시오.

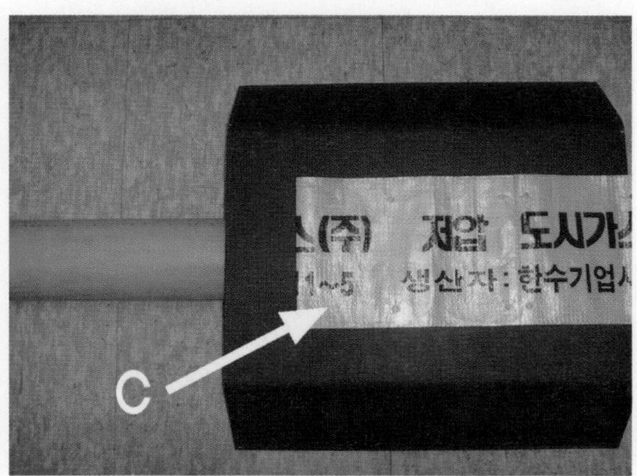

해답

1) 명칭 : 보호포 2) 높이 : 배관에서 60[cm]

13 다음 초저온 용기의 내조와 외조 사이를 진공으로 하는 이유를 쓰시오.

해답

단열(열의 침입 차단)

14 다음 설비의 명칭을 쓰시오.

해답

기화기

15 다음 무계목 용기에 실시하는 시험검사 명칭을 3가지 쓰시오.

해답

내부조명검사, 음향검사, 내압시험검사

16 다음의 명칭과 사용목적을 쓰시오.

해답

1) 명칭 : 절연와셔

2) 사용목적 : 이종금속 접촉으로 인한 가스배관의 부식방지

17 다음 공기액화분리장치에서 이산화탄소를 제거하는 이유를 쓰시오.

해답

저온장치에서 CO_2는 고형의 드라이아이스가 되어 배관 및 밸브를 폐쇄하여 장치의 장애와 파손을 가져온다.

18 다음 천연가스에 부취제를 첨가하기 위한 부취제 주입설비의 펌프로 정량(메터링) 펌프를 사용하는 이유는 무엇인지 쓰시오.

해답

일정량의 부취제 주입

19 다음 운전 중인 압축기에서 실린더 이상음이 발생할 때 원인 3가지를 쓰시오.

해답

① 실린더와 피스톤이 닿았을 때

② 실린더 내에 이물질이 혼입됐을 때

③ 피스톤 링이 마모됐을 때

20 다음 정압기에서 상용압력이 1[MPa]일 때 긴급차단장치의 작동압력을 쓰시오.

해답

1.2[MPa]

2020년 제1·2회 동영상 기출문제

01 다음 2단 감압 조정기의 장점과 단점을 각각 2가지씩 쓰시오.

해답

장점

- 공급압력이 안정하다.
- 입상배관에 의한 압력 강화를 보정할 수 있다.
- 각 연소기구에 알맞은 압력으로 공급이 가능하다.

단점

- 조정기가 많이 든다.
- 재액화의 우려가 있다.
- 장치가 복잡하고 검사 방법이 복잡하다.

02 다음 가스 이충전 시 접지하는 이유를 쓰시오.

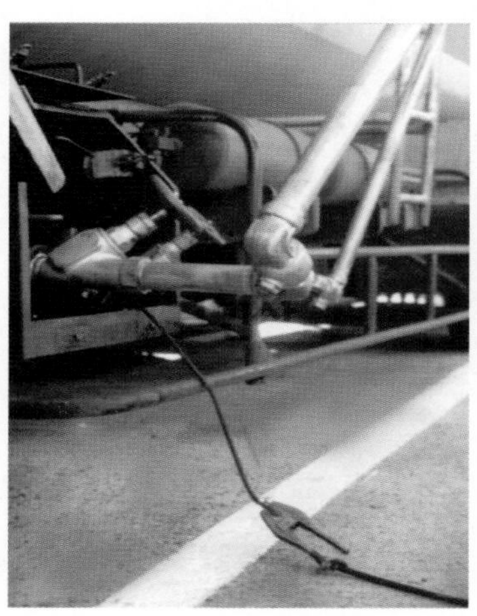

해답

가스 이충전 시 발생되는 정전기 제거를 위해서 접지

03 다음 가스설비의 방폭구조에서 "T4"가 의미하는 것을 쓰시오.

해답

T4 : 방폭형 전기기기의 최고 표면 허용온도

참고

방폭형 전기기기의 기호 및 의미

EX d ⅡB T4

EX : 방폭의 준말(EXplosion)

d : 내압압력 방폭구조

ⅡB : 일반산업용, 폭발등급(2등급)

T4 : 방폭형 전기기기의 최고 표면 허용온도

04 다음 장치의 명칭과 용도를 쓰시오.

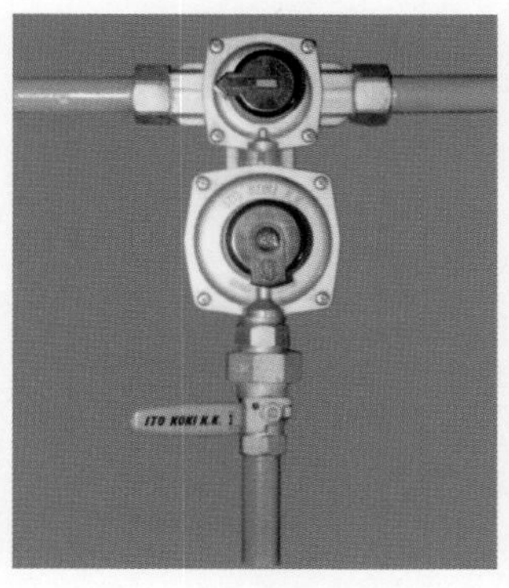

해답

- 명칭 : 자동 절체식 조정기
- 용도 : 가스의 사용측 압력이 저하되면 예비측으로 자동으로 전환되어 가스공급이 지속되도록 하는 용도

참고

자동 절체식 조정기 사용 시 이점

- 전체용기 수량이 수동교체식의 경우보다 적게 소요된다.
- 잔액이 거의 없어질 때까지 소비가 가능하다.
- 용기 교환 주기의 폭을 넓힐 수 있다.

05 다음 탱크로리의 이충전 작업 시 조치할 사항을 쓰시오.

해답

가스충전 작업 시 외부로부터 보기 쉬운 곳에 충전작업 중임을 알리는 표시를 할 것

06 다음 장치의 용도를 쓰시오.

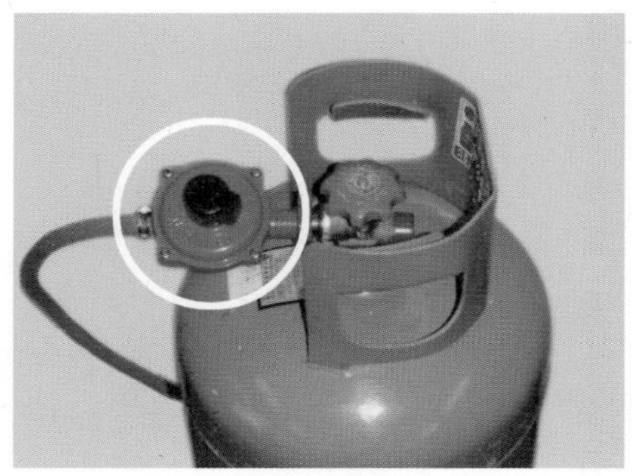

해답

공급되는 가스의 압력을 연소기에서 연소시키는 데 가장 알맞은 공급압력으로 조정(감압)시키는 장치

07 다음 초저온용기에서 단열조치에 필요한 주입되는 분말의 종류 3가지를 쓰시오.

해답

규조토, 퍼얼라이트, 알루미늄 분말

08 다음 각 밸브의 명칭을 쓰시오.

A

B

C

D

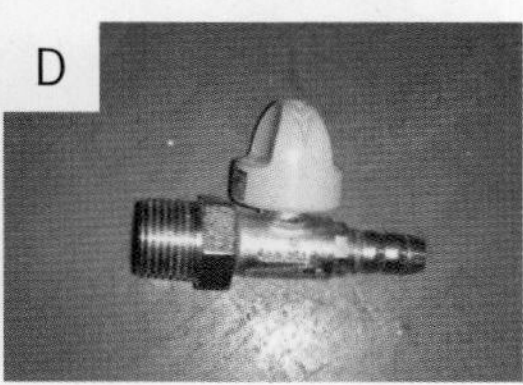

해답

- A : 글로브 밸브
- B : 슬루스 밸브
- C : 볼 밸브
- D : 퓨즈 콕

09 다음 계측기기의 명칭을 쓰시오.

해답

와류유량계

10 다음 배관의 방식법을 쓰시오.

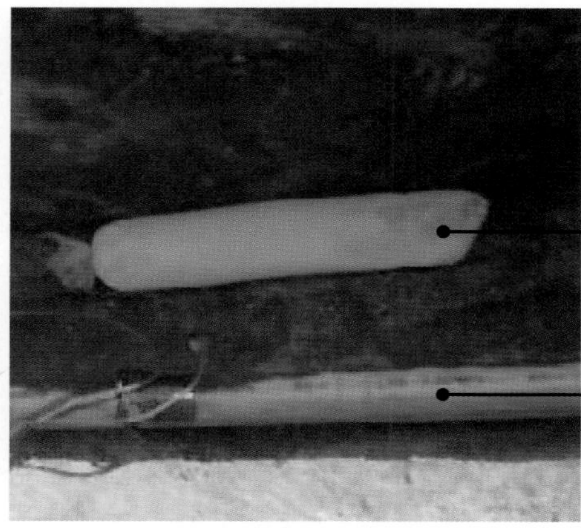

해답

희생양극법

11 다음 PLP 강관 용접부의 비파괴 검사법의 장점 3가지를 쓰시오.

해답

1) 장치가 간단하다.
2) 운반이 용이하다.
3) 내부결함 검출이 가능하며 사진으로 찍는다.

12 LNG 기화설비 위치가 바닷가일 때 기화설비의 열매체로 사용되는 것은?

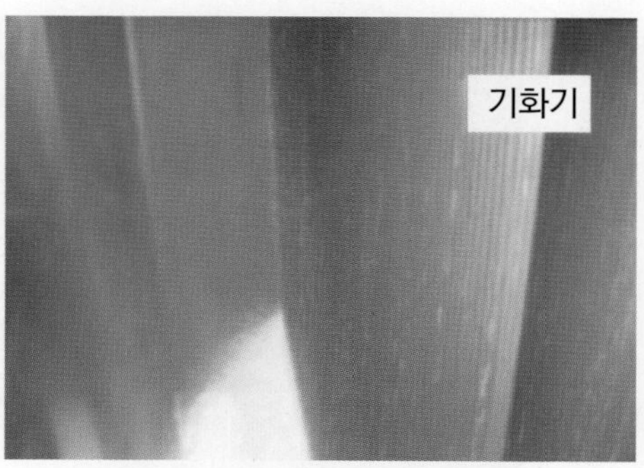

해답

해수(바닷물)

13 다음은 상용의 상태에서 가연성가스의 농도가 연속해서 폭발하한계 이상으로 되는 장소이다. 몇 종 장소인지 쓰고 원칙적으로 설치하여야 하는 방폭구조를 쓰시오.

해답

- 0종 장소
- 본질 안전 방폭구조

14 다음 가연성 가스 및 독성가스의 누출검지기의 지시계 눈금 범위를 쓰시오.

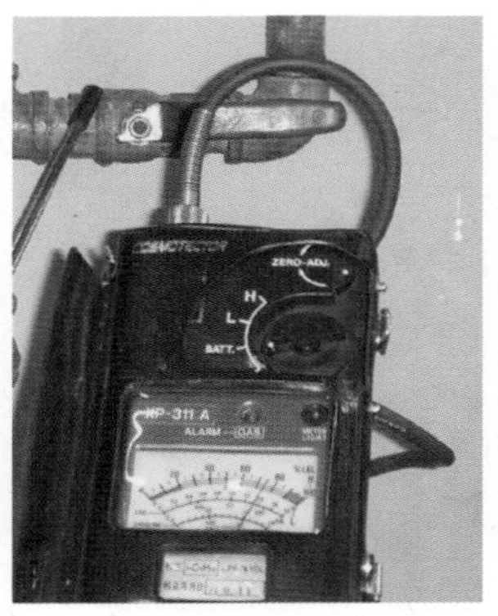

해답

지시계 눈금은

- 가연성가스용 0~폭발하한계
- 독성가스용 0~허용농도의 3배 값

15 다음 가스 충전작업 시 안전을 위해 따로 설치하는 표지판과 게시판의 설치내용에 대해 쓰시오.

해답

- 표지판 : 황색바탕에 흑색글씨로 "충전중 엔진정지"
- 게시판 : 백색바탕에 붉은글씨로 "화기엄금"

16 다음 탱크로리에 설치된 장치의 명칭을 쓰고 설치이유를 쓰시오.

해답

- 명칭 : 높이 검지봉
- 이유(목적) : 탱크(그 탱크의 정상부에 설치한 부속품 포함)의 정상부의 높이가 차량 정상부의 높이보다 높을 경우에는 높이를 측정하는 기구를 설치한다.

17 다음 P-E관 융착공정이다. 주요공정 3가지를 쓰시오.

해답

① 가열　　② 용융압착　　③ 냉각

18 다음 연소기의 버너 연소방식을 쓰시오.

해답

분젠식 버너

19 다음 장치의 명칭을 쓰시오.

해답

절연 가스켓(절연 스페이스)

20 다음 LPG를 이송하는 방법을 3가지 쓰시오.

해답

① 압축기로 이송하는 방법

② 펌프로 이송하는 방법

③ 차압에 의해 이송하는 방법(낙차 이용)

2020년 제3·4회 동영상 기출문제

01 다음 용기의 명칭을 쓰고 정의하시오.

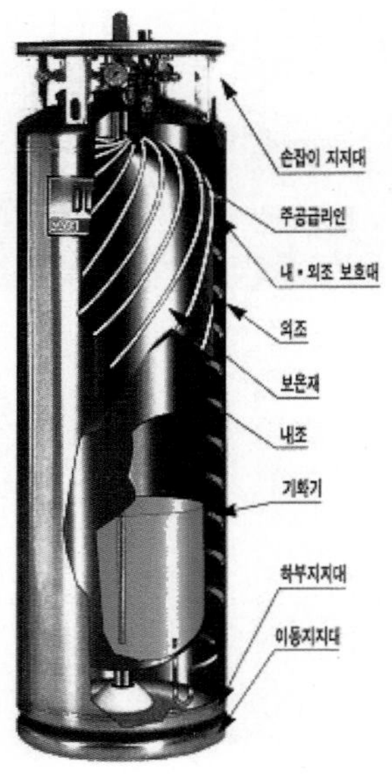

해답

- 명칭 : 초저온용기
- 정의 : 임계온도가 -50℃ 이하인 액화가스를 충전하기 위한 용기로서 단열재로 피복하거나 냉동설비를 냉각하여 용기 내의 가스온도가 상용의 온도를 초과하지 않게 한 용기

02 밀폐된 용기 또는 설비 내에 밀봉된 가연성 가스가 그 용기 또는 설비의 사고로 인하여 파손되거나 오조작된 경우에만 누출할 위험이 있는 장소는 몇 종 장소인지 쓰시오.

해답

2종 장소

03 다음 가스 계량기에 표시된 사항을 쓰시오.

해답

1) P_{max} : 가스미터 최대사용압력이 10Kpa임

2) V : 1.2dm^3/rev : 가스미터 1주기 체적이 1.2dm^3임

04 다음 장치의 검사주기를 쓰시오.

해답

2년에 1회

05 다음 가스용기에 사용되는 안전밸브의 종류 3가지를 쓰시오.

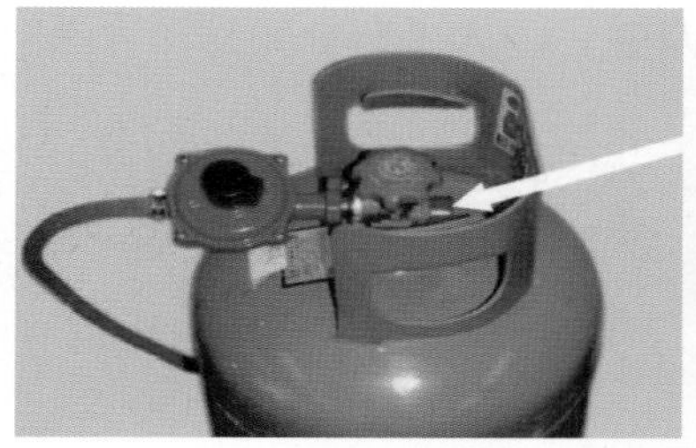

해답

1) 스프링식 안전밸브 2) 가용전식 안전밸브 3) 파열판식 안전밸브

06 다음 탱크로리에(18톤 이상) 설치하여야 하는 안전장치 3가지를 쓰시오.

해답

1) 긴급차단장치 2) 안전밸브 3) 폭발방지장치

07 다음 도식화된 장치의 명칭을 쓰시오.

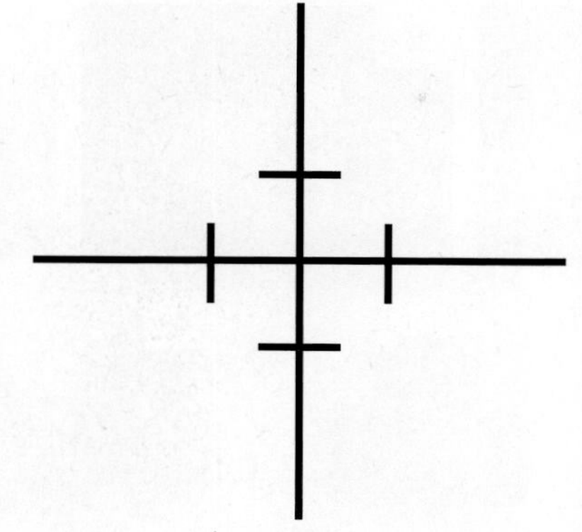

해답

사방 티이(크로스)

08 다음 가스 계량기의 명칭을 쓰시오.

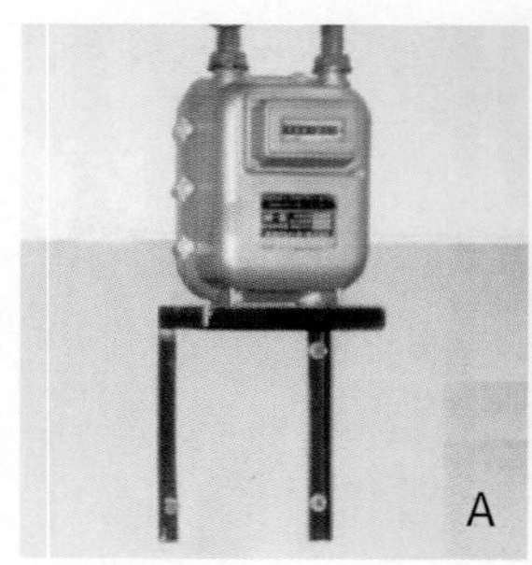

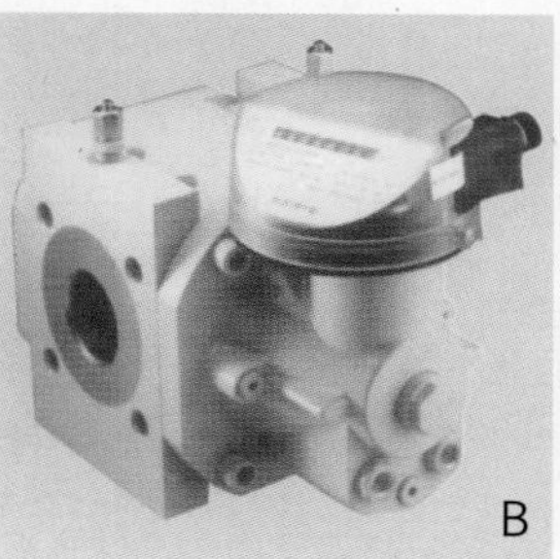

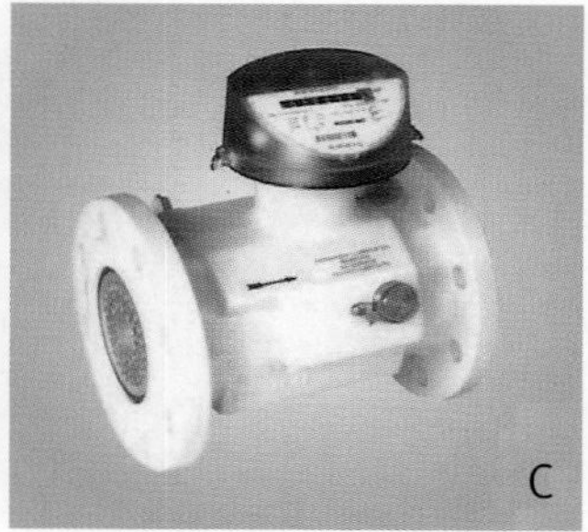

해답

A : 막식 가스미터　　B : 로타리식 가스미터　　C : 터빈식 가스미터

09 다음 밸브의 명칭을 쓰시오.

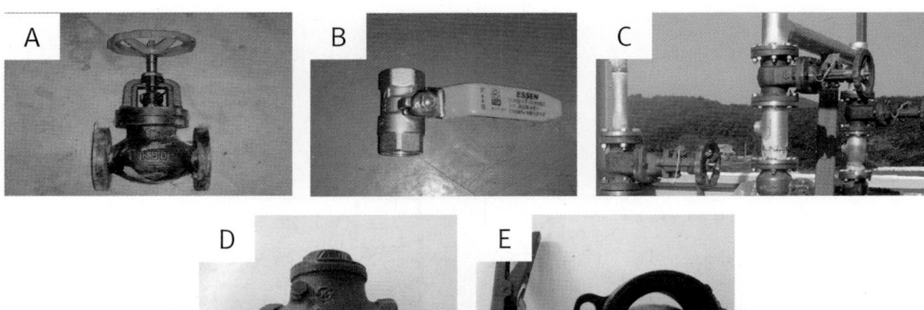

해답

- A : 글로브 밸브
- B : 볼 밸브
- C : 슬루스 밸브
- D : 역류방지 밸브(체크 밸브)
- E : 버터플라이 밸브

10 다음 정압기에 설치된 필터의 최초 분해점검 시기에 대해서 쓰시오.

해답

최초 가스 공급 개시 후 1개월 이내에 분해점검할 것

11 다음 가스 보일러에 설치된 안전장치의 5가지를 쓰시오

해답

과열방지장치, 소화안전장치, 공연소방지장치, 가스누출방지장치, 동결방지장치

12 다음 용기의 재질 탄소 함유량을 쓰시오.

해답

탄소함유량 0.33%

13 다음 배관에서 SDR11, SPR17일 때 최고 사용압력을 쓰시오.

해답

1) SDR11 : 0.4MPa

2) SPR17 : 0.25MPa

14 다음 o의 방폭구조를 쓰시오.

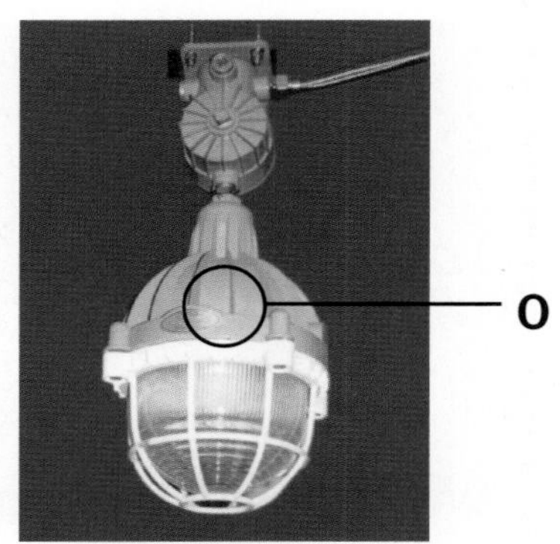

해답

o : 유입방폭구조

15 다음 정압기실에 설치된 RTU BOX 용도를 쓰시오.

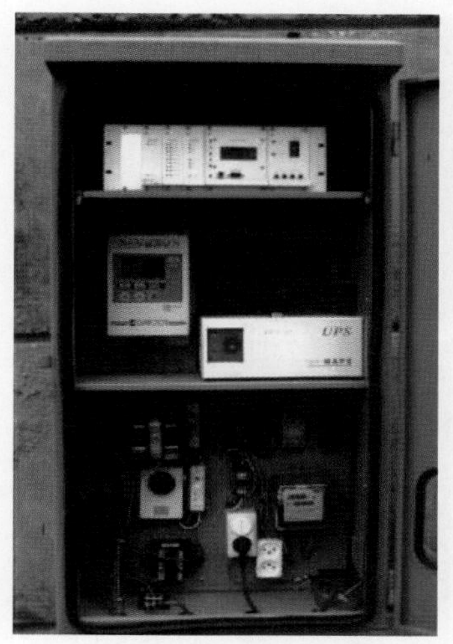

해답

1) 정압기실 출입문 개폐 감지기능
2) 정압기실 이상상태 감시기능
3) 가스누출 검지경보 기능

16 다음 초저온용기에서 지시된 부분의 명칭을 쓰시오.

해답

- A : 스프링식 안전밸브
- B : 파열판식 안전밸브

17 다음 정압기실에 설치된 A, B, C, D의 각각의 명칭을 쓰시오.

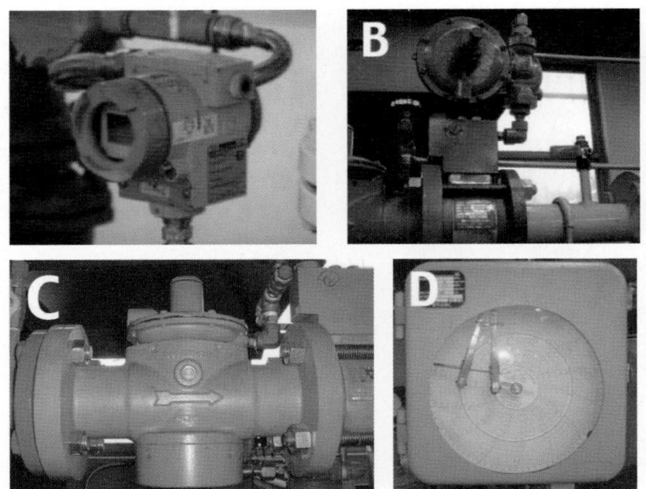

해답

• A : 이상압력통보장치 • B : 정압기 • C : 긴급차단장치 • D : 자기압력기록계

18 다음 가스 입상 배관을 황색으로 하지 않아도 되는 설치기준을 쓰시오.

해답

지면 1[m] 높이에 폭 3[cm]의 황색 띠 2줄을 표시

19 지하에 설치되는 저장탱크 콘크리트실의 설계강도를 쓰시오.

해답

21~24[MPa]

20 다음 정압기에서 작동되는 기능 3가지만 쓰시오.

해답

① 정압기능 ② 감압기능 ③ 폐쇄기능

2021년 제1회 동영상실기

01 다음 에어졸 제조시설에서 수조에서 진행하는 시험 검사법과 수조 안의 물의 온도를 쓰시오.

해답

1) 가스누출검사

2) 46[℃] 이상~50[℃] 미만

02 가스 저장소의 자연 통풍구 1개의 크기는 얼마 이하인지 쓰시오.

해답

2400[cm^2] 이하

03 다음 PLP 강관 용접부의 비파괴 검사법의 장점 3가지를 쓰시오.

해답

1) 장치가 간단하다.

2) 운반이 용이하다.

3) 내부결함 검출이 가능하며 사진으로 찍는다.

04 다음 외부 전원법의 설치거리를 쓰시오.

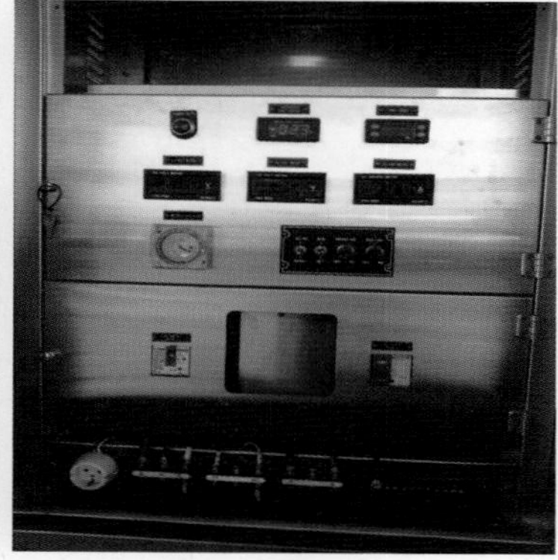

해답

500m

05 다음 가스 계측기의 명칭을 쓰고 작업자가 무슨 작업을 실행하는지 쓰시오.

해답

1) 계측기명칭 : 레이저 메탄 검지기 (RMLD)

2) 실행작업 : 레이저 메탄 검지기를 사용하여 가스 누출 검사 실행

06 다음 도시가스 정압기실에 설치된 가스누출경보기의 검지부 설치개수 기준을 쓰시오.

해답

둘레 20[m]에 대해서 1개의 비율로 설치

07 다음 가스계량기와 화기와의 이격거리를 쓰시오.

해답

2m

08 밀폐된 용기 또는 설비 내에 밀봉된 가연성 가스가 그 용기 또는 설비의 사고로 인하여 파손되거나 오조작된 경우에만 누출할 위험이 있는 장소는 몇 종 장소인지 쓰시오.

해답

2종 장소

09 다음 P – E관 이음 작업 명칭을 쓰시오.

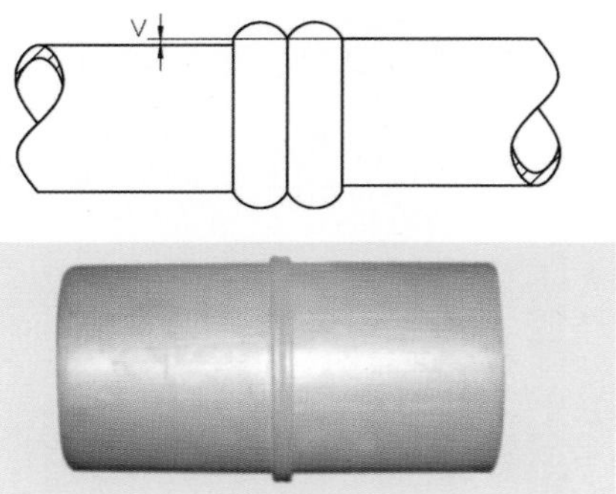

해답

맞대기 융착이음

10 다음 지시한 장치의 명칭과 기능을 쓰시오.

해답

1) 명칭 : 긴급차단장치 또는 S.S.V(Slam Shut Valve)

2) 기능 : 설정압력 이상의 압력으로 공급시에 차단하는 장치

11 다음 충전 장치의 명칭과 형식을 쓰시오.

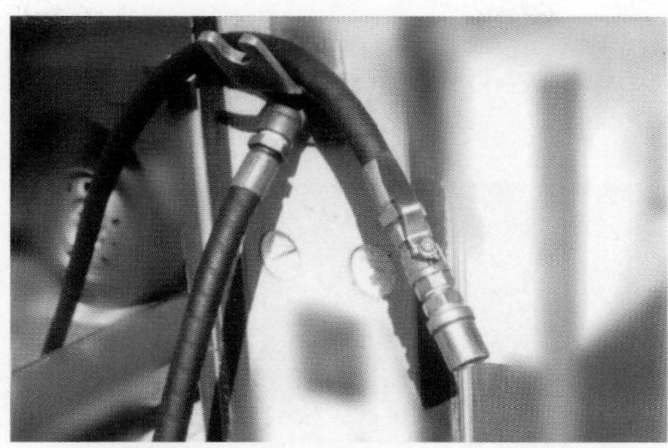

해답

1) 명칭 : 가스 자동주입장치(퀵 커플러) 2) 형식 : 원터치형

참고

자동차용 LPG충전기에서 가스 자동 주입 장치는 퀵 커플러 형태인 원터치형으로 설치할 것

12 다음 용기의 재검사 주기를 쓰시오.(내용적 47[L]의 LPG용기로 경과년수가 10년 이상 되었다.)

해답

5년 1회

참고

500[L] 이하인 LPG 용접용기의 재검사 기간

제조 후 20년 미만은 5년마다, 제조 후 20년 이상은 2년마다

2021년 제2회 **동영상실기**

01 다음 연소기의 버너 연소방식을 쓰시오.

해답

분젠식

참고

가스난로나 생선구이용 그릴버너로 사용되는 것은 세라믹판의 다공 연소방식으로 전 1차 공기식 연소방식의 세라믹판식 적외선 버너가 사용된다.

02 다음 정압기에서 기능 3가지를 쓰시오.

해답

① 정압기능 ② 감압기능 ③ 폐쇄기능

03 다음 가스계량기와 단열조치하지 않은 굴뚝과의 이격거리를 쓰시오.

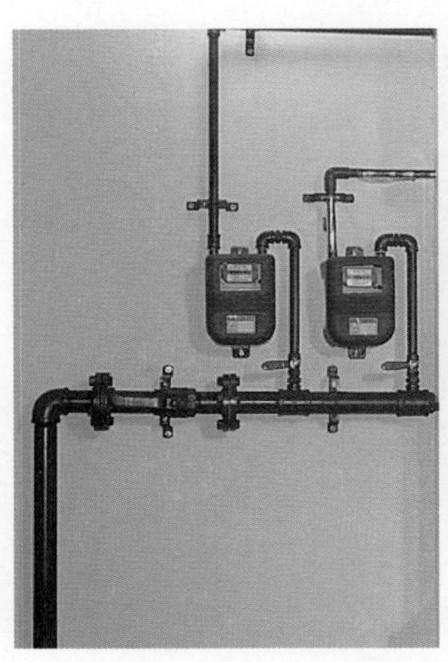

해답

30cm

04 다음 저장탱크의 침하상태 측정주기를 쓰시오.

해답

1년에 1회

05 다음 지시한 장치의 명칭과 기능을 쓰시오.

해답

1) 명칭 : 긴급차단장치

2) 기능 : 설정압력 이상의 압력으로 공급시에 차단하는 장치

06 다음의 장치의 각 지시한 부분의 명칭을 쓰시오.

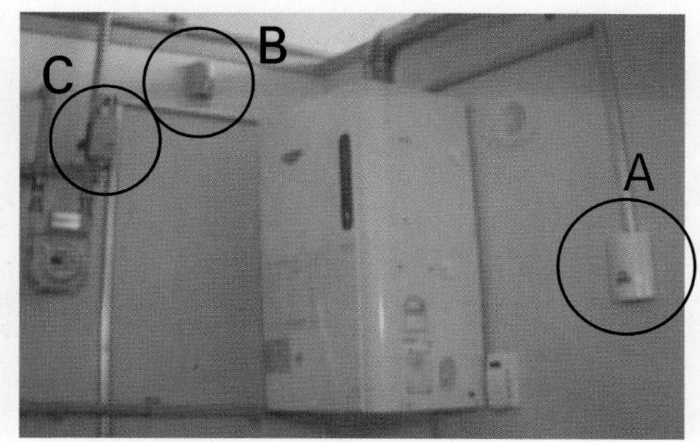

해답

• A : 제어부 • B : 검지부 • C : 차단부

07 다음 용기의 재질은 무엇인지 쓰시오.

해답

탄소강

08 가연성 가스 충전소이다. 이 장소에서 사용되는 방폭구조의 형식을 쓰시오(1종시설임).

해답

내압방폭구조, 본질안전방폭구조

참고

위험장소의 등급분류

- "1종 장소"는 상용상태에서 가연성가스가 체류하여 위험하게 될 우려가 있는 장소, 정비보수 또는 누출 등으로 인하여 종종 가연성가스가 체류하여 위험하게 될 우려가 있는 장소를 말한다.
- "2종 장소"는 다음의 장소를 말한다.
  (1) 밀폐된 용기 또는 설비내에 밀봉된 가연성가스가 그 용기 또는 설비의 사고로 인해 파손되거나 오조작의 경우에만 누풀할 위험이 있는 장소
  (2) 확실한 기계적 환기조치에 의하여 가연성가스가 체류하지 않도록 되어 있으나 환기장치에 이상이나 사고가 발생한 경우에는 가연성가스가 체류하여 위험하게 될 우려가 있는 장소
  (3) 1종 장소의 주변 또는 인전한 실내에서 위험한 농도의 가연성가스가 종종 침입할 우려가 있는 장소
- "0종 장소"란 상용의 상태에서 가연성가스의 농도가 연속해서 폭발하한계이상으로 되는 장소(폭발상한계를 넘는 경우에는 폭발한계내로 들어갈 우려가 있는 경우를 포함한다.)를 말한다. 0종 장소에는 원칙적으로 본질안전방폭구조의 것을 사용

09 다음 지시한 것의 피부 재질의 용도를 쓰시오.

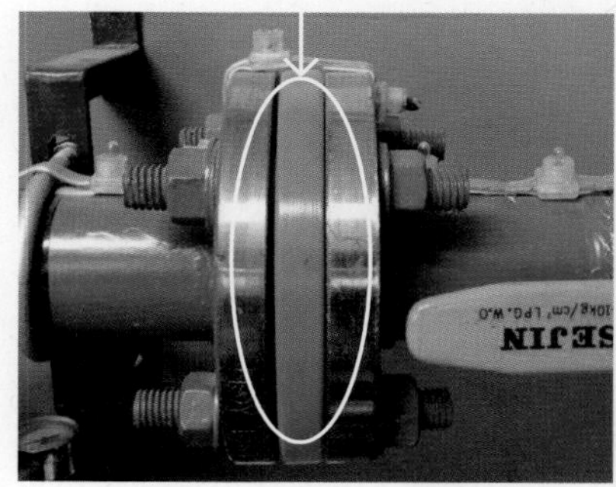

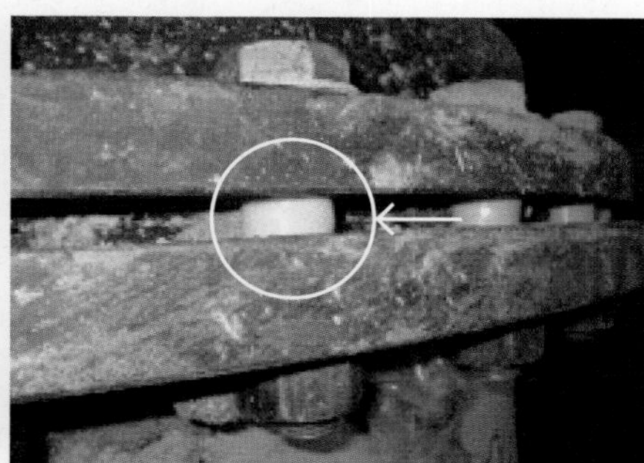

해답

이중금속의 접촉으로 인한 부식방지를 위한 절연재

10 다음 P – E 배관에서 SDR17의 최고사용 압력을 쓰시오.

해답

SDR17 : 0.25Mpa

11 다음 이, 충전작업에서 압축기 사용 시 이점을 3가지 쓰시오.

해답

1) 베이퍼록의 발생이 없다.

2) 이, 충전 시 작업시간이 단축된다.

3) 잔가스 회수가 가능하다.

12 다음 L.N.G 저장탱크 3단 재질 중 보냉재의 가장 중요한 특성을 쓰시오.

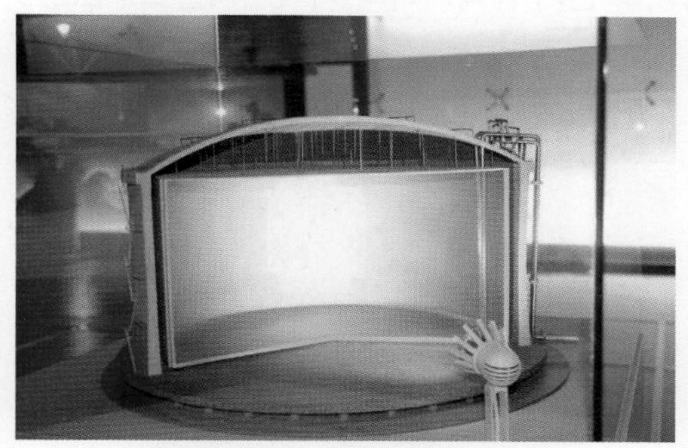

해답

단열성(열전도율이 적을 것)

참고

L.N.G 저장탱크의 구조 (L.N.G 탱크벽체 설계 기준강도 400kgf/cm^2)

내측부터

(1단) 내조 : 9% 니켈강 또는 스테인리스강(−162℃의 극저온에서 우수한 강도 및 인성유지)

(2단) 단열재 : 퍼얼라이트, 폴리염화 비닐폼, 경질 폴리우레탄폼

내력 단열재(단열 성능 및 강도)

비내력 단열재(단열 성능 및 강도)

(3단) 외조 : 철근 콘트리트(RC) 또는 프리스트레스 콘크리트(PSC)

2021년 제3회 동영상실기

01 다음 가스 계량기와 전기 접속기와의 이격거리를 쓰시오.

해답

30cm

02 다음 가스배관 시공 시 사용하는 기구 명칭은?

해답

피그

03 다음 아세틸렌 용기에 충전되어 있는 다공물질 종류 4가지를 쓰시오.

해답

규조토, 목탄, 산화철, 탄산 마그네슘, 다공성 플라스틱, 석회, 석면

04 다음 가스크로마토그래피에 사용되는 캐리어 가스 2종류를 쓰시오.

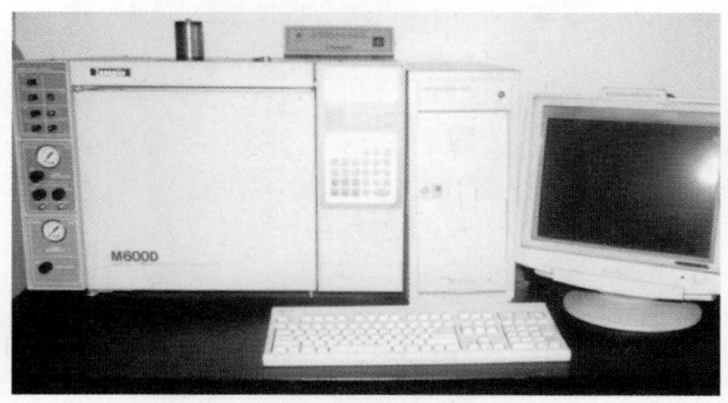

해답

수소, 헬륨, 질소, 아르곤

05 다음 경계책 설치기준을 쓰시오

해답

바닥에서 1.5m

06 다음 가스장치의 명칭을 쓰고 장점 2가지를 쓰시오.

해답

명칭 : 압축기

장점 : ① 가스 이충전 작업시간이 단축된다. ② 잔가스 회수가 가능하다.

07 다음 기기의 명칭을 쓰시오.

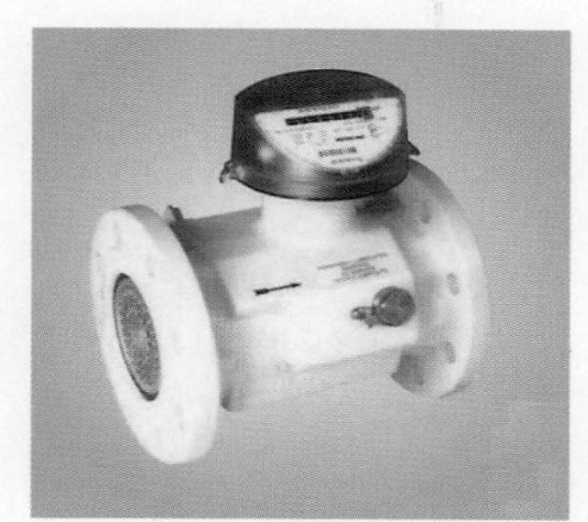

해답

터빈식 가스미터

08 다음 정압기실에 설치된 장치이다. 다음 명칭과 기능을 쓰시오.

해답

1) 명칭 : 긴급차단장치

2) 기능 : 설정 압력 이상의 압력으로 공급 시에 차단하는 장치

09 가스 충전시설에서 충전 주관에 설치된 용도에 따른 밸브의 명칭은?

해답

충전용 주관밸브

10 배관 도중 교축기구를 설치하여 차압을 이용해서 유량을 측정하는 계측기기의 명칭은?

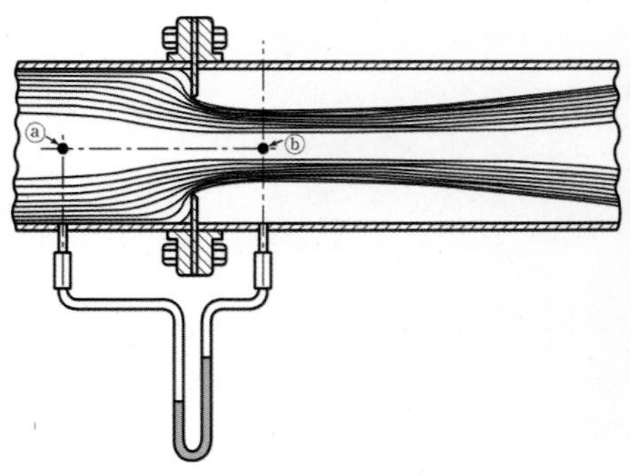

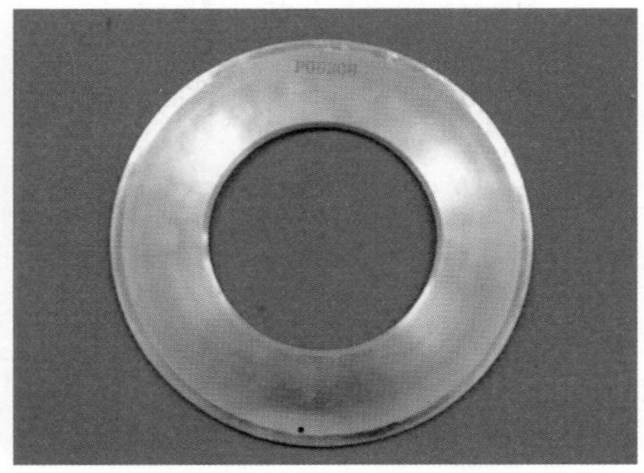

해답

오리피스 유량계

11 LGP 자동차 용기에 설치된 안전장치 명칭을 쓰고 그 기능을 쓰시오.

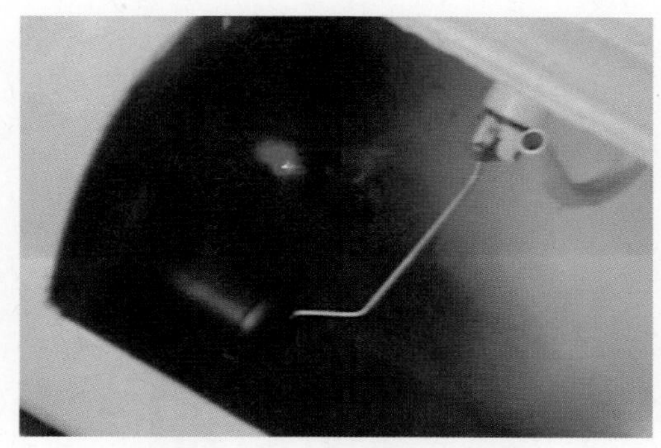

해답

1) 명칭 : 과충전 방지장치

2) 기능 : 내용적의 85%를 충전하도록 하는 안전장치

12 다음 가스배관 고정장치에 설치된 소재의 사용 목적에 대해서 쓰시오.

해답

이종 금속의 접촉 차단으로 가스 배관의 부식 방지

2021년 제4회 동영상실기

01 다음 계측기의 명칭과 용도를 쓰시오.

해답

1) 명칭 : 크린카식액면계

2) 용도 : 저장탱크 내의 가스량 확인

02 가스장치의 명칭을 쓰시오.

해답

긴급차단장치

03 가스 배관이음 명칭을 쓰시오.

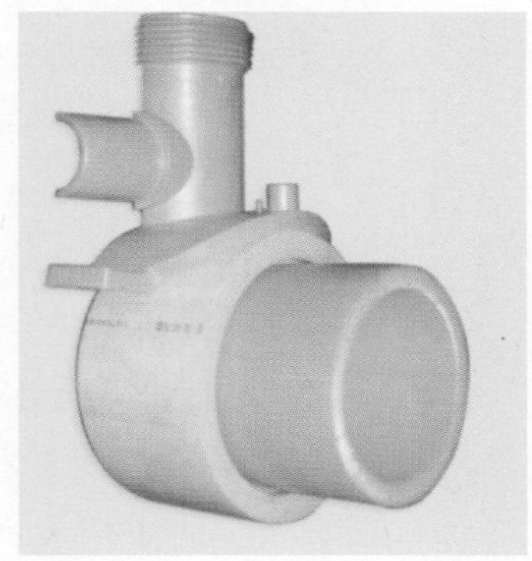

해답

새들융착

04 자동차 충전소에서 충전호스의 부분 명칭을 쓰시오.

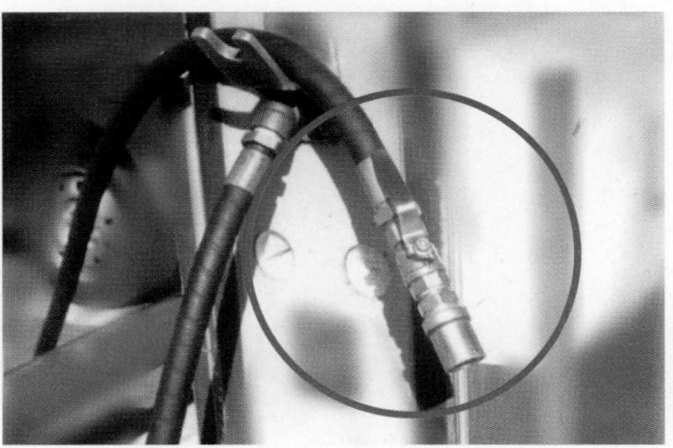

해답

원터치형 가스자동주입장치(퀵카플러)

05 다음 가스공급설비에서 각각의 용도를 쓰시오.

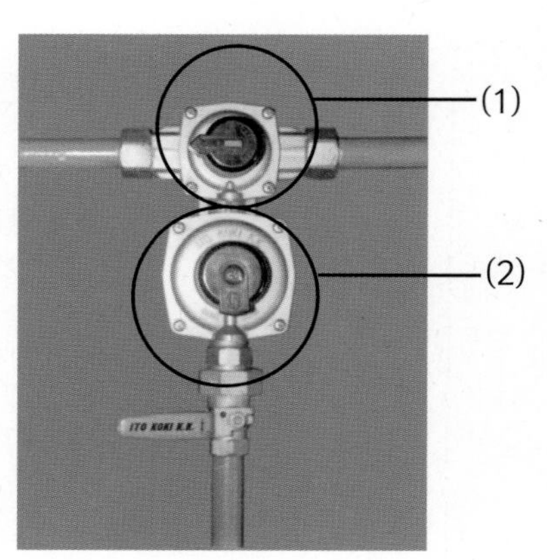

해답

(1) 명칭 : 가스자동절체기
(2) 용도 : 사용측 가스 소모 시 자동으로 예비측 가스를 자동 교체해 주는 장치

(1) 명칭 : 조정기
(2) 용도 : 공급되는 가스의 압력에 관계없이 일정하게 사용측에 알맞은 압력으로 공급하는 장치

06 가스 계측기의 명칭을 쓰시오.

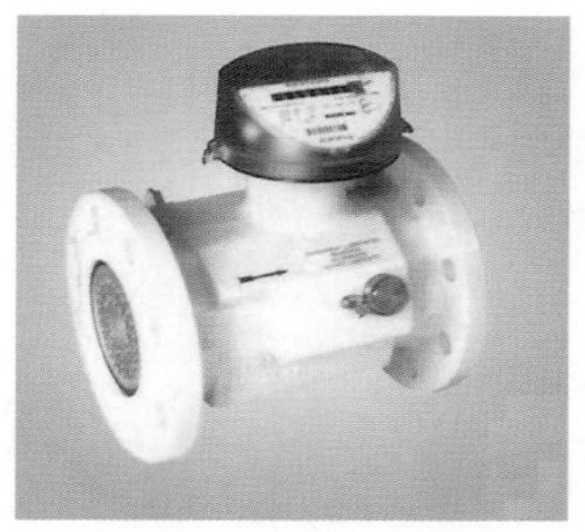

해답

터빈식 가스미터

07 다음 계측기의 명칭을 쓰시오.

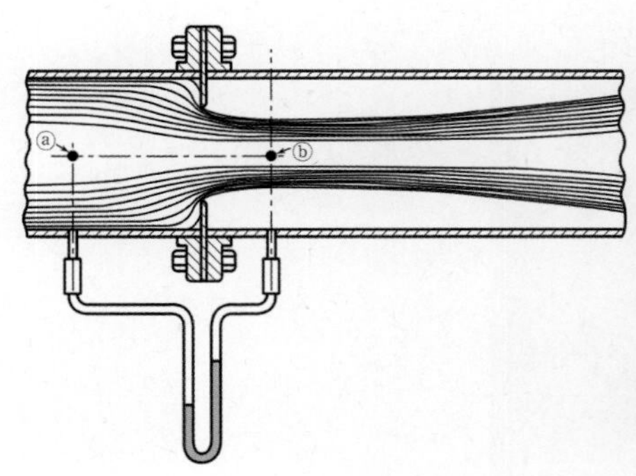

해답

오리피스 유량계

08 밸브에 표시된 "LG"가 의미하는 것은?

해답

LPG를 제외한 액화가스

09 다음 용기에 충전되는 가스 명칭을 쓰시오.

해답

염소가스

10 46℃에서 50℃되는 온수에 에어졸을 통과시키는 것은 무슨 시험인지 쓰시오.

해답

가스누출시험

11 지하정압기의 통기관 규격은?

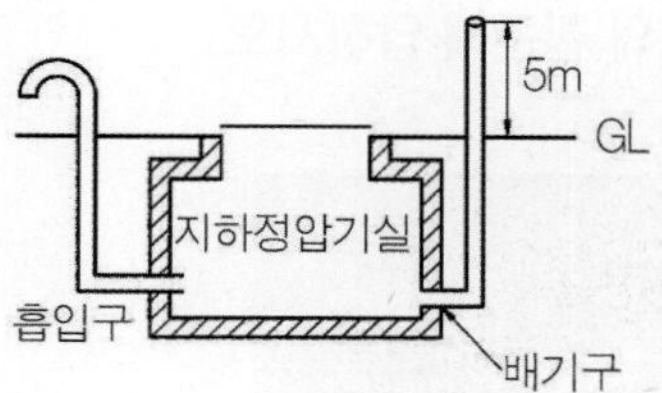

(a) 공기보다 무거운 경우

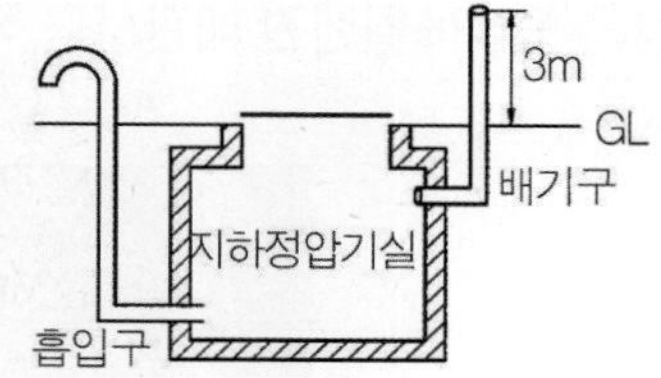

(b) 공기보다 가벼운 경우

해답

100A

12 다음 용기의 명칭을 쓰고 정의를 쓰시오.

해답

1) 명칭 : 초저온용기
2) 정의 : 임계온도 −50℃ 이하인 액화가스를 충전하기 위한 용기로서 단열재로 피복하거나 냉동설비로 냉각하여 용기 내의 가스 온도가 상용의 온도를 초과하지 않게 한 용기

2022년 제1회 동영상실기

01 다음 폴리에틸렌관 배관시공 작업과정의 질문에 답하시오.

해답

1) 명칭 : 맞대기융착　　2) 배관 관경규격 : 90A(ISO 국제규격) / (구 KS규격 75A)

02 다음 가스보일러와 배기통 연결부 누출방지를 위한 조치를 쓰시오.

해답

내열 실리콘 또는 내열 실리콘밴드

참고

보일러와 연통 접합 : 나사식, 플랜지식, 리브식

연통과 연통의 접합 : 나사식, 플랜지식, 클램프식, 연통일체형밴드, 조임식, 리브식

03 다음 가스 정압기실에 설치된 장치 명칭과 기능을 쓰시오.

해답

1) 명칭 : 이상압력통보장치

2) 기능 : 정압기 출구측의 압력이 설정 압력보다 상승하거나 낮아지는 경우에 이상 유무를 상황실에서 알 수 있도록 경보음(70dB 이상) 등으로 알려주는 기능이다.

04 다음 가스배관 지하 매설 시 배관과 보호판의 이격거리를 쓰시오.

해답

0.3m

05 다음 정압기의 2단 감압방식의 장점 3가지를 쓰시오.

해답

1) 공급압력이 안정하다.
2) 중간배관이 가늘어도 된다.
3) 배관 입상에 의한 압력손실을 보정할 수 있다.

06 다음 방폭구조에서 기호 T4가 나타내는 것은?

해답

방폭형 전기기기의 최고 표면허용온도

07 다음 가스저장실의 지붕재료 구비조건을 쓰시오.

해답

가벼울 것

불연성일 것

08 다음 LP가스 저장실의 검지기 설치 위치를 쓰시오.

해답

바닥에서 30cm 이내에 설치할 것(공기보다 무거운 가스임)

09 다음 가스 입상관에서 "ㄷ" 모양 배관의 명칭과 기능을 쓰시오.

해답

명칭 : 곡관(온도신축흡수장치)

기능 : 온도에 따른 배관의 신축을 흡수하는 기능

10 다음 LP가스 충전소에 설치된 장치 A, B의 명칭을 쓰시오.

해답

A 명칭 : 긴급차단장치

B 명칭 : 긴급차단장치 작동밸브

11 다음 가스미터 설치 시 격납상자에 설치된 (30m³/h 미만) 가스미터의 설치 높이는?

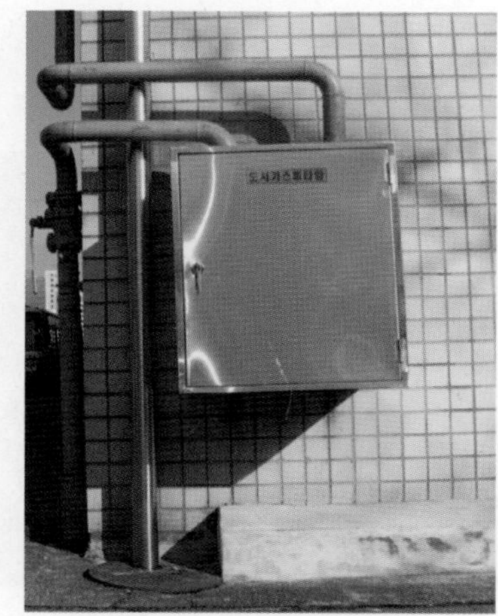

해답

설치 높이에 제한이 없다.

12 가스시설에서 규정량 이상의 유량이 통과하지 않도록 설치하는 안전밸브 명칭을 쓰시오.

해답

퓨즈콕크

2022년 제2회 동영상실기

01 다음 P-E관이 SDR17일 때 최고사용압력 범위를 쓰시오.

해답

0.25MPa 이하

02 다음 배관부속품의 명칭을 쓰시오.

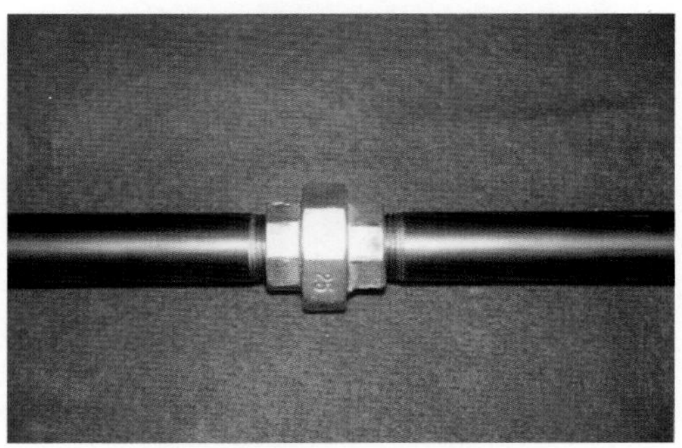

해답

유니온 이음

03 다음 가스설비에서 가스계량기와 전기계량기의 이격거리를 쓰시오.

해답

60cm 이상

04 다음 LNG 생산설비에서 보여지는 매체는 무엇인지 쓰시오.

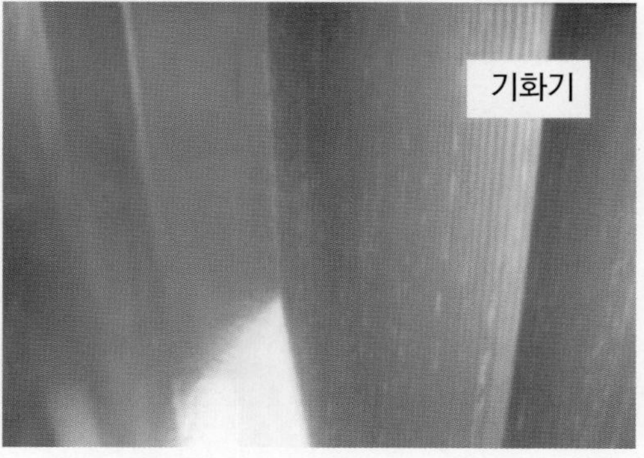

해답

해수(바닷물)

05 다음 가스크로마토그래피 구성요소를 쓰시오.

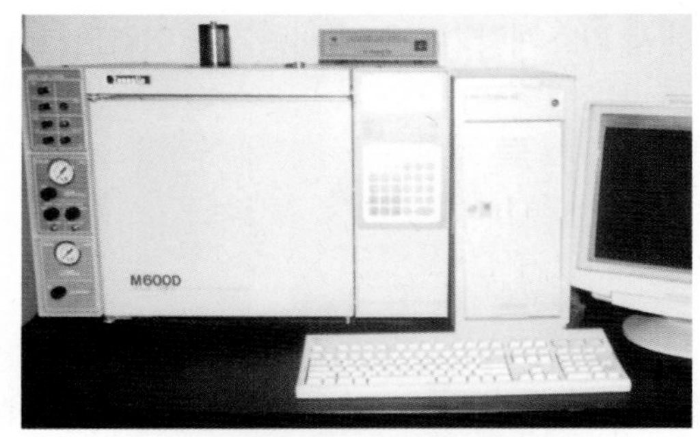

해답

칼럼, 검출기, 기록계

06 다음 용접 명칭을 영문으로 쓰시오.

해답

TIG 용접

07 다음 가스 배관 설비에서 사용되는 기기의 명칭 용도를 쓰시오.

해답

명칭 : 피그

용도 : 배관내 이물질 제거

08 다음 가스 충전소에서 차량 충전 중 이상 발생 시 인장력에 의해서 자동으로 분리되는 안전장치 명칭을 쓰시오.

해답

세이프티 커플러

09 다음 안전장치의 명칭을 쓰시오.

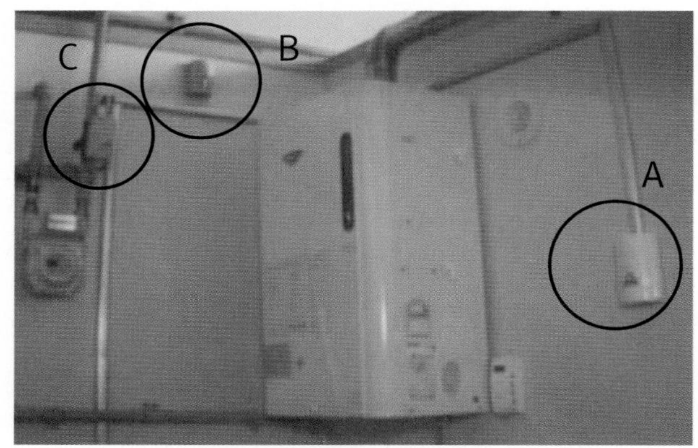

해답

A : 제어부 B : 검지부 C : 차단부

10 다음 가스를 이, 충전하는 탱크로리에 접속된 기구의 용도를 쓰시오.

해답

정전기 제거

11 다음 배관의 방식법에서 전위차가 낮은 금속을 애노드로 하여 방식하는 방법을 쓰시오.

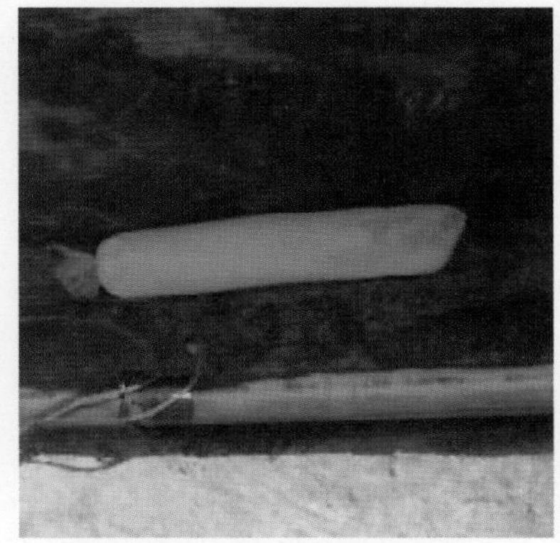

해답

희생양극법

12 다음 보냉재에 갖춰야 하는 가장 중요한 특징을 쓰시오.

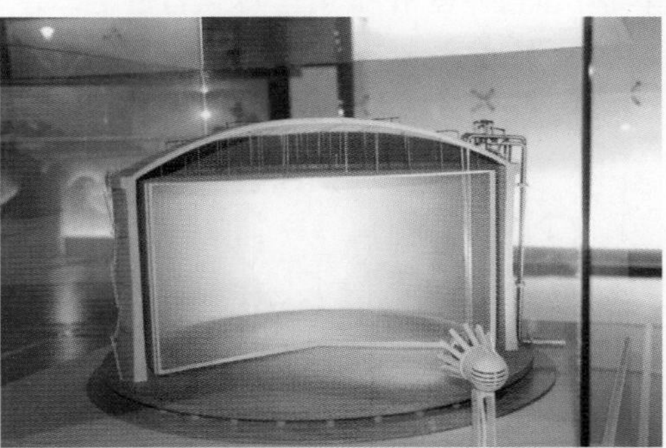

해답

단열성능(열전도율이 낮아야 한다)

2022년 제3회 동영상실기

01 **다음 표시된 압력조정기의 안전점검 주기를 쓰시오.**

해답

1년 1회

02 **다음 펌프 중 슬러지가 함유된 유체 이송에 적합한 펌프를 쓰시오.**

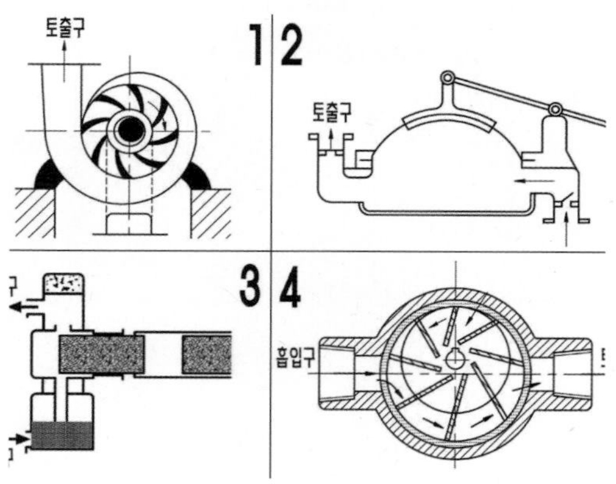

해답

다이어프램식 펌프 (2번)

03 다음의 유량계 명칭을 쓰시오.

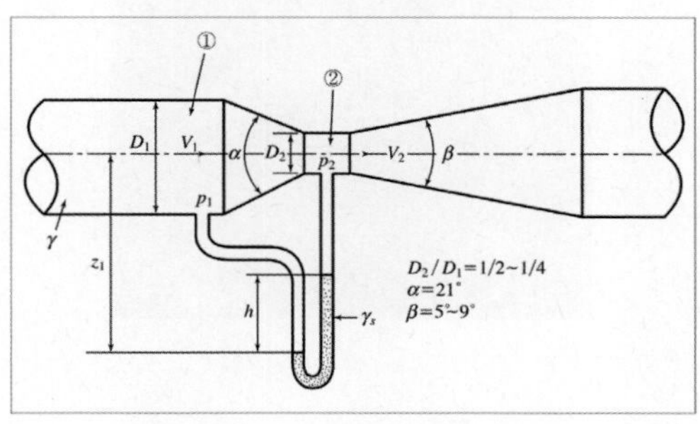

해답

벤튜리 유량계

04 다음 용기에 충전되는 가스를 쓰시오.

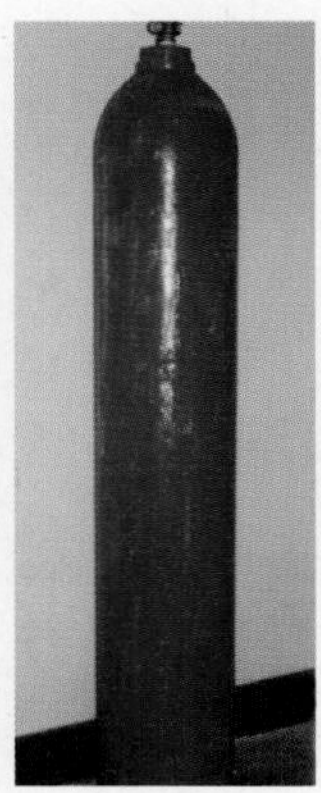

해답

이산화탄소

05 다음 설치된 장치의 설치 목적을 쓰시오.

해답

정전기 제거

06 다음 가스의 연소성 성질과 비점을 쓰시오.

해답

1) 연소성 성질 : 조연성가스

2) 비점 : -183℃

07 다음 용기 보관실에 보관된 충전용기의 보관온도와 바닥면적이 100m²일 때 통풍구의 면적은 몇 cm²가 되는지 쓰시오.

해답

1) 충전용기 보관온도 : 40℃ 이하

2) 통풍구 면적 : $100m^2 \times (300cm^2/1m^2) = 30000cm^2$

08 다음 배관 부속품의 명칭을 쓰시오.

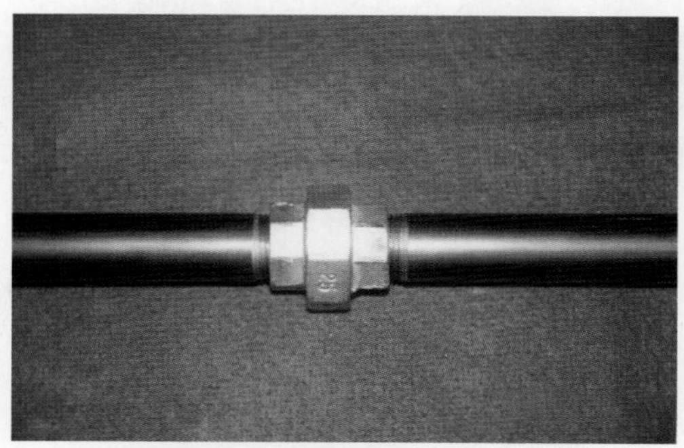

해답

유니온

09 다음 용기의 명칭을 쓰시오.

해답

사이폰 용기

10 다음 지하 매설 가스 배관 방식법에서 측정 터미널의 설치거리를 쓰시오.

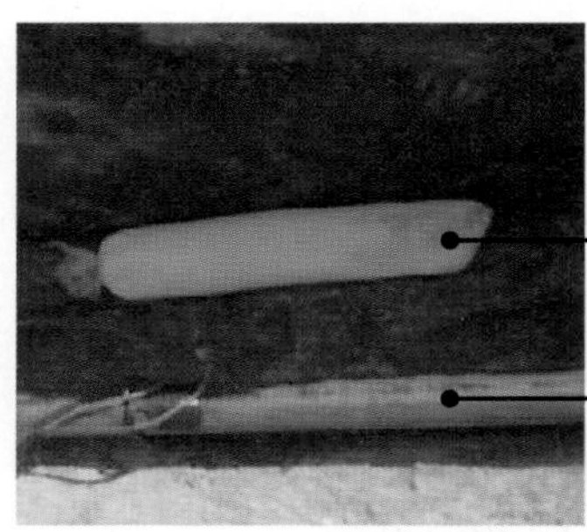

해답

300m 간격

11 다음 장치에서 접속된 전선의 규격을 쓰시오.

해답

규격 : 단면적 5.5cm^2

12 다음 방폭설비에 표기된 ib는 어떤 방폭구조인지 쓰시오.

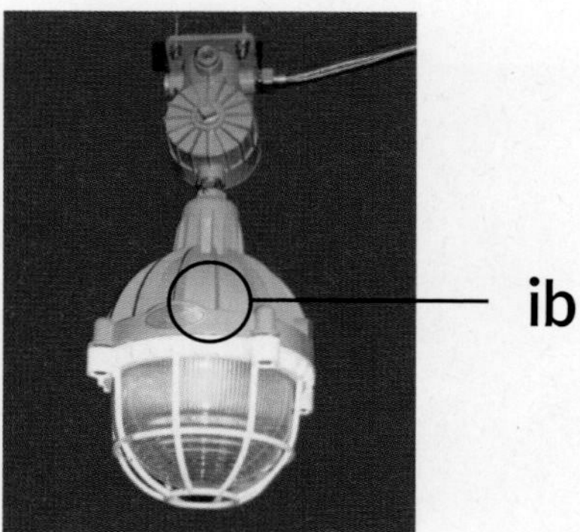

해답

본질안전 방폭구조

2022년 제4회 동영상실기

01 다음 가스설비의 영상에서 A, B의 명칭을 쓰시오.

해답

A : 긴급차단장치　　　B : 역류방지장치(체크밸브)

02 다음 LPG 충전소에서 사용되는 전기설비의 방폭구조를 쓰시오(1종 시설임).

해답

내압방폭구조, 본질안전방폭구조

03 다음 영상에서 "ㄷ" 배관의 신축형이음 종류를 쓰시오.

해답

곡관(온도신축흡수장치)

04 다음 액화 산소의 공업적 제조방법과 플라스크에 담긴 액화 산소의 비점을 쓰시오.

해답

제조방법 : 공기액화 분리에 의한 방법(비점 차이로 분리)

비점 : -183℃

05 **다음 소형 LPG 탱크와 소형 기화기의 이격거리는 3m 이상 이격되어 설치하게 되는데, 3m 이내에 설치하는 경우 조건과 기화기의 출구 압력은 얼마 이하인지 쓰시오.**

해답

3m 이내 설치 시 : 방폭형 기화기

기화기 출구압력 : 1MPa

06 **다음 영상에서 비파괴 검사법을 영문 약자로 쓰시오.**

해답

PT

07 다음 정압기 시설의 영상에서 지시하는 장치의 명칭을 쓰시오.

해답

필터

08 다음 가스계량기(30m²/h 미만)와 단열 조치하지 않은 굴뚝과의 이격거리를 쓰시오.

해답

이격거리 : 30cm

09 다음 주황색 가스용기의 재질을 쓰시오.

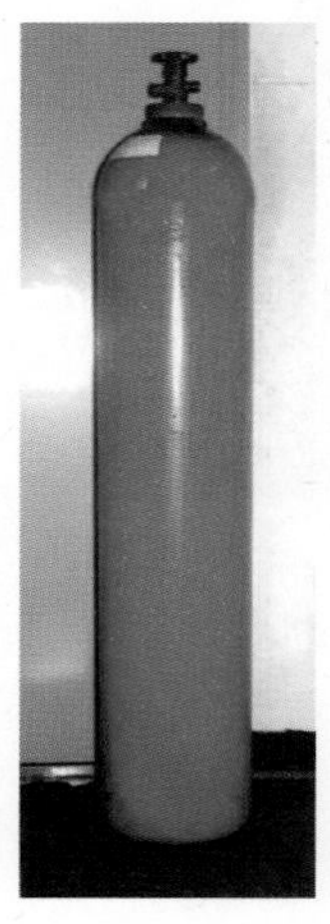

해답

탄소강

참고

고온고압에서 사용되는 일반 수소용기 재질은 탄소강이다. 수소취성(탈탄작용)의 문제가 있으므로 5~6%의 크롬을 함유하는 크롬강이나 티탄, 바나듐, 텅스텐, 몰리브덴 등의 원소를 첨가하여 수소취성을 방지한다. 일반 수소용기 재질은 탄소강이다.

10 다음 가스 계축기의 명칭을 쓰시오.

해답

다기능 가스안전계량기

11 다음 주, 정차하는 고압가스 운반차량과 1종보호시설과의 이격거리를 쓰시오.

해답

15m

12 다음 가스 계측기기의 명칭을 영문 약자로 쓰시오.

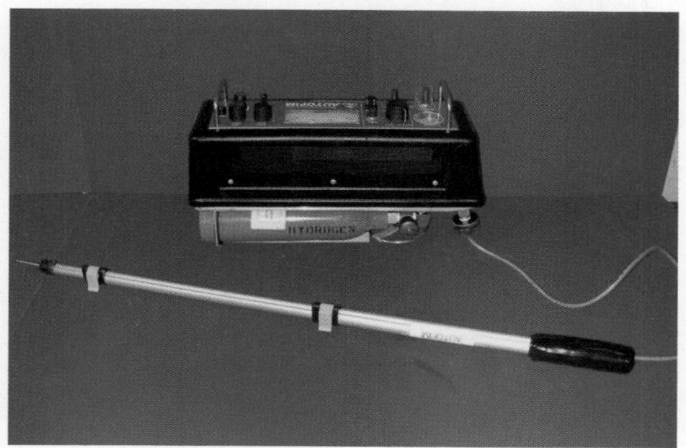

해답

F.I.D

2023년 제1회 동영상실기

01 다음 가스설비에 설치된 장치의 명칭을 쓰시오.

해답

스프링식 안전밸브

02 다음 장치의 명칭과 용도를 쓰시오.

해답

명칭 : 맨홀

용도 : 탱크 개방검사 시 탱크 내부 점검을 하기 위해 작업자가 들어가기 위함

03 다음 환기구의 통풍면적은 바닥면적 1m²당 몇 cm²의 비율로 하여야 하며 환기구 1개소의 면적은 몇 cm² 이하로 해야 하는지 쓰시오.

해답

통풍 면적 : 바닥면적1[m^2] 당 300[cm^2]의 비율

환기구 1개소의 면적 : 2,400[cm^2] 이하

04 다음 C의 명칭을 쓰고 색상이 황색일 때 최고사용압력은 얼마인지 쓰시오.

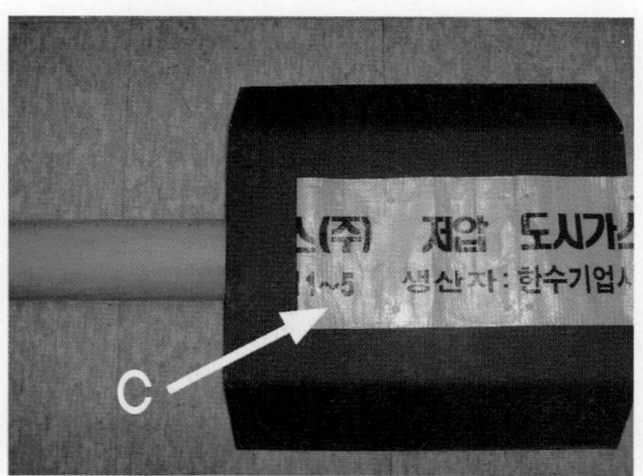

해답

명칭 : 보호포

최고사용압력 : 저압(0.1MPa 미만)

05 다음 P-E관의 융착이음의 적합성 판단 기준을 쓰시오.

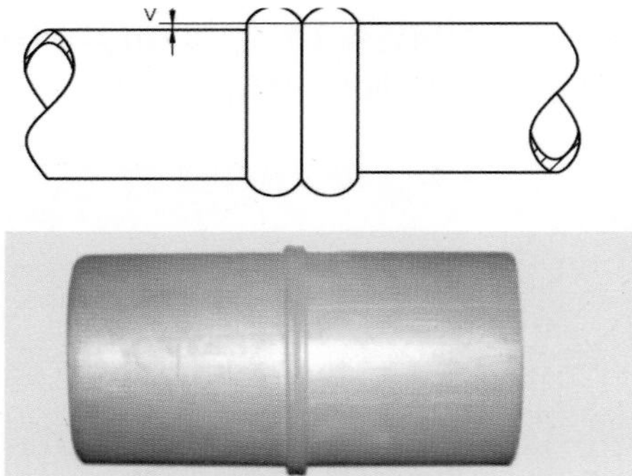

해답

비드

06 다음 저압압력으로 공급되는 정압기의 공급세대 기준을 쓰시오.

해답

250세대

07 다음 분석 계측장비의 명칭을 쓰고 구성 3요소를 쓰시오.

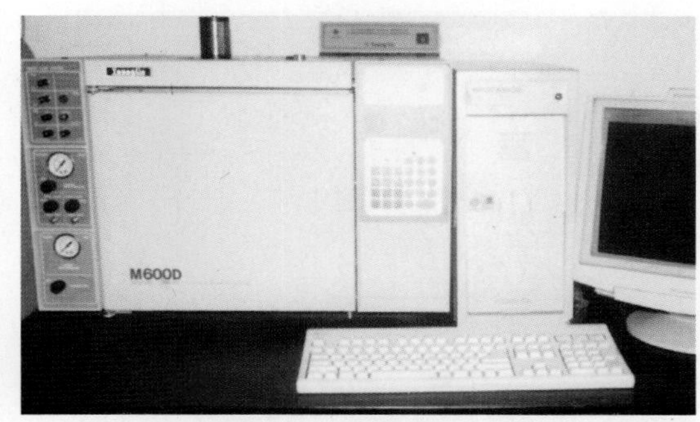

해답

명칭 : 가스크로마토그래피

구성요소 : 칼럼, 검출기, 기록계

참고

가스크로마토그래피의 분석원리

적당량의 충전물이 채워진 칼럼(분리관)에 혼합 성분의 시료를 주입시켜 전개된 성분 각각의 성분으로 분리되어 디텍터(검출기)에서 검출 정량하는 기기분석법이다.

08 다음 가스설비의 방폭구조에서 P가 의미하는 것을 쓰시오.

해답

압력방폭구조

10 다음 가스 계측기의 명칭을 쓰고 작업자가 무슨 작업을 실행하는지 쓰시오.

해답

계측기 명칭 : 레이저 메탄 검지기 (RMLD)

실행작업 : 레이저 메탄 검지기를 사용하여 가스 누출 검사 실행

09 다음 배관 부속품의 명칭을 쓰시오.

1

2

3

해답

① 티이　② 유니온　③ 엘보

11 다음 가스 계량기에 표시된 사항을 쓰시오.

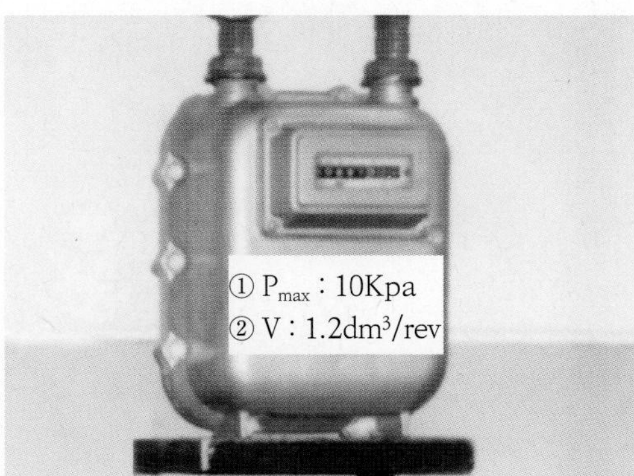

해답

P_{max} : 가스미터 최대사용압력이 10Kpa임

V : 1.2dm^3/rev : 가스미터 1주기 체적이 1.2dm^3

12 다음 형상의 압축기 명칭을 쓰시오.

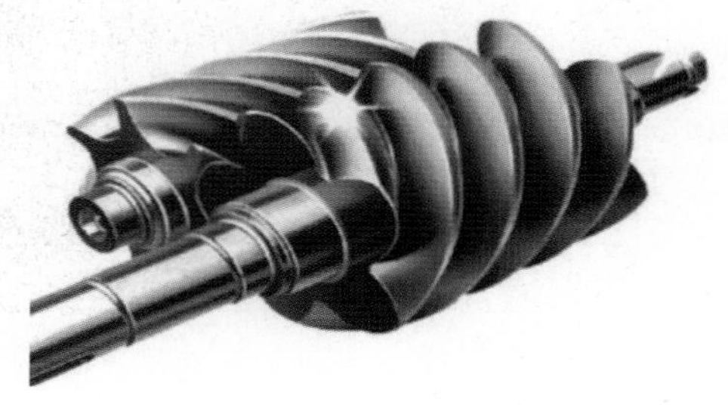

해답

스크류(나사) 압축기

2023년 제2회 **동영상실기**

01 **가스 사용시설의 호스 길이를 쓰시오.**

해답

3[m]

02 **다음 비파괴 검사법의 영문 약자를 쓰시오.**

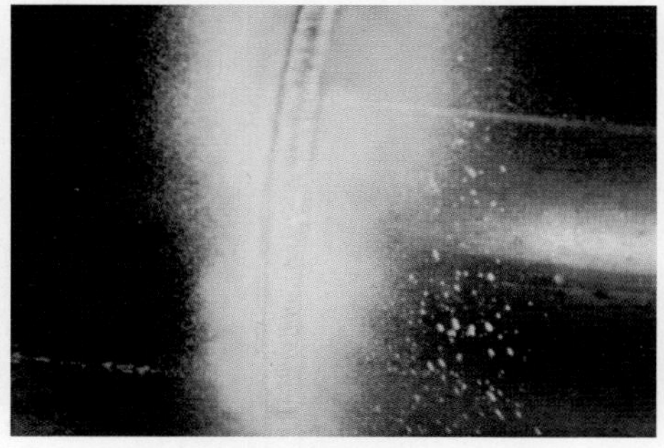

해답

PT

03 다음 초저온 용기의 지시된 명칭을 쓰시오.

해답

액면계

04 다음 정압기실에 설치된 가스누출 검지기의 설치 기준을 쓰시오.

해답

둘레 20[m]에 대해서 1개의 비율로 설치

05 다음 가스 저장소의 자연통풍구 1개의 크기는 얼마 이하인지 쓰시오.

해답

2400 [cm^2] 이하

06 다음 용기에 각인된 기호의 의미를 쓰시오.

해답

TW : 다공질물 및 용제를 포함한 용기 총질량

V : 용기의 내용적

W : 용기의 질량

07 다음 표시된 장치의 명칭을 쓰시오.

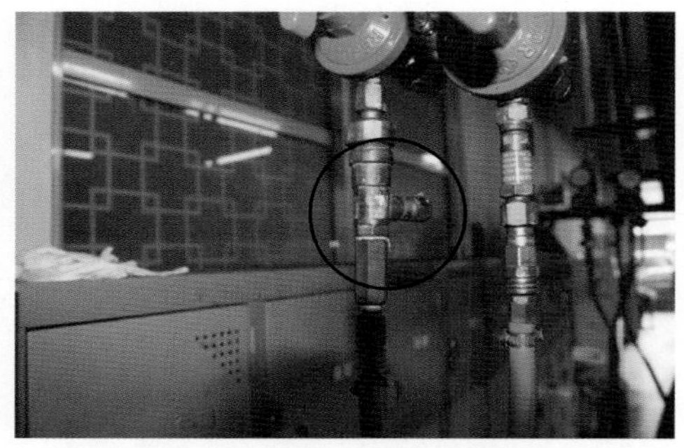

해답

역화방지장치

08 다음은 정압기실에 설치된 장치이다. 장치의 명칭과 기능을 쓰시오.

해답

명칭 : 이상압력통보장치

기능 : 정압기 출구측 압력이 설정압력보다 높거나 낮아지는 경우 이상유무를 알 수 있도록 7dB 이상의 경보음으로 통보해 주는 설비이다.

09 다음 매설배관의 명칭을 쓰시오.

해답

1) PLP 강관

2) P-E 관

10 다음 용기의 명칭을 쓰시오.

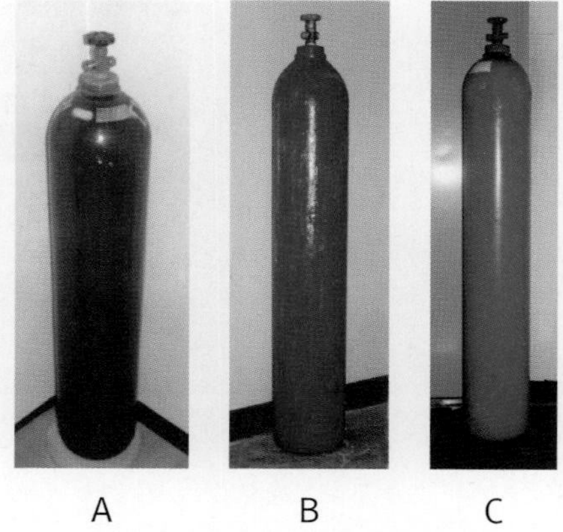

A B C

해답

A : 산소 B : 이산화탄소 C : 수소

11 LPG 소형저장탱크(2.9톤)와 사업소 경계간 유지해야 하는 이격거리를 쓰시오.

해답

17m

12 다음 물분무장치의 조작시설과 당해 저장탱크와의 이격거리를 쓰시오.

해답

5m

2023년 제3회 동영상실기

01 **다음 지시하는 곳의 명칭을 쓰시오.**

해답

곡관(온도신축흡수장치)

02 **다음 계측장치의 명칭을 쓰시오.**

해답

자유 피스톤식 압력계

03 다음 지시한 곳의 용도를 쓰시오.

해답

이중금속의 접촉으로 인한 부식방지를 위한 절연재

04 다음 정압기에 설치된 장치의 명칭과 기능을 쓰시오.

해답

1) 명칭 : 긴급차단장치

2) 기능 : 설정압력 이상의 압력으로 공급시에 차단하는 장치

05 다음 지시된 시설의 명칭을 쓰시오.

해답

방호벽

06 다음 액화석유가스 충전소에서 설치된 A 장치의 작동을 위한 B의 조작 설치거리를 쓰시오.

해답

5m 이상

07 다음 액화산소 비등점 및 연소특성을 쓰시오.

해답

1) 비등점 : -183[℃]　　2) 연소성 : 지연성

08 다음 가스배관과 타 시설과의 이격거리를 쓰시오.

해답

0.3m 이상

09 다음 정압기 설계유량이 1000Nm^3/h 이상일 때 방출관의 크기를 쓰시오.

해답

50A

10 다음 배관의 접합방식을 쓰시오.

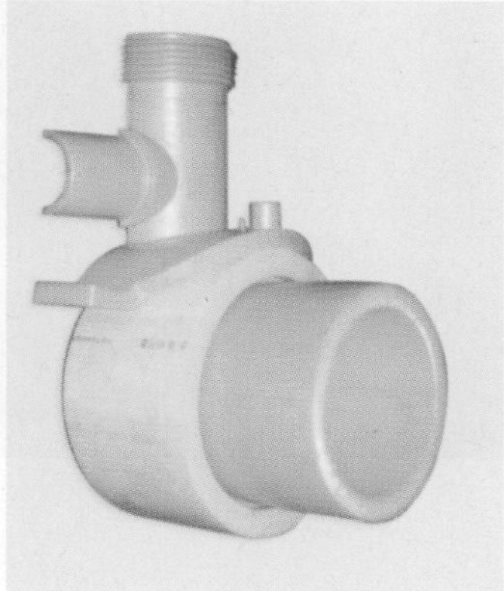

해답

새들융착이음

11 다음 가스미터와 전기계량기와의 이격거리를 쓰시오.

60cm

12 다음 비파괴 검사법의 영문 약자를 쓰시오.

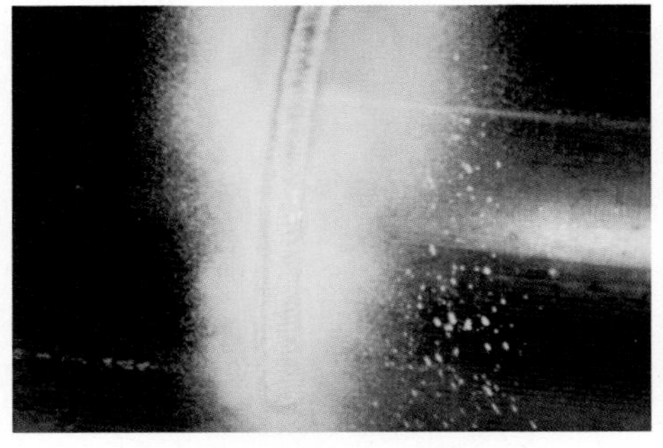

해답

PT

Craftsman Gas

Craftsman Gas

가 / 스 / 기 / 능 / 사 / 실 / 기

PART 3

필답형 예상문제

과년도 문제

필 답 형

예상문제 1회

01 방류둑에 대하여 다음을 답하시오.

(1) 방류둑의 기능 또는 역할을 간단히 기술하시오.
(2) 일반 고압가스 제조시설에서 방류둑을 설치해야 하는 액화 산소의 용량은 몇 [t] 이상 시 해당되는가?
(3) 방류둑의 용량은 기화율을 감안하는데, 액화산소는 저장능력 상당용적의 몇 [%]로 하는가?

해답

(1) 저장탱크 내 액상의 가스가 저장탱크 주위의 한정된 범위를 벗어나 다른 곳으로 확대유출되는 것을 방지한다.
(2) 1000[t] 이상 시
(3) 60[%]

02 배관을 철도 부지 밑에 매설하는 경우 배관은 그 외면으로부터 궤도 중심과 4[m] 이상 그 철도 부지 경계와 1[m] 이상의 수평거리를 유지해야 하는데, 이때 제외할 수 있는 조건 3가지를 쓰시오.

해답

① 배관이 열차 하중을 받지 아니하는 위치에 매설된 경우
② 배관이 열차 하중을 받지 아니하도록 적절한 방호 구조물로 방호되어 있는 경우
③ 배관의 구조가 열차 하중을 고려한 것일 경우
④ 철도 부지가 도로와 인접되어 있는 경우

03 송수량 8[m³/min], 전양정 30[m]의 볼류트 펌프로 구동하는데, 대략 몇 [kW]의 모터가 필요한지 계산하시오. (단, 효율은 80[%]이며, 소수점은 반올림하여 정수로 답한다)

풀이

$$W = \frac{0.163QH}{\eta} = \frac{0.163 \times 8 \times 30}{0.8} = 48.9[kW]$$

$$= 49[kW]$$

해답

49[kW]

04 C_2H_2 발생기 자체로서의 구비조건 4가지를 쓰시오.

해답

① 구조가 간단하고 견고하며 취급이 용이할 것

② 가스의 수요에 알맞고 압력을 유지할 것

③ 안전기를 갖추고 산소의 역류, 역화 시 발생기에 위험이 미치지 않을 것

④ 가열이나 가스의 지연 발생이 적을 것

05 C_3H_8과 O_2가 2 : 8의 비율로 섞여 불완전 연소 후 3000[°K]이 되었다면 압력상승은 몇 [atm]인지 계산하시오. (단, 최초 가스압력은 1[atm], 27[℃] 였다)

해답

$$2C_3H_8 + 8O_2 \rightarrow 6H_2O + 4CO_2 + 2CO + 2H_2$$

$$\frac{P_1}{P_2} = \frac{n_1}{n_2} \times \frac{T_1}{T_2}$$

$$\therefore P_2 = \frac{P_1 n_2 T_2}{n_1 T_1} = \frac{14 \times 3000}{10 \times 300} \times 1 = 14[atm]$$

06 액화 석유 가스를 펌프로 이송 시 베이퍼록 방지 방법을 3가지 쓰시오.

해답

① 펌프의 설치위치를 낮춘다.

② 흡입측 배관을 짧고 직선으로 관경은 크게 하여 마찰손실을 줄인다.

③ 펌프의 회전수를 감소시키거나 유량을 줄이고 관로의 유체 저항을 적게 한다.

④ 필터(여과기)의 막힘, 밸브의 불완전 개방 등 저항요소를 없앤다.

07 윤활유 선택 시 유의할 점 4가지를 쓰시오.

해답

① 사용 가스와 화학반응을 일으키지 않을 것

② 인화점이 높을 것

③ 점도가 적당하고 항 유화성이 클 것

④ 수분 및 산류 등의 불순물이 적을 것

⑤ 정제도가 높아 잔류 탄소가 증발해서 줄어드는 양이 적을 것

⑥ 열에 대하여 안정성이 좋을 것

08 액화가스 용기에 안전공간을 두는 이유를 쓰시오.

해답

액화가스는 열팽창율이 압축율보다 크므로 온도 상승 시 액화가스가 팽창할 수 있는 공간을 주어 용기의 파열을 막기 위해서이다.

09 아세틸렌 용기의 15[℃]일 때의 최고 충전압력과 내압시험 압력을 쓰시오.

해답

- 최고충전 압력 : 1.55 [Mpa]
- 내압시험 압력 : 4.65 [Mpa]

10 **20[℃] 작업장에서 50[ℓ]의 산소 가스를 넣어 100[atm]이 될 때 이 용기를 −5[℃]의 장소에 옮기면 용기 내 압력[atm]을 구하시오.** (단, 용기의 수축은 무시하고, 산소 가스는 이상기체로 간주한다)

풀이

$$\frac{PV}{T} = \frac{P'V'}{T'} \qquad V = V'$$

$$\frac{100}{273+20} = \frac{P'}{273-5}$$

$$\therefore P' = 97.47$$

해답

91.47[atm]

11 **다음 가스의 흡수제 또는 중화제를 쓰시오.**

① 아황산가스 :
② 암모니아 :
③ 염소 :
④ 염화메탄 :
⑤ 황화수소 :
⑥ 포스겐 :

해답

① 가성소다 수용액, 탄산소다 수용액, 물
② 물
③ 소석회, 가성소다 수용액, 탄산소다 수용액
④ 물
⑤ 가성소다 수용액, 탄산소다 수용액
⑥ 가성소다 수용액, 소석회

12 다음 가스의 일반용기의 도색을 쓰시오.

① 액화석유가스 :
② 액화탄산가스 :
③ 아세틸렌 :
④ 산소 :
⑤ 수소 :

해답

① 회색
② 청색
③ 황색
④ 녹색
⑤ 주황색

필 답 형

예상문제 2회

01 다음 독성가스의 제해제 종류와 그 보유량을 쓰시오.

(1) 암모니아 (2) 포스겐 (3) 시안화 수소 (4) 아황산가스

해답

(1) 다량의 물

(2) 가성소다 수용액 390[kg] 또는 소석회 360[kg]

(3) 가성소다 수용액 250[kg]

(4) 가성소다 수용액 530[kg] 또는 탄산소다 수용액 700[kg]이나 다량의 물

02 탄화수소에서 탄소의 수가 증가할수록 다음 사항은 어떻게 변하는지 쓰시오. (높아진다, 낮아진다. 커진다 등으로 간단히 답하시오)

〈보기〉

① 증기압 ② 비등점 ③ 연소열 ④ 발화점 ⑤ 폭발하한계

해답

① 낮아진다. ② 높아진다. ③ 커진다.
④ 낮아진다. ⑤ 낮아진다.

03 부피가 50[ℓ]인 산소 용기에 산소가 150[atm], 35[℃]로 충전되어 있다면 이 충전된 산소의 질량은 몇 [kg]인지 계산하시오.

풀이

$PV = nRT = \frac{W}{M}RT$에서

$$W = \frac{PVM}{RT} = \frac{150 \times 50 \times 32}{0.082 \times (273+35)} = 9502.700g \fallingdotseq 9.5[kg]$$

해답

9.5[kg]

04 다단 압축기의 단수 결정 시 고려할 사항 4가지를 쓰시오.

해답

① 최종 토출 압력
② 취급가스량
③ 취급가스의 종류
④ 연속운전의 여부
⑤ 동력 및 제작의 경제성

05 압축가스의 저장 능력은 Q = (P+1)V로 나타낸다. 여기서 P는 무엇을 나타내며, 그 단위는 무엇인지 쓰시오.

해답

35[℃] 온도에서의 저장설비의 최고 충전압력. 단위 : [Mpa]

06 LP 가스의 연소 특성을 3가지 쓰시오.

해답

① 연소 시 다량의 공기를 필요로 한다.
② 발열량이 크다.
③ 발화온도 (착화온도)가 높다.
④ 연소속도 (화염속도)가 늦다.
⑤ 연소범위 (폭발범위)가 좁다.
⑥ LP가스가 불완전 연소를 일으키면 독성의 일산화탄소(CO)가 발생한다.

07 고압 장치 배관 내를 흐르는 유체가 고온이면 열응력이 발생한다. 이 열응력을 흡수하기 위한 신축 이음쇠의 종류 4가지를 쓰시오.

해답

곡관(루프) 이음, 벨로즈 이음, 슬리이브 이음, 스위블 이음

08 안전간격의 간격[mm]과 해당 가스를 2가지씩 쓰시오.

(1) 1등급 :
(2) 2등급 :
(3) 3등급 :

해답

(1) 0.6[mm] 이상 : 일산화탄소, 메탄. 에탄. 프로판, 암모니아. 아세톤, 에틸에텔. 가솔린, n-부탄, 벤젠, 메탄올, 초산, 초산에틸렌, 톨루엔, 헥산, 아세트알데히드
(2) 0.4~0.6[mm] : 에틸렌, 석탄가스, 에틸렌옥사이드
(3) 0.4[mm] 이하 : 수소, 아세틸렌, 이황화탄소, 수성가스

09 10[℃], 740[mmHg]에서 체적이 200[cc]이며 가스 무게가 0.6이라면 표준 상태에서의 밀도[g/ℓ]는?

해답

① $\frac{PV}{T} = \frac{P'V'}{T'}$ $\quad \therefore V' = \frac{PVT'}{TP'} = \frac{740 \times 0.2 \times 273}{283 \times 760} = 0.18786(\ell)$

② $\frac{0.6}{0.18786} = 3.19[g/\ell]$

10 다음 물음에 해당 되는 답을 보기에서 골라 쓰시오. (단, 답은 중복될 수 있음)

〈보기〉 수소, 산소, 질소, 아세틸렌, 프로판, 염소 탄산가스

① 압축가스 3종류는?
② 용해가스 1종류는?
③ 액화가스 3종류는?
④ 가연성가스 2종류는?
⑤ 조연성가스 2종류는?
⑥ 불연성가스 2종류는?

해답

① 수소, 산소, 질소 ② 아세틸렌
③ 프로판, 염소, 탄산가스 ④ 수소, 아세틸렌, 프로판
⑤ 산소, 염소 ⑥ 질소, 탄산가스

11 메탄 1[kg]을 완전연소하는데 필요한 이론 공기량은 몇 [Nm^3]인지 계산하시오.

풀이

CH_4의 완전연소는 화학식으로 나타낸다.

$CH_4 + 2O_2 \rightarrow CO_2 + 2H_2O$

CH_4 1[mol]을 완전연소시키기 위해서는 산소 2[mol]이 필요하다.

∴ CH_4 1[kg]을 완전 연소시키는데 필요한 O_2는

16[kg] : 2×22.4[Nm^3]

1[kg] : x

x = 2.8[Nm^3]

∴ 공기중의 O_2는 21[%](Vol [%])이므로 필요한 공기량은 2.8÷0.21 = 13.33 [Nm^3]

해답

13.33 [Nm^3]

12 아세틸렌가스를 압축가스로 하지 않고 용해가스로 하여 운반 저장하는 이유를 반응식을 써서 간단히 설명하시오.

해답

- 반응식 : $C_2H_2 \rightarrow 2C+H_2$
- 이유 : 아세틸렌은 흡열화합물이므로 압축하면 분해폭발을 일으킬 염려가 있다.

01 LP 가스 공급 시 공기 희석의 목적을 3가지 쓰시오.

해답

① 발열량을 조절
② 재액화를 방지
③ 연소효율의 증대
④ 누설 시 손실 감소

02 부취제의 구비조건을 3가지 쓰시오.

해답

다음 중에서 3가지
① 화학적으로 안정하고 독성이 없을 것
② 보통 존재하는 냄새 (생활취기)와 명확하게 구별될 수 있을 것
③ 극히 낮은 농도에서도 냄새가 확인될 수 있을 것
④ 가스관이나 가스미터 등에 흡착되지 않을 것
⑤ 배관을 부식시키지 않을 것
⑥ 배관 내의 상용온도에서는 응축되지 않을 것
⑦ 완전히 연소할 수 있고 연소 후에는 냄새가 유해한 성질이 남지 않을 것
⑧ 물에 잘 녹지 않고 토양에 대한 투과성이 클 것
⑨ 가격이 경제적일 것

03 열응력을 방지할 수 있는 배관 이음 방법을 4가지 쓰시오.

해답

① 루프 이음(신축곡관)
② 벨로즈 이음(파형이음 또는 펙레스 이음)
③ 슬리이브 이음(미끄럼 이음)
④ 스위블 이음(지블, 지웰 이음)
⑤ 콜드 스프링(상온 스프링)

04 배관 재료의 구비조건을 5가지 쓰시오.

해답

① 관내의 가스 유통이 원활한 것일 것
② 내부의 가스압과 외부로부터의 하중 및 충격하중 등에 견디는 강도를 가지는 것일 것
③ 토양, 지하수 등에 대하여 내식성을 가지는 것일 것
④ 관의 접합이 용이하고 가스의 누설을 방지할 수 있는 것일 것
⑤ 절단 가공이 용이할 것

05 시안화수소(HCN)에 수분을 몇 [%] 이상 함유하게 되면 불안정하게 되는가? 또한 이 때 발생되는 반응의 명칭과 그 방지책을 쓰시오.

① 수분
② 반응
③ 방지책

해답

① 2[%]
② 중합반응
③ 아황산·황산·동망·동·인·인산·오산화인·염화칼슘 등과 같은 안정제(중합억제제) 첨가

06 1,000[r.p.m]으로 회전하는 펌프를 2,000[r.p.m]으로 하였다. 이 경우 펌프의 양정 및 소요동력은 각각 몇 배로 되는지 계산하시오.

해답

• 양정 : $H' = H\times\left(\frac{N'}{N}\right)^2 = H\times\left(\frac{2,000}{1,000}\right)^2 = 4$배

• 소요동력 : $P' = P\times\left(\frac{N'}{N}\right)^3 = P\times\left(\frac{2,000}{1,000}\right)^3 = 8$배

07 폭굉 유도 거리가 짧아질 수 있는 조건 4가지를 쓰시오.

해답

① 정상 연소속도가 큰 혼합가스일수록

② 관 속에 방해물이 있거나 관경이 가늘수록

③ 압력이 높을수록

④ 점화원의 에너지가 강할수록

08 원심펌프를 ① 직렬연결 운전할 때와 ② 병렬연결 운전할 때의 특성을 양정과 유량을 들어 비교하시오.

해답

① 직렬연결 : 유량은 불변. 양정은 증가

② 병렬연결 : 유량은 증가, 양정은 일정

09 압력이 5[atm] 이고 내용적이 18[ℓ] 인 용기에 온도가 27[℃] 의 조건에서 압력이 5[atm]이고 온도가 257℃로 변화되었을 때 체적은 몇[ℓ] 인지 계산하시오.

해답

P = P′ 일정 $\frac{V}{T} = \frac{V'}{T'}$

$$\frac{18}{(273+27)} = \frac{V'}{(273+257)}$$

V′ = 31.8[ℓ]

10 고압가스 안전관리 법규에 규정된 역류방지장치를 설치할 곳과 역화방지장치를 설치해야 할 곳을 쓰시오.

해답

- **역류방지장치**

㉮ 가연성 가스를 압축하는 압축기와 충전용 주관과의 사이 배관

㉯ 아세틸렌을 압축하는 압축기의 유분리기와 고압 건조기와의 사이 배관

㉰ 암모니아 또는 메탄올의 합성통이나 정제통과 압축기와의 사이 배관

- **역화방지장치**

㉮ 가연성 가스를 압축하는 압축기와 오토 클레이브와의 사이

㉯ 아세틸렌의 고압 건조기와 충전용 교체 밸브 사이의 배관

㉰ 아세틸렌 충전용 지관

㉱ 수소화염 또는 산소, 아세틸렌 화염의 사용시설

11 공기액화분리기의 운전 중 위험이 발생되면 운전을 중지하고 액화산소를 방출해야 한다. 어떤 경우인지 2가지를 쓰시오.

해답

① 액화 산소통 내의 액화산소 5[ℓ] 중 아세틸렌의 질량이 5[mg] 이상일 때

② 탄화수소의 탄소의 질량이 500[mg] 이상일 때

12 어떤 기체 100[㎖]를 취해서 가스 분석기에서 CO_2를 흡수시킨 후 남은 기체는 88[㎖]이며 다시 O_2를 흡수시키니 54[㎖]가 되었다. 여기서 다시 CO를 흡수시키니 50[㎖]가 남았다. 잔류기체가 질소일 때, 이 시료기체 중 O_2의 용적 백분율[%]을 구하시오.

해답

$$O_2 = \frac{88-54}{100} \times 100 = 34[\%]$$

01 **아세틸렌(C_2H_2)에 혼합된 불순가스의 가스 착색 반응검사 시 사용되는 시약을 쓰시오.**

해답

질산은 시약($AgNO_3$)

참고

가스 착색 반응검사는 직경 7[cm]의 여과지에 0.1[%] $AgNO_3$ 용액을 적신 다음 최고 압력 3 PSIg로 조정한 가스조정기를 통한 가스를 30초간 분출하여 백색이나 담황색 또는 황색이면 합격, 흑색이면 불합격이다.

02 **액화석유가스 내용적 47[ℓ]의 용기에 프로판이 충전되어 있다. 이때 충전량과 안전공간은 체적[%]로 몇 [%]나 되는지 계산하시오.** (단, C_3H_8 액상의 밀도는 0.52[kg/ℓ]이고 C_3H_8의 충전 상수는 2.35이다)

풀이

$$G = \frac{V}{C} = \frac{47}{2.35} = 20[kg]$$

체적[ℓ] = 질량[kg] × 비체적[ℓ/kg]

= 20[kg] × 1/0.52[ℓ/kg] = 38.46[ℓ]

$$\therefore \frac{47 - 38.46}{47} \times 100 \fallingdotseq 18.17[\%]$$

해답

18.17[%]

03 절대압력이란 (①) – (②)의 압력을 말한다. (　) 안에 들어갈 말을 쓰시오.

〈보기〉 대기압, 기압, 진공압

해답

① 대기압　② 진공압

04 가스설비에서 안전밸브를 설치하여야 하는 위치를 3곳 쓰시오.

해답

① 압축기 최종단　② 저장탱크 상부　③ 고압가스 배관
④ 반응 설비관 및 설치실　⑤ 감압밸브 후단측 배관

05 산소 제조 장치의 건조제를 4가지 쓰시오.

해답

① 입상 가성소다　② 실리카겔　③ 활성 알루미나
④ 소바비드　⑤ 몰리큘러시이브

06 가스공급 설비에서 사용되는 정압기를 평가 및 선정할 경우 고려하여야 할 특성 3가지를 쓰시오.

해답

① 동 특성　② 정 특성　③ 유량특성

07 **다음 독성가스로서 2중배관으로 하여야 하는 가스의 명칭을 화학식으로 5가지만 쓰시오.**

해답

① H_2S ② SO_2 ③ Cl_2 ④ NH_3 ⑤ $COCl_2$ ⑥ HCN ⑦ C_2H_4O ⑧ CH_3Cl

08 **다음 가스 위험성 평가 기법 중 정량적 위험성 평가와 정성적 위험성 평가 기법을 각각 3종류씩 쓰시오.**

해답

정량적 위험성 평가	정성적 위험성 평가
① 결함수 분석	① 체크리스트 기법
② 사건수 분석	② 사고 예상 질문 분석
③ 원인 결과 분석	③ 위험과 운전 분석
④ 작업자 실수 분석	

09 **10[atm]의 공기 중에 질소와 산소의 분압을 계산하시오.** (단, 공기 중의 질소와 산소의 체적비는 4 : 1 이다)

풀이

① N_2 분압 $= 10 \times \frac{4}{5} = 8$[atm]

② O_2 분압 $= 10 \times \frac{1}{5} = 2$[atm]

해답

① N_2 분압 : 8[atm] ② O_2 분압 : 2[atm]

10 60[℃]는 랭킨 온도로 몇 [°R]인지 계산하시오.

풀이

[°R] = 460 + [°F]

$$[°F] = \left(\frac{9}{5}℃\right) + 32$$

$$= \left(\frac{9}{5} \times 60\right) + 32 = 140$$

∴ [°R] = 460 + 140 = 600[°R]

해답

600[°R]

11 운전 중인 왕복동 압축기의 실린더를 냉각시키지 않을 때에 비해 냉각할 때에 얻어지는 일반적인 효과를 5가지만 쓰시오.

해답

① 체적 효율증가
② 압축효율 증가
③ 윤활기능의 유지 향상
④ 윤활유의 탄화방지
⑤ 피스톤링 등의 습동부품의 수명유지

12 배관 내에서 압력손실이 생기는 주된 원인 3가지를 쓰시오.

해답

① 배관 직관부에서의 마찰 저항에 의한 손실
② 수직 입상관에 의한 손실(입하관은 압력상승)
③ 엘보우, 티이, 밸브, 콕크, 플렌지 등의 계수(이음쇠)나 가스미터 등에 의한 손실

필 답 형
예상문제 5회

01 **일반적으로 도시가스 누출 시 식별하기 쉽도록 첨가하는 부취제의 명칭 3가지를 쓰시오.**

해답

- T.H.T(테트라하이드로티오펜)
- D.M.S(디메틸설파이드)
- T.B.M(터셔리부틸메갑탄)

02 **L.P 가스로써 도시가스를 만드는 방법 3가지를 쓰시오.**

해답

① 공기 혼합방식 ② 직접 혼입방식 ③ 변성 혼입방식

03 **다음 압축기에 적당한 윤활유를 간단히 쓰시오.**

(1) 산소 압축기
(2) 아세틸렌 압축기
(3) 공기 압축기

해답

(1) 물 또는 10[%] 이하의 묽은 글리세린
(2) 양질의 광유
(3) 양질의 광유

04 용량 5,000[ℓ]의 액산 탱크에 액산을 넣어 방출밸브를 개방하여 15시간 방치했더니 탱크 내의 액산이 6[kg] 감소되었다. 액산의 증발 잠열을 60[kcal/kg]이라 하면 1시간당 탱크에 침입하는 열량은 몇[kcal]인가? 계산식을 쓰고 답하시오.

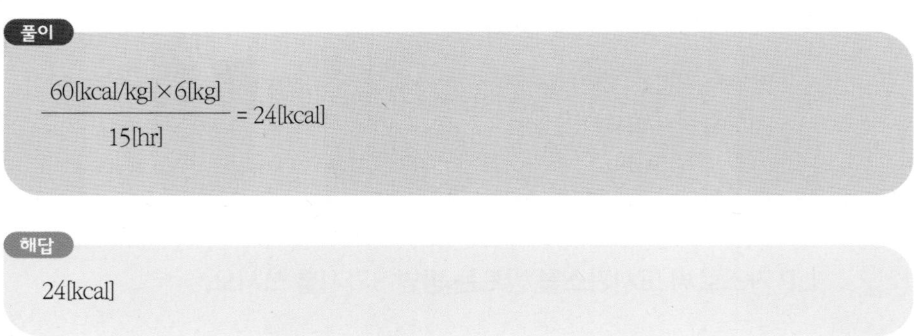

풀이

$$\frac{60[\text{kcal/kg}] \times 6[\text{kg}]}{15[\text{hr}]} = 24[\text{kcal}]$$

해답

24[kcal]

05 고압가스 용기에 사용하는 안전밸브의 종류를 3가지 쓰시오.

해답

① 스프링식 ② 가용전식 ③ 파열판식

06 아세틸렌 제조 시 아세틸렌의 청정제 종류 3가지를 쓰시오.

해답

① 리가솔 ② 카타리솔 ③ 에퓨렌

07 **비중 13.6인 수은주 76[cm]를 비중 0.5인 알코올 기둥으로 환산하면 몇[m]인지 계산하시오.**

풀이

$76 \times 13.6 = 0.5 \times x$

$x = \dfrac{76 \times 13.6}{0.5} = 2067.2[cm]$

$= 20.67[m]$

해답

20.67[m]

08 **산화에틸렌(C_2H_4O) 가스를 냉각 이외의 방법으로 냉각시킬 때 첨가하는 희석제 3가지를 쓰시오.**

해답

① 질소(N_2) ② 탄산가스(CO_2) ③ 수증기

09 **초저온 용기의 재료 2가지를 쓰시오.**

해답

① 오스테나이트계 스테인레스강 ② 알루미늄 합금

참고

초저온 용기란 임계온도가 -50[℃] 이하인 액화가스를 충전하기 위한 용기로서 단열재로 피복하거나 용기 내의 가스 온도가 상용온도를 초과하지 아니하도록 조치한 것을 말한다.

10 **가연성 가스 중 산소의 농도가 증가할수록 아래의 사항은 어떻게 변하는지 쓰시오.**

① 연소속도 ② 발화온도 ③ 폭발한계 ④ 화염온도

해답

① 빨라진다. ② 내려간다. ③ 넓어진다. ④ 높아진다.

11 **LP가스가 불완전 연소되는 원인 5가지만 기술하시오.**

해답

① 공기 공급량의 부족
② 프레임의 냉각
③ 배기 불충분
④ 환기 불충분
⑤ 가스 조성이 맞지 않을 때
⑥ 가스 기구 및 연소기구가 맞지 않을 때

12 **미래에너지로서 수소시대를 맞고 있다. 수소가스 분석법으로 적당한 방법을 서술하시오.**

해답

열전도도법, 산화동에 의한 연소, 파라듐 블랙에 의한 흡수, 폭발법 등

필 답 형 예상문제 6회

01 L.N.G의 특성에 대해 물음에 답하시오.

(1) L.N.G의 비점은?
(2) L.N.G의 주성분의 종류를 2가지 쓰시오.
(3) 천연가스로 부터 L.N.G를 얻는 방법을 2가지 쓰시오.

해답

(1) -162[℃]

(2) 주성분 : CH_4, C_2H_6

(3) ① 냉동액화법 ② 압축냉각법

02 비교회전도 175, 회전수 3,000[r.p.m], 양정 210[m]인 3단 원심펌프에서 유량 [m³/min]은 얼마인지 계산하시오.

풀이

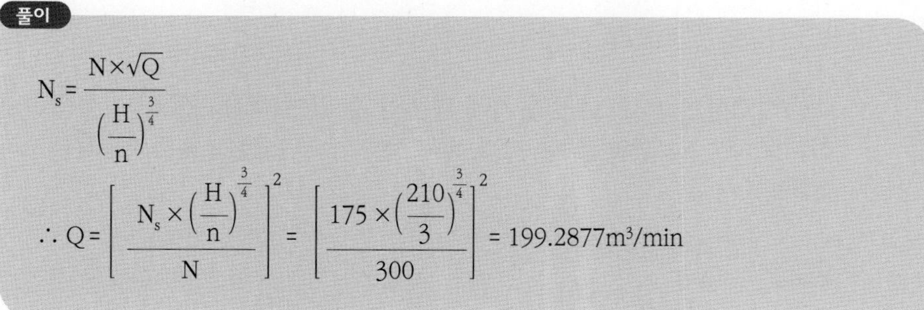

$$N_s = \frac{N \times \sqrt{Q}}{\left(\frac{H}{n}\right)^{\frac{3}{4}}}$$

$$\therefore Q = \left[\frac{N_s \times \left(\frac{H}{n}\right)^{\frac{3}{4}}}{N}\right]^2 = \left[\frac{175 \times \left(\frac{210}{3}\right)^{\frac{3}{4}}}{300}\right]^2 = 199.2877 m^3/min$$

해답

199.29[m^3/min]

03 가스분석법 중 시료가스를 공기, O_2 또는 산화제로 연소하여 CO_2의 생성량, O_2의 소비량 등으로 성분을 산출하는 분석법을 쓰시오.

해답

연소분석법

04 다음 설명은 어느 펌프를 설명한 것인지 쓰시오.

임펠러의 회전에 의하여 양정을 내는 펌프이며, 임펠러의 모양에 따라서 여러 펌프로 분류되고 현재 가장 많이 쓰인다.

해답

원심펌프

05 내용적 24[ℓ]의 프로판 용기에 충전할 수 있는 액화 프로판의 질량과 용적을 구하시오. (단, 프로판의 정수는 2.35, 비중은 0.528이며 답은 소수점 이하 둘째 자리에서 반올림할 것)

해답

$$G = \frac{V}{C} = \frac{24}{2.35} = 10.21[kg] \qquad d = \frac{W}{V} \qquad V = \frac{W}{d} = \frac{10.21}{0.528} = 19.34[\ell]$$

06 다음을 답하시오.

(1) 수소 가스의 비점은?
(2) 공기중 수소 가스의 폭발 범위는?
(3) 산소 중 수소 가스의 폭발 범위는?
(4) 수소 폭명기란 무엇인가?
(5) 수소 가스의 제조방법을 2가지 들어라.

해답

(1) -252.5[℃]

(2) 4~75[%]

(3) 4~94[%]

(4) 수소와 산소의 체적비가 2 : 1일 때 점화하면 폭발적으로 반응하여 물을 생성한다.

($2H_2 + O_2 \rightarrow 2H_2O$ + 136.6[kcal])

(5) ① 수 전해법

② 수성가스법

③ 일산화탄소 전화법 (또는 수성가스 전화법)

④ 석탄 완전 가스화법

⑤ 석유 분해법

⑥ 천연가스 분해법

07 아세틸렌 충전은 미리 용기 내에 다공물질을 채운 뒤 용제를 침윤시켜 충전하게 되는데 이 때 다공물질의 부피가 150[m^3]이고 아세톤 침윤 잔용적의 부피가 130[m^3] 라 하면 다공도는 몇 [%]인지 계산하시오.

풀이

$$\text{다공도} = \frac{V-E}{V} \times 100 = \frac{150-130}{150} \times 100 = 13.3[\%]$$

해답

13.3[%]

08 LP가스 설비의 완성검사 항목을 3가지만 쓰시오.

해답

내압시험, 기밀시험, 가스치환, 성능시험

09 다음 ( ) 속에 적당한 수치를 넣고 그 이유를 간단히 설명하시오.

> 저장탱크에 액화가스를 충전할 때에는 액화가스의 용량이 상용의 온도에서 당해 저장탱크의 내용적의 ( )[%]를 넘지 아니할 것.

해답

90[%]

이유 : 저장탱크내에 액화가스를 충전 시는 안전공간을 확보해야 한다. 이는 온도상승으로 인한 액팽창에 의하여 파열하는 위험성이 있으므로 이를 방지하려는 규정이다.

10 LP가스용 저압 배관의 완성검사 배관이다, 다음 ( ) 속에 알맞은 말을 넣으시오.

> 기밀시험 시 사용되는 가스는 (①) 또는 (②) 등의 (③) 로 하며, 시험압력은 (④) 이상, (⑤) 이하로 한다. 또한, 기밀시험 시간과 압력계는 가스미터로는 (⑥) 분 이상, 자기 압력계로는 (⑦) 분간 이상으로 시험하여야 한다.

해답

① 질소 ② 공기 ③ 불활성가스 ④ 수주 840[mm]

⑤ 수주 1,000[mm] ⑥ 5 ⑦ 24

11 **2[atm], −73[℃]의 이상기체가 5[m³]있다. 압력은 3[atm], 온도를 27[℃]로 변화시켰을 때 체적은 얼마인지 계산하시오.**

풀이

보일 샤를 법칙

$$\frac{PV}{T} = \frac{P'V'}{T'} \text{ 에서 } \frac{2\times5}{273-73} = \frac{3\times V'}{273+27}$$

$$\therefore V' = \frac{2\times5\times(273+27)}{(273-73)\times3} = 5[m^3]$$

해답

5[m³]

12 **다음 시안화수소(HCN)에 대하여 물음에 답하시오.**

① 충전 후 몇 시간 정치하는가?
② 허용농도는 얼마인가 ?
③ 수분함량이 몇 [%] 이상이면 중합폭발의 위험이 있는가?
④ 첨가하는 안정제는 어떠한 것이 있는가?
⑤ 누출검지는 어떻게 하는가?

해답

① 24 시간 정치 ② 10[ppm]
③ 2[%] 이상 ④ 황산, 동망, 오산화인, 염화칼슘, 인산, 아황산가스
⑤ 질산구리벤젠지

참고

시안화수소(HCN)를 충전한 용기는 충전 후 24시간 정치하고 그 후 가스의 누출검사를 하여야 하며 용기에 충전 년월일을 명기한 표지를 붙일 것

필 답 형

예상문제 7회

01 **아세틸렌(C_2H_2)의 용제를 쓰시오.**

해답

① 아세톤 $(CH_3)_2CO$ ② D.M.F (디메틸포름아미드)

02 **LP가스 1[ℓ]가 보통 기체의 용적 250[ℓ]일때 10[kg]의 LP가스(비중 0.5)는 보통 기체의 몇[m^3]에 해당하는지 계산하시오.**

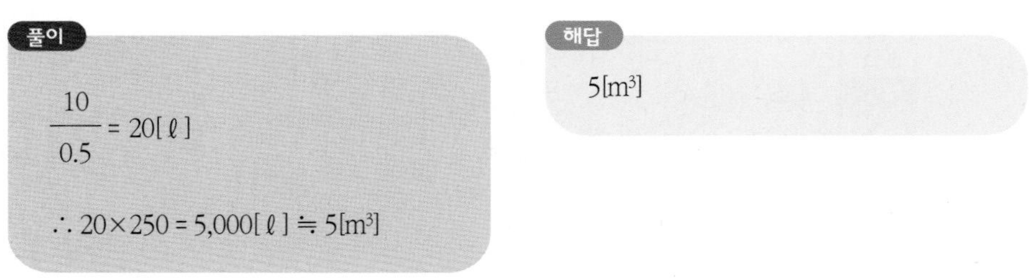

풀이

$\frac{10}{0.5} = 20[\ell]$

$\therefore 20 \times 250 = 5,000[\ell] \fallingdotseq 5[m^3]$

해답

5[m^3]

03 **비중이 2.5인 액의 액주가 5[m]일 때 압력[Mpa]을 구하시오.**

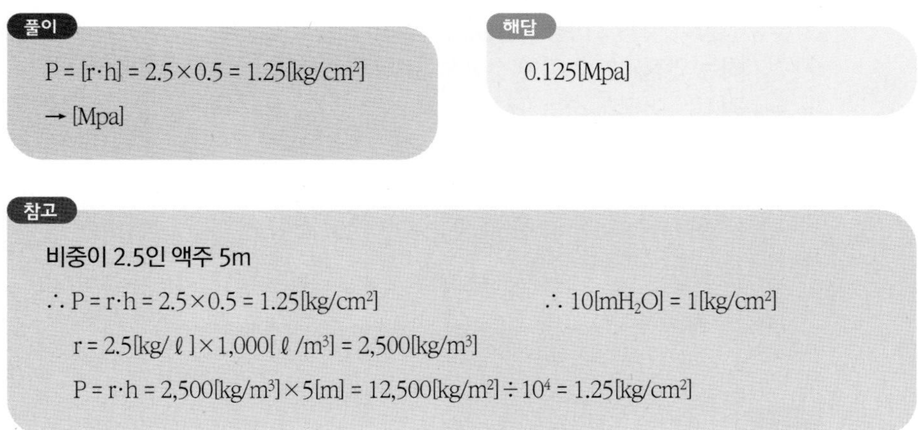

풀이

$P = [r \cdot h] = 2.5 \times 0.5 = 1.25[kg/cm^2]$

→ [Mpa]

해답

0.125[Mpa]

참고

비중이 2.5인 액주 5m

$\therefore P = r \cdot h = 2.5 \times 0.5 = 1.25[kg/cm^2]$ $\therefore 10[mH_2O] = 1[kg/cm^2]$

$r = 2.5[kg/\ell] \times 1,000[\ell/m^3] = 2,500[kg/m^3]$

$P = r \cdot h = 2,500[kg/m^3] \times 5[m] = 12,500[kg/m^2] \div 10^4 = 1.25[kg/cm^2]$

04 고압가스를 상태에 따라 분류하면 (①) 가스, (②) 가스, (③) 가스로 분류 할 수 있다. (   )에 들어갈 말을 쓰시오.

해답

① 압축　　② 액화　　③ 용해

05 용해 아세틸렌의 품질검사를 하려고 한다. 시험방법을 2가지 이상 쓰고 합격기준의 순도를 쓰시오.

해답

- 시험 방법 : 발연황산 시약의 오르잣드법, 브롬시약의 뷰렛법
- 순도 : 98% 이상일 것(합격)

06 가스 배관에서 발생되는 진동원인 3가지를 쓰시오.

해답

① 펌프, 압축기에 의한 영향
② 관내를 흐르는 유체의 압력 변화에 의한 영향
③ 관의 굴곡에 의해 생기는 힘의 영향
④ 안전밸브 작동에 의한 영향
⑤ 바람, 지진 등에 의한 영향

07 공기 액화 분리장치의 액화산소 5[ℓ] 중에 메탄 360[mg], 에틸렌이 196[mg] 섞여 있다면 운전 가능 여부를 판정하시오.

해답

메탄의 탄소질량과 에틸렌의 탄소질량이 500[mg]이 되는가 보면

$$\left(\frac{12}{16}\times 360\right)+\left(\frac{24}{28}\times 196\right)=438[mg]$$

∴ 500[mg]이 되지 않으므로 운전이 가능하다.

08 발열량이 9,500 [kcal/m³] 이고 가스 비중이 0.65인 (공기 = 1) 가스의 웨버지수를 계산하시오.

풀이

$$WI = \frac{Hg}{\sqrt{d}} \quad \therefore \frac{9{,}500}{\sqrt{0.65}} = 11783.299$$

해답

11783.3

09 고압장치 배관 설계에 있어서 관경의 결정에 중요한 요소 4가지를 쓰시오.

해답

① 가스 소비량
② 가스 비중
③ 허용압력손실
④ 배관의 길이 및 부속품수와 형태

10 실린더의 단면적 50[cm²], 행정 10[cm], 회전수 200[rpm], 체적효율 80[%]인 왕복 압축기의 토출량[ℓ/min]을 구하시오.

풀이

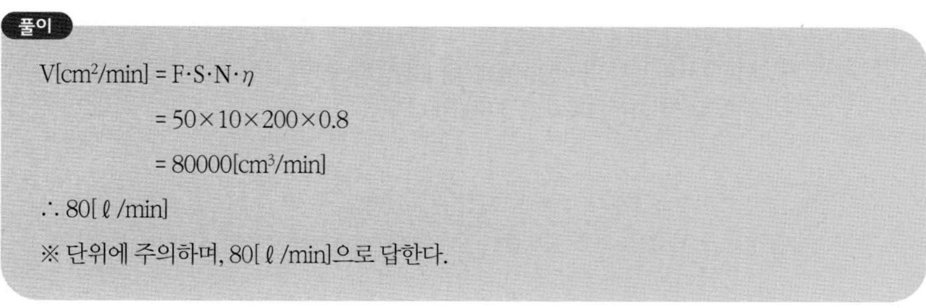

$$V[cm^2/min] = F \cdot S \cdot N \cdot \eta$$
$$= 50 \times 10 \times 200 \times 0.8$$
$$= 80000[cm^3/min]$$

$\therefore$ 80[ℓ/min]

※ 단위에 주의하며, 80[ℓ/min]으로 답한다.

해답

80[ℓ/min]

11 왕복동식 압축기에서 압축비가 커지면 어떤 문제점이 발생하는지 3가지만 쓰시오.

해답

① 실린더 내의 가스온도가 상승한다.
② 소요동력이 증대한다.
③ 부피효율이 저하한다.
④ 토출가스량이 감소한다.

12 다음은 부취 설비에 관한 것이다. 다음 물음에 답하시오.

① 부취제로서 필요한 조건 6가지만 쓰시오.
② 액체 주입식 부취 설비에서 실제 사용되고 있는 방식 3가지를 쓰시오.

해답

다음 중에서 3가지
① 화학적으로 안정하고 독성이 없을 것
② 보통 존재하는 냄새 (생활취기)와 명확하게 구별될 수 있을 것
③ 극히 낮은 농도에서도 냄새가 확인될 수 있을 것
④ 가스관이나 가스미터 등에 흡착되지 않을 것
⑤ 배관을 부식시키지 않을 것
⑥ 배관 내의 상용온도에서는 응축되지 않을 것
⑦ 완전히 연소할 수 있고 연소 후에는 냄새나 유해한 성질이 남지 않을 것
⑧ 물에 잘 녹지 않고 토양에 대한 투과성이 클 것
⑨ 가격이 경제적일 것

필 답 형

예상문제 8회

01 **프로판의 발열량은 1[m³]당 24000[kcal]이다. 프로판 1[m³]에 공기 2[m³]를 혼합 시 발열량을 계산하시오.**

풀이

$$\frac{24,000}{1+2} = 8,000[kcal/m^3]$$

해답

$8,000[kcal/m^3]$

02 **가스공급 설비에서 자동 교체식 조정기를 사용할 경우 장점을 4가지만 서술하시오.**

해답

① 전체 용기 수량이 수동 교체식의 경우보다 적어도 된다.

② 잔액이 거의 없어질 때까지 소비된다.

③ 용기 교환 주기의 폭을 넓힐 수 있다.

④ 분리형을 사용하면 단단 감압식 조정기의 경우보다 배관의 압력 손실을 크게 해도 된다.

03 **행정량 0.0248[m³], 170[rpm], 통과가스량 90[kg/h], 1[kg]은 체적 1.89[m³]에 해당된다면 토출 효율은 얼마나 되는지 계산하시오.**

해답

$$\eta = \frac{90\times1.89}{0.0248\times170\times60}\times100 = 67.24[\%]$$

04 **강재의 크리이프(Creep) 현상을 설명하시오.**

해답

재료의 어느 온도이상에서 일정 하중이 작용하였을 때 시간과 더불어 변형이 증대되는 현상

05 **고압의 가스 공급설비에서 상용압력이 10[Mpa]인 설비의 안전밸브 작동압력은 얼마인지 계산하시오.**

풀이

$10 \times 1.5 \times 0.8 = 12$

해답

12[Mpa]

06 **고압가스 용기의 내압시험에서 용기에 압력을 가했을 때 350[cc] 증가하였고 압력을 제거했을 때 28[cc]가 남았다. 이 용기의 항구 증가율은 얼마나 되며 내압시험의 합격여부의 판정을 서술하시오.**

해답

$$\text{항구 증가율} = \frac{\text{영구 증가율}}{\text{전 증가량}} \times 100 = \frac{28}{350} \times 100 = 8[\%]$$

∴ 항구 증가율이 10[%] 이하이므로 합격이다.

07 저온장치에서 이산화탄소 및 수분이 장치 중에 혼입되었을 때 어떤 문제가 있는지 서술하시오.

해답

저온의 장치에서 이산화탄소는 드라이아이스가 되고, 수분은 얼음이 되어 장치 배관 내 유체의 흐름을 폐쇄시키는 장해를 발생한다.

08 L.P 가스 배관에 있어서 저압 배관의 가스 유량 계산식을 쓰고 기호에 대해서 설명하시오.

해답

$$Q = K\sqrt{\frac{D^5 H}{S \cdot L}}$$

Q : 가스 유량	H : 압력 강하	K : 가스정수
S : 가스 비중	D : 배관 내경	L : 배관 길이

09 왕복동 압축기의 토출밸브와 흡입밸브의 구비조건 5가지를 쓰시오.

해답

① 개폐가 확실하고 작동이 양호할 것
② 충분한 통과 단면을 갖고 유체저항이 적을 것
③ 파손이 적을 것
④ 운전 중에 분해되는 일이 없을 것
⑤ 고온에서 변질하지 않고 관성력이 적을 것

10 가스설비 내의 압력이 상용의 압력을 초과할 경우 즉시 상용압력 이하로 되돌릴 수 있는 안전장치의 종류 3가지를 쓰시오.

해답

① 릴리프 밸브

② 바이패스 밸브

③ 안전밸브 (스프링식, 중추식, 가용전식, 파열판식)

11 액화산소 저장탱크의 저장능력이 10,000m³일 때 방류둑의 용량은 얼마 이상으로 설치하여야 하는지 계산하시오.

풀이

$10,000[m^3] \times 0.6 = 6,000[m^3]$

해답

6000m^3 이상의 용적으로 한다

12 가스폭발의 위험성 평가기법 중 정성적 위험성 평가 방법 3가지를 쓰시오.

해답

① 체크리스트 기법

② 사고예상 질문 분석

③ 위험과 운전 분석

필 답 형

예상문제 9회

01 LP 가스 소비 설비에 기화기를 사용할 경우의 장점을 3가지만 쓰시오.

해답

① 한랭 시에도 연속적으로 가스 공급이 가능하다.

② 공급가스의 조성이 일정하다.

③ 설치면적이 적다.

④ 설치비 및 인건비가 절약된다.

⑤ 기화량 가감이 용이하다.

02 펌프의 축동력이 10.25[PS], 송수량 [2m³/min], 양정 15[m]일 때의 효율을 구하시오.

풀이

$$W[PS] = \frac{\gamma, Q, H}{75 \times 60 \times \eta} \rightarrow \eta = \frac{1,000QH}{75 \times 60 \times W}$$

$$\eta = \frac{1,000 \times 2 \times 15}{75 \times 60 \times 10.25} = 0.6504 = 65[\%]$$

해답

65[%]

03 다음 조정기를 사용하여 공급하는 가스를 감압하는 방법 중 2단 감압법의 장점 4가지를 쓰시오.

해답

① 공급 압력이 안정하다.

② 중간 배관이 가늘어도 된다.

③ 배관 입상에 의한 압력 강하를 보정할 수 있다.

④ 각 연소 기구에 알맞는 압력으로 공급이 가능하다.

04 아세틸렌 가스 발생기의 발생 방법에 따른 발생기의 종류 3가지를 쓰시오.

해답

① 주수식 ② 침지식(접촉식) ③ 투입식

05 LP가스가 중량비로 C_4H_{10} : 50[%](비중 0.5), C_3H_8 : 40[%](비중 0.52), C_3H_6 10[%](비중 0.4)가 혼합되어 있다. 이 혼합 액체의 비중을 구하시오.

풀이

$$\frac{(50\times0.5)+(40\times0.52)+(10\times0.4)}{100}=0.498$$

해답

0. 498

06 가스설비의 완성검사에서 기밀시험에 대하여 다음 물음에 답하시오.

(1) 기밀시험의 목적은?
(2) 기밀시험 시 사용되는 가스는?
(3) 기밀시험 압력범위는?[mmH_2O]

해답

(1) 가스누출검사
(2) 불활성기체(질소, 공기)
(3) 840~ 1,000[mmH_2O]

07 가스미터 설치장소 선정 시 고려할 사항을 4가지를 쓰시오.

해답

① 통풍이 양호한 위치일 것
② 가능한 한 배관의 길이가 짧고 꺾이지 않는 위치일 것
③ 검침, 수리 등의 작업이 편리한 위치일 것
④ 화기와 습기 등에 멀리 떨어져 있고 청결하며 진동이 없는 위치일 것
⑤ 전기 공작물과 60cm 이상의 거리가 떨어진 위치일 것
⑥ 실외에 설치하고 그 높이가 160cm 이상 200cm 이내인 위치일 것(통풍이 양호한 곳은 실내도 가능)

08 다음 물음에 대하여 간단히 답하시오.

① 압축가스를 단열팽창 시키면 온도와 압력이 강하한다. 이와 같은 현상을 무슨 효과라 하는가?
② 공기 중에서 수소의 폭발범위는?
③ 수소는 염소와 격렬하게 반응하는데 그 반응식을 쓰시오.
④ 반경[rm]인 구형 탱크의 내용적은 몇 [KL]인가?

해답

① 쥬울-톰슨효과(Joule-Thomson effect)

② 4~75[%]

③ $Cl_2 + H_2 \xrightarrow{\text{일광}} 2HCl$

④ $\frac{4}{3}\pi r^3$[KL]

09 방폭구조의 종류 4가지를 쓰시오.

해답

① 내압방폭구조 ② 압력방폭구조 ③ 유입방폭구조
④ 안전증방폭구조 ⑤ 특수방폭구조 ⑥ 본질안전방폭구조

10 표준상태 (0[℃], 1[atm])인 PV = nRT에서 단위가 [ℓ ·atm/mol·°K]이 되는 "R"의 값을 구하시오.

풀이

이상 기체 방정식 PV = nRT에서

P : 압력[atm] = 1[atm]

V : 체적[ℓ] - 22.4[ℓ]

표준상태 (0[℃], 1[atm])에서 모든 기체의 분자 1몰은 22.4[ℓ]의 부피를 차지하고 있다.

n : 몰[mol] = 1[mol]

R : 기체상수[ℓ ·atm/°K·mol] = ?

T : 절대 온도[°K] = 273 + 0 = 273[°K]

$$\therefore R = \frac{PV}{nT} = \frac{1 \times 22.4}{1 \times 273} \fallingdotseq 0.082[\ell \cdot atm/°K \cdot mol]$$

해답

0.082[ℓ ·atm/°K·mol]

11 다음 보기의 가스 중 공기보다 무거운 것을 나열하시오.

〈보기〉 에틸렌, 프로필렌, 메탄, 탄산가스, 프로판, 아세틸렌, 부탄

해답

프로필렌(C_3H_6) → $\frac{42}{29}$　　프로판(C_3H_8) → $\frac{44}{29}$

탄산가스(CO_2) → $\frac{44}{29}$　　부탄(C_4H_{10}) → $\frac{58}{29}$

12 **공기의 평균 분자량을 계산하시오.** (단, 공기의 조성은 N_2 : 78[%], O_2 : 21[%], Ar : 1[%])

풀이

$$\frac{(28\times78)+(32\times21)+(40\times1)}{100}=28.96 ≒ 29$$

해답

29

필 답 형

예상문제 10회

01 탄화칼슘에서 아세틸렌을 제조할 때 나오는 불순가스의 종류 5가지를 쓰시오.

해답

① 인화수소(PH_3) ② 황화수소(H_2S) ③ 규화수소(SiH_4)
④ 암모니아(NH_3) ⑤ 메탄가스(CH_4)

참고

불순물이 존재하면 아세틸렌(C_2H_2)의 순도저하 및 아세틸렌 충전 시 아세틸렌이 아세톤에 용해되는 것이 저하되므로 제거해야 한다.

02 20[℃], 1[atm]에 있어서 수소 0.15[g], 질소 0.7[g], 암모니아 0.34[g]으로 된 혼합기체가 있다. 이 혼합기체가 차지하는 체적은 몇[ℓ] 인지 계산하시오.

풀이

PV = nRT에서 몰[mol]= $\frac{질량}{분자량}$

P : 1[atm]

V : ?

n : $\frac{0.15}{2}+\frac{0.7}{28}+\frac{0.34}{17}=0.12$[mol]

R : 0.082[ℓ·atm/°K·mol]

T : 273 + 20 = 293[°K]

$\therefore V=\frac{nRT}{P}=\frac{0.12\times0.082\times293}{1}=2.88$[ℓ]

해답

2.88[ℓ]

03 고온고압 하에서 수소가 취급될 때 강재에 어떤 영향을 주는지 쓰시오.

해답

수소는 고온고압 하에서 강재 중의 탄소와 반응하여 탈탄작용으로 메탄(CH_4)을 생성하여 강을 취화시킨다.

$Fe_3C + 2H_2 \rightarrow CH_4 + 3Fe$(수소의 탈탄작용)

04 저온장치에서 CO_2와 수분이 존재할 때 그 영향에 대하여 쓰시오.

해답

이산화탄소(CO_2)는 드라이아이스가 되고 수분은 얼음이 되어 밸브나 배관을 폐쇄해 가스의 흐름을 저해하고 배관을 막아 장치의 파열 원인이 된다.

05 액화석유가스(LPG)로 도시가스를 만드는 방법 3가지를 쓰시오.

해답

① 공기 혼합식 ② 직접 혼입식 ③ 변성 혼입식

06 암모니아 합성공정에서 반응압력에 따라 3가지로 구분하고 각 압력범위와 합성법을 2가지씩 서술하시오.

해답

① 저압법 : 15[MPa] 전후 (구우데법, 켈로그법)

② 중압법 : 30[MPa] 전후 (뉴 우데법, JIC법, 동경공업시험연구소법)

③ 고압법 : 60~100[MPa] (클로드법, 카자레법)

07 다음 아세틸렌에서 발생되는 폭발특성을 3가지 쓰고 간단히 설명하시오.

해답

① 분해폭발 : 가압·충격 등으로 분해폭발을 일으킨다.

② 산화폭발 : 공기 또는 산소 반응

③ 화합폭발 : 구리, 은, 수은 등과 접촉 시 반응

08 다음 가스를 무거운 순서대로 나열하시오.

〈보기 ①〉

㉮ 수소 ㉯ 프로판 ㉰ 암모니아 ㉱ 아세틸렌

〈보기 ②〉

㉮ 산소 ㉯ 공기 ㉰ 이산화탄소 ㉱ 메탄

해답

① ㉯ - ㉱ - ㉰ - ㉮

② ㉰ - ㉮ - ㉯ - ㉱

09 초저온 용기의 단열성능 시험 시 침입열량의 합격기준을 쓰시오.

① 1,000[ℓ] 이하 용기의 침입열량은?

② 1,000[ℓ] 초과 용기의 침입열량은?

해답

① 0.0005[kcal/h, ℃, ℓ] ② 0.002[kcal/h, ℃, ℓ]

10 **1[m] 지름의 구형 탱크에 LPG를 가득 채우면 액체의 무게는 몇 [kg]인지 계산하시오.**
(단, 액체 비중은 0.5이다)

풀이

구형 탱크의 부피

$V = \frac{4}{3}\pi r^3 = \frac{4}{3} \times 3.14 \times 0.5^3 = 0.5233[m^3] ≒ 523.33[\ell]$

$d = \frac{M}{V}$ 에서 $M = d \times V = 0.5 \times 523.33 = 261.665[kg]$

해답

261.67[kg]

11 **다음 가스의 검지에 사용되고 있는 시험지를 쓰고 변색 상태를 쓰시오.**

가스명	시험지명	변색 상태
암모니아	①	㉮
일산화탄소	②	㉯
염소	③	㉰
황화수소	④	㉱
시안화수소	⑤	㉲
아세틸렌	⑥	㉳

해답

① 적색 리트머스 시험지 ㉮ 청색
② 염화파라듐지 ㉯ 흑색
③ KI전분지 ㉰ 청색
④ 초산납시험지(연당지) ㉱ 황갈색
⑤ 질산구리벤젠지 ㉲ 청색
⑥ 염화제1동착염지 ㉳ 적색

12 **다음 상수도용 소독제로 사용되는 독성가스의 재해 방지용으로 널리 사용되는 흡수제 3가지를 쓰시오.**

해답

① 가성소다 수용액($NaOH$)

② 탄산소다 수용액(Na_2CO_3)

③ 소석회($Ca(OH)_2$)

참고

상수도 소독용 가스 : 염소

필답형
예상문제 11회

01 암모니아(NH_3) 가스 누출검사법 3가지를 쓰시오.

해답

① 적색리트머스 시험지
② 네슬러 시약을 사용
③ 냄새(취기)
④ 물에 적신 염화수소와 반응(백연)

02 LP가스의 발열량이 26,000[kcal/m³]이다. 발열량 5,000[kcal/m³]로 희석하려면 몇[m³]의 공기를 희석하여야 하는지 계산하시오.

풀이

공기의 희석량을 x라 하면

$$\frac{26,000[kcal]}{(1[m^3] + x[m^3])} = 5,000[kcal/m^3]$$

$$\therefore x = \frac{26,000}{5,000} - 1 = 4.2[m^3]$$

해답

4.2[m³]

03 아세틸렌(C_2H_2)의 용제를 2가지 쓰시오.

해답

① 아세톤($(CH_3)_2CO$)
② 디메틸포름아미드(D.M.F)

04 다음 황화수소에 대한 물음에 답하시오.

① 허용농도 :
② 제해재 2가지 :
③ 누설 시 검지시험지 및 변색상태 :
④ 완전연소 화학반응식 :

해답

① 10[ppm]
② 가성소다 수용액, 탄산나트륨 수용액
③ 초산납 시험지(연당지) - 흑갈색(흑색)
④ 완전연소식 : $2H_2S + 3O_2 \rightarrow 2H_2O + 2SO_2$

05 동일 조건에서 수소와 산소의 확산속도의 비를 계산하시오.

풀이

$$\frac{U_{H2}}{U_{O2}} = \sqrt{\frac{MO_2}{MH_2}} = \sqrt{\frac{32}{2}} = \sqrt{\frac{16}{1}} = 4$$

해답

수소가 산소보다 4배 빠르게 확산한다.

06 사용압력이 2[MPa], 관의 인장강도가 20[kg/mm²] 일 때 스케줄 번호(Sch. No)를 계산하시오. (단, 안전율은 4)

풀이

$$\text{스케줄 번호(Sch. No)} = 10\times\frac{\text{사용압력}(kg/cm^2)}{\text{허용응력}(kg/mm^2)}$$

$$= 10\times\frac{10\times 2(kg/cm^2)}{\frac{20}{4}} = 40$$

(허용응력 = 인장강도/안전율)

해답

스케줄 번호(Sch. No) = 40

07 공기액화분리장치에서 탄산가스 흡수탑에서 CO_2 흡수제로는 일반적으로 NaOH 수용액이 쓰인다. 이때, 1[g]의 CO_2 제거에 NaOH는 몇 [g]이 필요한지 계산하시오.

풀이

$2NaOH + CO_2 \rightarrow Na_2CO_3 + H_2O$

$2\times 40 : 44[g]$

$x : 1[g]$

$\therefore x = \frac{2\times 40\times 1}{44} = 1.8[g]$이 필요하다.

해답

1.8[g]

08 시안화수소의 제법 2가지 및 제조반응식과 사용되는 촉매를 각각 쓰시오.

해답

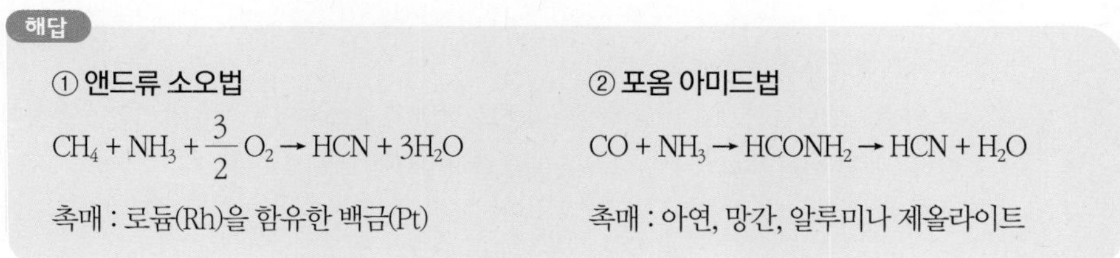

① 앤드류 소오법

$CH_4 + NH_3 + \frac{3}{2}O_2 \rightarrow HCN + 3H_2O$

촉매 : 로듐(Rh)을 함유한 백금(Pt)

② 포옴 아미드법

$CO + NH_3 \rightarrow HCONH_2 \rightarrow HCN + H_2O$

촉매 : 아연, 망간, 알루미나 제올라이트

09 산소가스를 이송하는 배관에서 연소사고가 일어나는 경우가 있다. 그 원인이라고 생각되는 사항을 기술하시오.

해답

① 산소가스 기류 중에 녹, 용접 슬래그, 건조제의 분말 등이 혼합되어 있다
② 배관중에 이물질(유지, 녹 등)의 혼입
③ 밸브의 급격한 개폐
④ 산소가스 중에 수분의 혼입

10 LP가스 저장 탱크의 온도상승 방지를 위하여 살수 장치를 할 경우, 그 규정에 관하여 기술하시오.

해답

탱크의 표면적 1[m²] 당 5[ℓ/min] 이상의 수량을 전표면에 30분 이상 연속적으로 살수할 수 있는 수원에 연결하고 탱크 외면에서 5[m] 이상 떨어진 곳에서 원격조작을 할 수 있을 것

11 암모니아(NH_3)제조장치에서 동(Cu)의 사용 적, 부를 판정하고 사용할 수 없다면, 그 이유를 서술하시오.

해답

① 사용할 수 없다.
② 이유 : 암모니아(NH_3)는 동 등과 같은 금속이온과 반응하여 착이온을 만든다.

12 다단 공기 압축기의 윤활유로 적합한 것을 쓰고, 그 사용 이유를 설명하시오.

해답

양질의 광유를 사용한다.
그 이유로는 등급이 낮은 저급 윤활유를 사용하면 열 분해되어 윤활유의 역할을 못하며, 저급 탄화수소로 되어 분리기에 들어가 폭발의 위험성이 있기 때문이다.

01 부피로서 N_2 55[%], O_2 35[%], CO_2 10[%]인 혼합가스가 있다 이 혼합가스 각 성분의 무게 %를 구하시오.

해답

$$N_2 = \frac{15.4}{31} \times 100 = 49.68[\%]$$

$$O_2 = \frac{11.2}{31} \times 100 = 36.13[\%]$$

$$CO_2 = \frac{4.4}{31} \times 100 = 14.19[\%]$$

02 다음의 독성 가스의 허용농도(ppm)를 쓰시오.

① 염소 ② 시안화수소 ③ 암모니아 ④ 일산화탄소

해답

① 1 [ppm] ② 10 [ppm] ③ 25 [ppm] ④ 50 [ppm]

03 용기의 각인 또는 표시 방법으로서 TP와 FP가 뜻하는 바를 쓰시오.

해답

TP : 내압시험압력[Mpa] FP : 최고충전압력[Mpa]

04 다음 배관 도시 기호에서 기호가 의미하는 유체의 종류를 쓰시오.

〈보기〉 A, O, G, W, S

해답

A : 공기 O : 기름 G : 가스
W : 물 S : 증기

05 가연성 가스의 정의를 간단히 설명하시오.

해답

공기중에서 연소할 수 있는 농도의 체적 [%]로 폭발하한이 10[%] 이하이거나 하한과 상한의 차가 20[%] 이상인 것을 가연성 가스로 규정한다.

06 안전밸브 최소 분출면적 계산식에서 다음 기호를 설명하시오.

$$a = \frac{W}{230P\sqrt{\frac{M}{T}}}$$

해답

① a : 분출부의 유효면적[cm^2]
② W : 1시간당 압축기 가스압출량[kg/h]
③ P : 안전밸브 작동압력[kg/cm^2abs]
④ M : 가스분자량
⑤ T : 분출 직전 가스의 절대온도[°K]

07 배관재료의 구비 조건을 3가지 쓰시오.

해답

① 배관의 가스유통이 원활할 것
② 토양, 지하수 등에 대하여 내식성을 가질 것
③ 용접이 용이하고 가스누설을 방지할 수 있을 것
④ 절단 가공이 용이할 것
⑤ 충격 하중에 견디는 강도를 가질 것

08 원심 압축기는 왕복 압축기에 비해 어떤 장점이 있는지 3가지만 쓰시오.

해답

① 동일 용량에 대하여 외형이 적다. ② 진동이 적다.
③ 오일의 혼입이 적다. ④ 마모가 적다.

09 송수량이 매분 6,000[ℓ], 전양정 45[m], 회전수 1,000[rpm], 펌프효율 60[%]의 볼류트 펌프가 있다.

(가) 이 펌프의 소요동력[kW]을 구하시오.(소수점 첫째 자리까지)
(나) 회전수를 1,500[rpm]으로 증가시킬 때 송수량은 몇 [ℓ/min]인가?
(다) 회전수를 1,500[rpm]으로 증가시킬 때 전양정은 얼마인가?
(라) 회전수를 1,500[rpm]으로 증가시킬 때 출마력은 몇 [kW]가 되는가?

풀이

(가) $kW = \frac{rQH}{102\eta} = \frac{1,000\times6\times45}{102\times0.6\times60} = 73.5$[kW]

(나) $Q' = Q\times\left(\frac{N'}{N}\right) = 6,000\times\left(\frac{1,500}{1,000}\right) = 9000$[ℓ/min]

(다) $H' = H\times\left(\frac{N'}{N}\right)^2 = 45\times\left(\frac{1,500}{1,000}\right)^2 = 101.25$[m]

(라) $W' = W\times\left(\frac{N'}{N}\right)^3 \times 73.5\times\left(\frac{1,500}{1,000}\right)^3 = 248.1$[kW]

해답

(가) 73.5[kW] (나) 9,000[ℓ/min]
(다) 101.25[m] (라) 248.1[kW]

10 밸브의 누설종류 2가지를 쓰고 이를 설명하시오.

해답

① 패킹누설 : 핸들을 완전히 개방하고 충전구를 막은 상태에서 그랜드 너트와 스핀들 사이로 누설하는 것

② 시이트 누설 : 핸들을 완전히 잠근 상태에서 시이트로부터 충전구로 누설하는 것

11 용량 5000[ℓ]의 액산탱크에 액산을 넣어 방출밸브를 개방하여 12시간 방치했더니 탱크 내의 액산이 4.8[kg] 감소했다. 액산의 증발잠열 50[kcal/kg]이라 하면 1시간당 탱크에 침입하는 열량은 몇 [kcal]가 되는지 계산하시오.

풀이

$$Q = \frac{q \cdot W}{H} = \frac{50[kcal/kg] \times 4.8[kg]}{12[hr]} = 20[kcal/hr]$$

해답

20[kcal/hr]

12 다단의 축류 압축기에서 사용되는 깃(날개)의 배열에 따른 분류와 그때의 반동도를 쓰고, 반동도가 무엇인지 설명하시오.

해답

(1) 전후치 정익형 : 반동도 40~60[%]

(2) 후치 정익형 : 반동도 80~100[%]

(3) 전치 정익형 : 반동도 100~120[%]

※ 반동도 : 축류 압축기에서 하나의 단락에 대하여 임펠러에서의 정압상승이 전압상승에 대하여 지지하는 비율

01 다음 중 압력이 큰 것부터 차례대로 쓰시오.

① 3[atm] ② 1500[mmHg] ③ 2[kg/cm²] ④ 18[mAq]

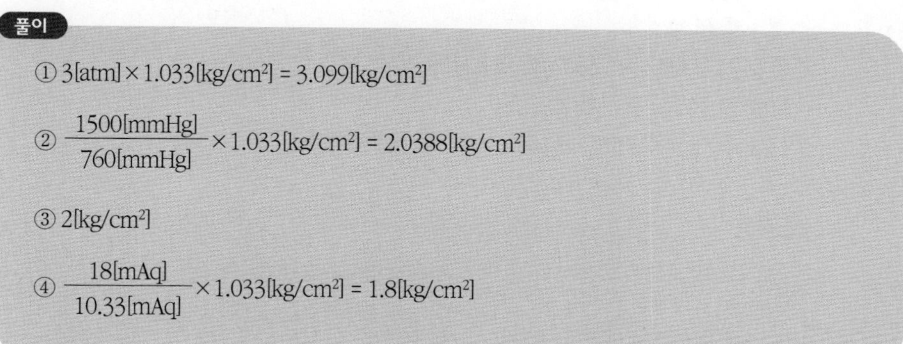

풀이

① 3[atm] × 1.033[kg/cm²] = 3.099[kg/cm²]

② $\frac{1500[mmHg]}{760[mmHg]} \times 1.033[kg/cm^2] = 2.0388[kg/cm^2]$

③ 2[kg/cm²]

④ $\frac{18[mAq]}{10.33[mAq]} \times 1.033[kg/cm^2] = 1.8[kg/cm^2]$

해답

① 3[atm] - ② 1500[mmHg] - ③ 2[kg/cm²] - ④ 18[mAq]

02 1차 압력계는 어떤 종류가 있는지 2가지만 쓰시오.

해답

① 자유피스톤식 압력계 ② 마노미터(액주계)

03 산소제조시설에서 가스 배관 시공 후 유지류를 제거하기 위해서 사용되는 용제를 한 가지 쓰시오.

해답

사염화탄소

04 아세틸렌 충전작업에 관하여 다음 질문에 답하시오.

(가) 충전 시 압력과 충전 후 압력은?
- 충전 시 :
- 충전 후 :

(나) 용기에 채우는 다공질물의 다공도는?
(다) 충전 전 용기검사방법은?
(라) 압축기 냉각기에 사용되는 냉각수 온도는?

해답

(가) • 충전 시 : 2.5[MPa] • 충전 후 : 1.55[MPa]
(나) 다공도 : 75[%] 이상~92[%] 미만
(다) 다공도 검사 및 용제 검사
(라) 20[℃] 이하

05 고압가스 연소성에 따라 구분하면(①)가스, (②) 가스, (③)가스가 있다. ( ) 안에 맞는 말을 써넣으시오.

해답

① 가연성 ② 지연성(조연성) ③ 불연성

06 독성가스의 식별조치에서 사용되는 색깔에 대해 답하시오.

〈보기〉
바탕은 (①)색, 문자는 (②)색이며, 문자의 크기는 가로, 세로 (③) 이상이 되어야 한다.

해답

① 백색 ② 흑색 ③ 10[cm]

07 **가연성 가스 압축기의 정지 시 주의사항에 대한 것을 순서대로 나열하시오.**

〈보기〉
① 최종 스톱밸브를 닫는다.
② 냉각수 주입밸브를 닫는다.
③ 전동기 스위치를 내린다.
④ 각 단의 압력저하 확인 후 주 흡입 밸브를 닫는다.

③ - ① - ④ - ②

08 **터보 압축기의 깃 각도에 의한 분류 3가지를 쓰시오.**

해답

① 다익형　　② 레이디얼형　　③ 터보형

09 **초저온 액화 가스를 취급할 때 유의사항 3가지만 쓰시오.**

해답

① 액체의 급격한 증발에 의한 이상 압력 상승
② 저온에 의해 생기는 물성의 변화
③ 화학적 원인에 의한 것
④ 동상
⑤ 질식

10 이음매 없는 용기 동판의 최대 두께와 최소 두께는 평균 두께의 몇[%] 이내 인지 쓰시오.

해답

20[%] 이하

참고

용접용기의 두께 공차는 10%이하일 것.

11 물의 송수량 6,000[ℓ/min], 전양정 45[m]의 볼류트 펌프로 양수 시 효율이 60[%] 일 때 소요동력은 몇 [PS]인지 계산하시오.

풀이

$$L = \frac{rQH}{75 \times 60 \times \eta} = \frac{1000 \times 6 \times 45}{75 \times 60 \times 0.6} = 100[PS]$$

해답

100[PS]

12 탱크로리로부터 저장탱크에 가스 이, 충전 시 펌프를 사용할 때, 그 단점이 될 수 있는 것을 2가지 쓰시오.

해답

① 베이퍼록의 우려가 있다.

② 이, 충전시간이 길다.

③ 잔가스 회수가 불가능하다.

01 546[℃], 1,520[mmHg], 1.68[ℓ]짜리 기체가 가지는 무게가 0.8[g]이다. 이 기체가 가지는 분자량은 얼마인가?

풀이

$$PV = \frac{W}{M}RT$$

$$\frac{1,520}{760} \times 1.68 = \frac{0.8}{M} \times 0.082 \times (273+546)$$

$$M = \frac{0.8 \times 0.082 \times 819}{2 \times 1.68} = 15.99[kg]$$

해답

15.99[kg]

02 안전간격과 폭발등급의 1등급, 2등급, 3등급에 대하여 설명하시오.

해답

안전간격

8[ℓ] 정도의 구형 용기 안에 폭발성 혼합가스를 채우고 점화시켜 가스가 발화될 때 화염이 용기 외부의 폭발성 혼합가스에 전달되는가 측정해서 화염을 전달시킬 수 없는 한계의 틈을 말한다.

폭발등급

- 1등급 : 안전간격이 0.6[mm] 이상
- 2등급 : 안전간격이 0.6~0.4[mm]
- 3등급 : 안전간격이 0.4[mm] 이하

03 압력계 중에서 압력 변화에 의한 탄성 변위를 이용한 탄성 압력계 종류 3가지만 서술하시오.

해답

① 브르돈관식 압력계
② 벨로우즈식 압력계
③ 다이어프램식 압력계

04 비교 회전도 175, 회전수 3,000[rpm], 양정 210[m]인 3단 원심 펌프에서 유량을 구하시오.

풀이

$$N_s = \frac{N \times \sqrt{Q}}{\left(\frac{H}{n}\right)^{\frac{3}{4}}}$$ 에서

$$\therefore Q = \left[\frac{N_s \times \left(\frac{N}{n}\right)^{\frac{3}{4}}}{N}\right]^2 = \left[\frac{175 \times \left(\frac{210}{3}\right)^{\frac{3}{4}}}{3,000}\right]^2 = 199.2877[m^3/min]$$

해답

199.29[m³/min]

05 저장탱크 내용적이 10,000[ℓ](액화산소), 비중이 1.1일 때 저장능력은 몇 [ton]인지 계산하시오.

풀이

W = 0.9dV에서

W = 0.9×1.1×10,000 = 9,900[kg] = 9.9[ton]

해답

9.9[ton]

06 가스 발생기 장치가 기본적으로 갖추어야할 조건 4가지를 쓰시오.

해답

① 구조가 간단하고, 견고하며, 취급이 간편할 것

② 가스의 수요에 알맞고 일정한 압력을 유지할 것

③ 가열, 지열 발생 등이 적을 것

④ 안전기를 갖추고 산소의 역류, 역화시 발생기에 위험이 미치지 않도록 할 것

07 충전용 주관의 압력계의 검사 주기 및 압력계의 눈금 범위를 쓰시오.

해답

- 검사주기 : 1월에 1회
- 압력계 눈금 범위 : 상용압력의 1.5배~2배의 최고 눈금 범위에 있는 것일 것

08 이음매 없는 고압가스 용기 재질의 화학적 성분은 C, P, S 등이 있다 이들의 함량 기준은 몇 [%] 이내인지 쓰시오.

해답

① C : 0.55[%] 이하

② P : 0.04[%] 이하

③ S : 0.05[%] 이하

09 액화석유가스 충전 용기 설치 시 주의사항을 5가지 이상 쓰시오.

해답

① 20[ℓ](10[kg]) 이상의 용기는 옥외에 설치할 것

② 2[m] 이내의 화기는 장벽으로 차단할 것

③ 주위의 온도는 40[℃] 이하일 것

④ 설치장소는 통풍이 양호하고 직사 일광을 받지 않는 곳일 것

⑤ 용기는 수평으로 설치하고 20[kg] 이상의 용기는 넘어지지 않도록 고정할 것

⑥ 설치장소는 습기가 없는 곳이고 용기 바닥이 녹슬지 않게 콘크리트 바닥 위에 설치할 것

⑦ 옥외 설비로서 금속관과 고무관의 접속부는 호스 밴드로 꼭 조일 것

⑧ 교환 후 비눗물로 누설 여부를 검사할 것

10 배관 공사 시 대표적인 관의 연결방식 3가지를 쓰고 간단히 설명하시오.

해답

① 나사이음 : 배관 양단에 각각 암수 나사를 내어 결합한다.

② 용접이음 : 배관 양단을 맞대고 용접하여 영구 결합한다.

③ 플랜지이음 : 배관 양단에 플랜지를 접합하고 그 사이에 가스켓을 삽입하여 양쪽 플랜지를 볼트와 너트로 체결하여 결합한다.

11 **공급하는 도시가스의 성분이 양질이고 안정한 것인가를 조사하기 위해서 실시하는 분석 및 시험의 종류를 5가지만 쓰시오.**

해답

① 흡수분석법에는 헴펠법, 오르잣트법·게겔법

② 연소분석법에는 폭발법·완만연소법·분별연소법

③ 화학분석법에는 적정법·중량법·흡광 광도법

④ 기기분석법에는 가스 크로마토그래피법·질량분석법·적외선 분광 분석법·전기량에 의한 적정법·저온 정밀 종류 법

⑤ 가스분석계를 이용한 것으로는 밀도식(비중식)·열전도율식·적외선식·반응열식·자기식·용액 도전율식 등이 있다.

PART 3 / 필답형 예상문제

12 **질소 8.44[%](중량 %), 부탄 8.04[%](중량 %)일 때 전압이 15[atm]이었다. 각각의 분압을 구하시오.**

풀이

$$\text{질소의 분압} = \frac{\frac{8.44}{28} \times 22.4}{\left(\frac{8.44}{28} \times 22.4\right) + \left(\frac{8.04}{58} \times 22.4\right)} \times 15 = 10.2748[\text{atm}]$$

부탄의 분압 = 15- 10.2748 = 4.725[atm]

∴ 질소 = 10.27[atm]　　　부탄 = 4.73[atm]

해답

질소 = 10.27[atm]　　　부탄 = 4.73[atm]

필 답 형

예상문제 15회

01 어떤 물질의 질량은 30[g]이고 부피는 600[cm^3]이다. 이 물질의 밀도를 계산하시오.

풀이

$$밀도[g/cm^3] = \frac{30[g]}{600[cm^3]} = 0.05[g/cm^3]$$

해답

$0.05g/cm^3$

02 황화수소의 검출 시약과 변색 상태를 쓰시오.

해답

- 검출 시약 : 초산납 시험지(연당지)
- 변색 상태 : 흑색

03 아세틸렌 가스는 구리 가 62[%] 이상 함유된 동관이나 황동제밸브 등은 사용을 금지 하고 있다. 이 이유를 반응식을 써서 설명하시오.

해답

- 반응식 : $C_2H_2 + 2Cu \rightarrow Cu_2C_2 + H_2$
- 이유 : 폭발성 화합물인 동아세틸라이드(Cu_2C_2)를 생성하기 때문이다.

04 **액화석유가스(LPG) 1[ℓ]는 약 250[ℓ] 가스가 된다. 10[kg] LPG는 몇 [m^3]인지 계산하시오.** (단, 비중은 0.5 이다)

풀이

$$d = \frac{M}{V}$$

$$V = \frac{M}{d} = \frac{10}{0.5} = 20[\ell]$$

10[kg] = 20[ℓ]

∴ 20×250[ℓ] = 5,000[ℓ] = 5[m^3]

해답

5[m^3]

05 **다음에서 압축기가 과열되는 원인으로 추측되는 3가지를 서술하시오.**

해답

① 냉각수 부족 등 냉각기 계통의 불량
② 윤활유의 부족
③ 압축비의 증대

06 **피셔(Fisher) 식 정압기의 압력 이상 저하원인을 3가지만 쓰시오.**

해답

① 정압기 능력 부족
② 필터의 먼지류의 막힘
③ 파일럿 오리피스의 녹 막힘
④ 주 다이어프램의 파손
⑤ 스트로크(stroke)의 조정불량
⑥ 센터스템의 작동불량

07 염소(CL_2)에 대하여 다음 물음에 답하시오.

① 염소의 건조제는?
② 염소 압축기에 사용되는 윤활유는?
③ 염소 용기의 도색은?
④ 염소 용기에 사용되는 안전밸브의 종류는?
⑤ 염소의 비등점은?

해답

① 진한 황산 ② 진한 황산(농황산)
③ 갈색 ④ 가용전식
⑤ -34[℃]

08 공기 1,000[kg] 중에는 산소가 몇 [kg] 포함되어 있는지 계산하시오. (단, 대기 중의 산소는 부피비로 21[%]로 하여 계산할 것)

풀이

$$1{,}000[kg] \times \frac{22.4[m^3]}{29[kg]} = 772.41379[m^3]$$

$$772.41379 \times 0.21 \times \frac{32[kg]}{22.4[m^3]} = 231.72[kg]$$

해답

231.72[kg]

09 액화산소, 액화질소 등과 같은 저비점 액체용 펌프의 사용상 주의점을 3가지 이상 쓰시오.

해답

① 펌프는 가급적 저장탱크 가까이에 설치한다.
② 펌프의 흡입, 토출관에는 신축조인트를 한다.
③ 밸브와 펌프 사이에는 기화 가스를 방출할 수 있는 안전밸브를 설치한다.
④ 운전 개시 전에는 펌프를 청정하여 건조한 다음 펌프를 충분히 예냉시킨다.

10 다음 그림을 보고 물음에 답하시오.

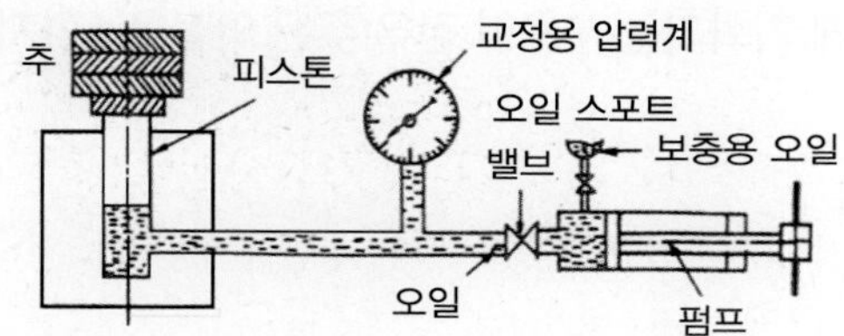

(1) 이 압력계의 명칭은?
(2) 이 압력계에서 게이지 압력을 구하는 식을 다음 기호를 이용하여 쓰시오.

P : 압력　　　　ω : 피스톤의 무게
W : 추의 무게　　a : 실린더 내 단면적

해답

(1) 자유 피스톤식 압력계(또는 부유 피스톤식 압력계)

(2) $P = \dfrac{W + \omega}{a}$

11 **가스 액화 분리 장치용의 밸브는 본체가 극저온이 되나 이것을 개폐하는 밸브 스핀들, 핸들 등은 상온에 노출되어 있어서 열손실이 발생한다. 이러한 열손실을 줄이는 방법 3가지를 쓰시오.**

해답

① 장축 밸브로 열의 전도를 가급적 방지한다.

② 열전도율이 적은 재료를 밸브스핀들 로 사용한다.

③ 밸브 본체의 열용량을 가급적 적게 하여 가동시의 열손실을 줄인다.

④ 외부에 대한 유체의 누설은 열손실뿐 아니라 가스에 따라서는 위험하므로 누설이 적은 밸브를 사용한다.

12 **LPG 설비에 기화기를 사용할 경우 주된 이점을 4가지만 쓰시오.**

해답

① 한랭 시에도 연속적으로 충분한 가스공급이 가능하다.

② 공급 가스의 조성이 일정하다.

③ 설치장소가 절약된다.

④ 설비비 및 인건비가 절약된다.

⑤ 기화량 가감이 용이하다.

01 **산소 가스는 40[ℓ]의 용기에 27[℃], 130기압으로 압축 저장하게 된다. 다음 물음에 답하시오.**

① 이 용기 속에는 몇[mol]의 산소가 들어 있는가?
② 이 용기 속에 있는 산소는 몇[kg]인가?

풀이

① PV = nRT에서

$130 \times 40 = n \times 0.082 \times 300$

∴ n = 211.38몰

② 1[mol]은 32[g](0.032[kg])이므로 $0.032 \times 211.38 = 6.76$[kg]

해답

① 211.38[mol]　② 6.76[kg]

02 **압축기 운전 중 압력계의 눈금이 변화되었을 경우 기계적 고장에 의한 원인 4가지를 쓰시오.**

해답

① 용량 조정장치의 작동 불균일
② 그랜드 패킹의 마모 또는 파손
③ 피스톤 링의 마모
④ 흡입·토출밸브의 고장
⑤ 배관의 플랜지 부분 등 기밀부 누설
⑥ 압력계 자체의 고장
⑦ 압력계용 밸브의 조정 불량

03 LNG에 대하여 다음 물음에 답하시오.

(1) 1[atm]일 때의 비점은 약 몇 [°C] 인가?
(2) LNG를 0[°C], 1[atm]로 가스화했을 때의 용적비는?
(3) LNG 저장탱크와 접촉하는 부분의 재질 3가지만 쓰시오.
(4) 천연가스와 비교하여 LNG의 장점 3가지만 쓰시오.

해답

(1) -162[℃]

(2) 600배

(3) 알루미늄 합금강, 9% 니켈강, 18-8 스테인레스강

(4) ① 액화하면 1/600로 체적을 줄일 수 있다.
② 불순물을 함유하지 않는다.
③ 대량의 천연가스를 액상으로 수송이 용이하다.

04 액 이송펌프에서 공기의 흡입원인을 3가지 쓰시오.

해답

① 탱크의 수위가 낮아졌을 때
② 흡입 관로 중에 공기 체류부가 있을 때
③ 흡입관의 누설

05 신축흡수관의 설치에 있어서 주의할 점을 3가지만 설명하시오.

해답

(1) 연간의 온도변화에 의한 신축량을 충분히 흡수할 수 있는 신축이음 계수를 계산한다.

(2) 신축이음의 설치 간격을 같게 하고 그 흡수량이 균등히 되도록 각 구간마다 관체를 견고히 지지하는 조치를 강구한다.

(3) 부착 후의 유지관리상, 신축량의 측정 점검과 보수하기 쉬운 설치장소, 발판 등을 설치 하여야 한다.

06 **내용적 20[m³]의 저장탱크에 질소가스로 치환하기 위해 질소가스를 게이지 압력으로 3기압 으로 가압한 후 가스방출관의 밸브를 열었다. 가스를 방출한 후 내부에 잔류하는 산소의 농도는 몇 %나 되는지 계산하시오.** (단, 공기 중의 산소의 농도는 21%이다.)

풀이

$$\frac{20[m^3]\times 0.21}{20[m^3]\times(1+3)}\times 100 = 5.25[\%]$$

해답

5.25[%]

07 **30[℃]의 물 1[kg]을 대기압에서 가열하여 비등시켰다. 이 결과 물은 800[g]으로 감소했다. 이 과정에 물에 흡수된 열량은 몇[kcal]인지 계산하시오.** (단, 물의 증발열은 540[kcal/kg]으로 한다.)

풀이

① 1[kg]의 물을 30[℃]에서 100[℃]까지 가열하는데 요하는 열량은

$Q_1 = G\cdot C\cdot \Delta t$

$= 1\times 1\times(100-30) = 70[kcal]$

② 0.2[kg]의 물을 증발시키는데 필요한 열량

$Q_2 = G\times r$

$= 0.2[kg]\times 540[kcal/kg] = 108[kcal]$

$\therefore Q = Q_1 + Q_2$

$= 70 + 108$

$= 178[kcal]$

해답

178[kcal]

08 축류 압축기에서 베인의 배열에 따른 종류를 3가지 들고 그 반동도 값을 쓰시오.

해답

① 후치 정익형 : 반동도 80~100[%]

② 전치 정익형 : 반동도 100~120[%]

③ 전후치 정익형 : 반동도 40~60[%]

09 다음 가스홀더에 관한 질문에 답하시오.

(1) 구형 가스홀더 사용 시 장점 4가지
(2) 가스홀더의 기능 3가지

해답

(1) ① 강도가 크다

② 용량이 크다.

③ 표면적이 가장 적다.

④ 보존, 관리 면에서 유리하다.

⑤ 기초 구조가 단순해 공사가 용이하다.

⑥ 탱크 완성 시 충분한 내압 및 기밀시험을 행하므로 누설이 방지된다.

⑦ 형태가 아름답다.

(2) ① 가스 수요의 시간적 변동에 대하여 일정한 제조 가스량을 안정하게 공급하고 여분의 가스를 저장한다.

② 정전 및 배관공사 등 제조및 공급설비의 일시적 지장에 대하여 어느 정도 공급을 확보한다.

③ 각 지역에 가스홀더를 설치하여 최고 피크시 사용처의 공급을 가스홀더에 의해 공급함과 동시에 배관의 수송효율을 높인다.

④ 조성이 변동하는 제조가스를 저장 혼합하여 공급 가스의 열량 성분, 연소성 등을 균일화한다.

10 다음은 아세틸렌 제조 공정도를 나타낸 것이다.

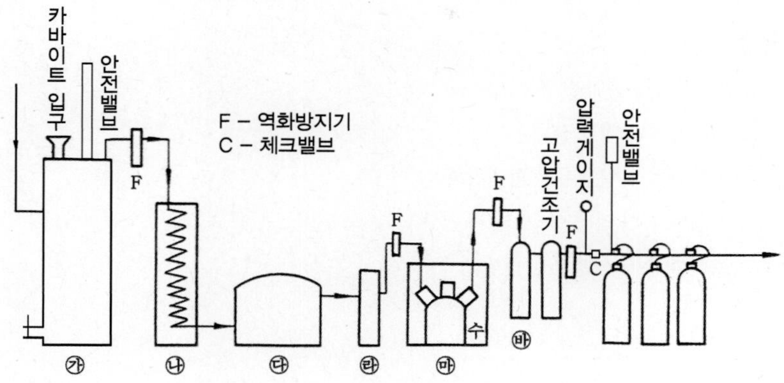

① ㉮~㉳ 부분의 명칭을 쓰시오.

② 가스발생 시 카바이트에서 생기는 불순가스를 5가지만 쓰시오.

해답

① ㉮ 가스발생기 ㉯ 쿨러

㉰ 가스청정기 ㉱ 저압건조기

㉲ 가스압축기 ㉳ 유분리기

② 인화수소(PH_3), 황화수소(H_2S), 질소(N_2), 산소(O_2), 암모니아(NH_3), 수소(H_2), 일산화탄소(CO), 규화수소(SiH_4)

11 어떤 기체의 열량이 2,400[kcal/m³]이다. 이 기체 1[m³]를 공기 3[m³]로 희석하였을 때, 혼합기체의 열량은 몇 [kcal/m³]인지 계산하시오.

풀이

$$\frac{2{,}400[\text{kcal/m}^3]}{(1+3[\text{m}^3])} = 600[\text{kcal/m}^3]$$

해답

600[kcal/m³]

12 **다음 터어보 압축기의 운전 중 긴급히 정지시켜야 할 중요한 원인 3가지를 쓰시오.**

해답

① 서징(surging)의 발생
② 압축기의 기계적 진동
③ 축봉장치 및 윤활유의 압력강하
④ 흡입 드럼의 액면 상승
⑤ 로터 파손에 의한 이상음 발생

필답형 예상문제 17회

01 **수소 취성을 방지하기 위해서 강에 첨가하는 적당한 원소 명칭을 4가지 이상 쓰시오.**

해답

크롬(Cr), 티탄(Ti), 바나듐(V), 텅스텐(W), 몰리브덴(Mo)

02 **3.6[m³/min]을 양수하는 펌프 송출구의 안지름이 23[cm]일 때 유속은 몇[m/sec]인지 계산하시오.**

풀이

유량[Q] = 단면적[A] × 유속[V]

$$\therefore \text{유속[V]} = \frac{\text{유량[Q]}}{\text{단면적[A]}}$$

$$\frac{3.6[m^3/min]}{\frac{\pi}{4} \times 0.23^2 \times 60} \fallingdotseq 1.44[m/sec]$$

해답

1.44[m/sec]

03 **다음 화합물 중 탄소 함유율이 높은 순서대로 쓰시오.**

〈보기〉 CO_2, CH_4, CO

풀이

$$CO_2 \text{ 탄소 함유율} = \frac{12}{44} \times 100 = 27.27[\%]$$

$$CH_4 \text{ 탄소 함유율} = \frac{12}{16} \times 100 = 75[\%]$$

$$CO \text{ 탄소 함유율} = \frac{12}{28} \times 100 = 42.86[\%]$$

해답

① CH_4 ② CO ③ CO_2

04 다음 온도 측정용 열전대 온도계의 열전대 소자의 구성조건 4가지를 쓰시오.

해답

① 열기전력이 높을 것
② 온도의 상승과 함께 열기전력도 연속으로 상승할 것
③ 내열, 내식성이 있고 고온에서 기계적 강도가 클 것
④ 가격이 저렴하고 가공이 쉽고 동일 특성의 것을 쉽게 만들 수 있을 것
⑤ 전기저항 및 온도계수가 작을 것

05 폭굉(데토네이션 : Detonation)의 정의를 간단히 쓰시오.

해답

가스 중의 음속보다 화염 전파속도가 큰 경우로서 충격파라고 하는 솟구치는 압력파가 생겨 격렬한 파괴작용을 일으키는 원인을 말한다.

참고

폭굉과 연속압력의 전파현상 폭굉 이외의 연소 및 폭발은 화염 전파속도가 음속 이하이며, 파면에는 충격파가 생기지 않으므로 압력 파형을 그리면 그림처럼 반응 직후에 약간의 압력 상승이 있을 뿐으로 압력은 곧 파면 전후에 없어진다.

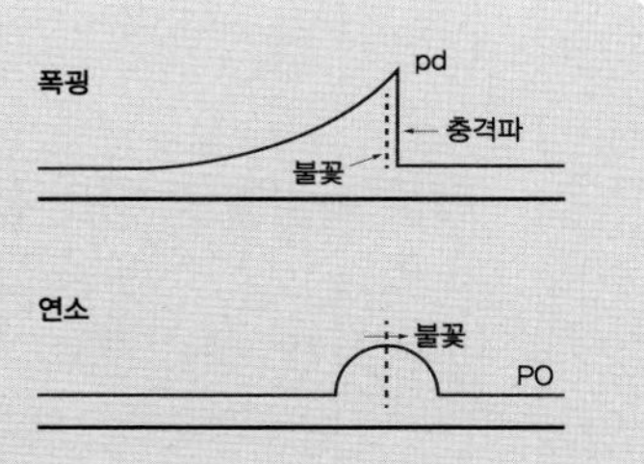

06 압축가스를 단열 팽창시키면 온도와 압력이 강하한다. 이와 같은 현상을 무슨 효과라 하는지 쓰시오.

해답

쥬울-톰슨효과(Joule-Thomson effect)

07 **200[ton/hr]의 물을 내경 25[cm]의 강관으로 수송한다면 관내의 평균 유속[m/sec]은 얼마인지 계산하시오.**

풀이

$Q = A \times V$

$$관의\ 단면적[A] = \frac{\pi}{4} d^2$$

$$= 0.785 \times 0.25^2 = 0.049[m^2]$$

$$유량(Q) = 200[ton/h] = 200[m^3/h]$$

$$= \frac{200[m^3]}{3{,}600[sec]} = 0.0556[m^3/sec]$$

$$\therefore\ 평균유속[m/sec] = \frac{유량[m^3/sec]}{단면적[m^2]}$$

$$= \frac{0.0556}{0.049} = 1.13[m/sec]$$

해답

1.13[m/sec]

08 **가연성가스에서는 전기기기를 방폭구조로 하게 된다. 이때 사용되는 방폭구조 종류를 4가지 쓰시오.**

해답

① 내압방폭구조 ② 유입방폭구조 ③ 압력방폭구조
④ 안전증방폭구조 ⑤ 본질안전방폭구조

09 LP 가스 기구에서 LP 가스의 분출량 Q[m³/hr]를 구하는 식을 쓰고 그 기호에 대하여 설명하시오.

해답

$$Q[m^3/hr] = 0.009D^2\sqrt{\frac{h}{d}}$$

Q : 노즐에서의 가스분출량[m³/hr]

D : 노즐의 직경[mm]

h : 노즐직전의 가스압력[mmAq]

d : 가스의 비중

10 이 그림은 액화산소용 초저온용기이다. 다음 물음에 답하시오.

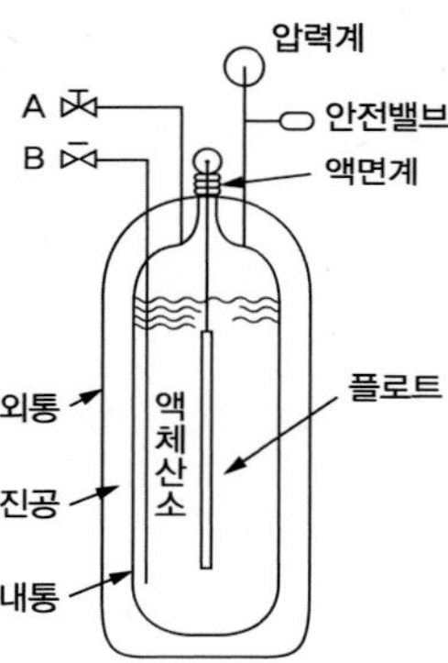

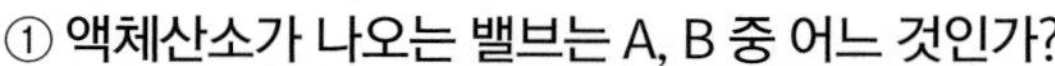
① 액체산소가 나오는 밸브는 A, B 중 어느 것인가?
② 외통과 내통 사이 진공도는 10^{-8}[mmHg]인데 이유를 간단히 설명하시오.
③ 1기압에서 액체산소의 비점(b.p)은?

해답

① B

② 진공에 의한 열전달을 차단하기 위하여

③ -183[℃]

11 공기 액화 분리장치의 폭발 원인 4가지를 쓰시오.

해답

① 공기 취입구로부터 아세틸렌 혼입

② 압축기용 윤활유 분해에 의한 탄화수소의 생성

③ 공기중의 NO, NO_2 등 질소화합물의 혼입

④ 액체 공기중의 오존(O_3)의 혼입

12 염소가스 1,250[kg]을 용량이 50[ℓ]인 용기에 충전하려면 몇 본의 용기가 필요한지 계산하시오. (가스정수 0.8)

풀이

$G = \frac{V}{C}$ 에서

$= \frac{50}{0.8} = 62.5[kg]$

$\therefore \frac{1,250}{62.5} = 20$[본]

해답

20[본]

필 답 형

예상문제 18회

01 유체가 흐르는 관로 속에서 전압과 정압의 차 즉, 동압을 측정하여 유량을 산출하는 계측기기의 명칭을 쓰시오.

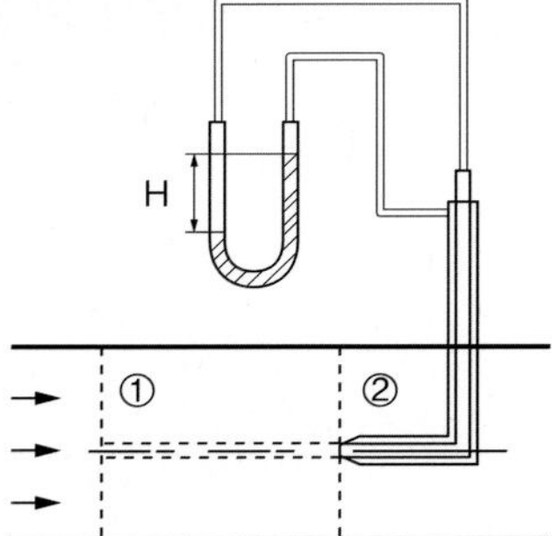

해답

피토관(Pitot tube)

참고

그림과 같이 유체 중에 피토관(Pitot)을 삽입하고 전압과 정압의 그 차압 즉, 동압을 구하여 유량을 계산한다.

02 카바이트 취급 시 주의사항 5가지 이상을 쓰시오.

해답

① 드럼통은 신중히 취급할 것
② 습기가 있는 곳을 피할 것
③ 저장실은 통풍이 양호할 것
④ 카바이트는 우천시 수송을 금지할 것
⑤ 인화성 가연성 물질과 혼합해서 적재하지 말 것
⑥ 드럼통을 뗄 때는 타격을 가하지 말고 작두식 기계로 떼어낼 것
⑦ 드럼통은 지면에 놓지 말고 벽돌 등으로 고여둘 것

03 금속재료가 고압장치 재료로 사용되는 경우에 고려해야 할 중요 사항 4가지를 쓰시오.

해답

① 내열성 ② 내식성 ③ 내냉성 ④ 내마모성

04 액화석유가스[LPG]를 이송하는 펌프에 베이퍼록(Vapo Lock)이 생기는 것을 방지하기 위한 방법 3가지를 쓰시오.

해답

① 실린더 라이너의 외부를 액화석유가스 자켓(Jacket)으로 냉각시킨다.

② 펌프의 설치 위치를 낮춘다.

③ 흡입관경을 크게 하고 외부를 단열 조치한다.

참고

베이퍼 록(Vapor Lock) 현상이란?

액송펌프를 이용하여 이충전할 경우, 저 비점 액체가 비등하여 기화하는 현상으로 작업 중 베이퍼 록이 발생되면 바이패스를 열어서 가스를 저장탱크로 보낸다.

05 다음 그림은 터빈 펌프의 성능곡선이다. A, B, C의 곡선은 각각 무엇을 표시하는지 쓰시오.

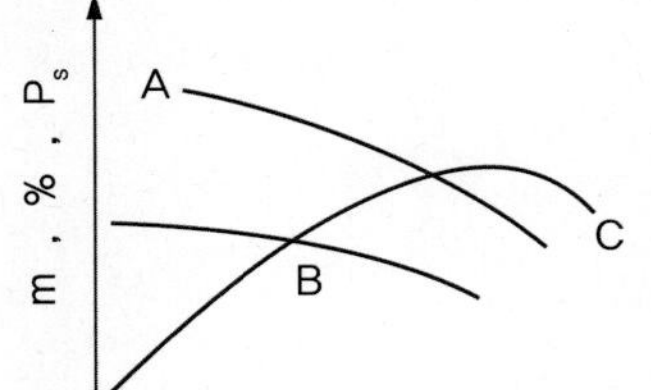

해답

A : 양정 곡선

B : 축동력 곡선

C : 효율 곡선

06 연료로 가스를 공급하는데 건물의 높이가 45[m]이다. 공급되는 가스의 비중은 1.52인데 배관입상에 의한 압력손실을 계산하시오.

풀이

입상배관 압력손실[mmH_2O] = 1.293 (S-1)H

$1.293 \times (1.52-1) \times 45[m] = 30.256[mmH_2O]$

해답

30.26[mmH_2O]

07 초저온 용기 단열 성능시험에 있어서 시험용으로 쓰이는 액화가스 3가지를 쓰시오.

해답

① 액화 산소 ② 액화 질소 ③ 액화 아르곤

08 유체가 5[m/sec]의 속도로 흐를 때, 이 유체의 속도 수도는 몇 [m]인지 계산하시오.

(단, 중력가속도는 9.8[m/sec]이다)

풀이

$$속도수도(h) = \frac{V^2}{2g_c}$$

$$= \frac{5^2}{2 \times 9.8} = 1.28[m]$$

해답

1.28[m]

09 액화수소 및 기타 저온 액화가스 저장 중 외부열의 침입 요인이라 생각되는 사항 5가지를 쓰시오.

해답

① 단열재를 충전한 공간에 남은 가스 분자의 열전도

② 외면으로부터의 열복사

③ 연결되는 파이프로 전달되는 열전도

④ 지지 요오크에서의 열전도

⑤ 밸브, 안전밸브 등에 의한 열전도

10 기 액화 분리장치에서 수분의 제거 이유와 제거 방법을 간단히 기술하시오.

해답

① 제거 이유 : 수분은 저온에서 얼음(고형)이 되어 장치의 벨브나 배관을 폐쇄시킬 우려가 있으므로 제거해야 한다.

② 제거 방법 : 실리카겔, 활성 알루미나, 몰리큘러시브, 소바비드 등에 의한 흡착이 사용된다.

11 다음 가스에 맞는 브르동관 압력계의 재질을 쓰시오.

① 암모니아용 : ② 아세틸렌용 :

해답

① 암모니아용 : 연강 ② 아세틸렌용 : 연강재, 62[%] 미만의 황동

12 다음 물음에 간단히 답하시오.

① 다공도의 측정 온도는 몇 [℃]인가?
② 다공물질의 성능시험에서 진동시험의 합격기준을 2가지 쓰시오 .

해답

① 20[℃]

② ㉮ 다공도 80[%] 이상인 것 : 콘크리트 바닥 위에 놓은 강괴 위에 7.5[cm]의 높이에서 1,000회 반복 낙하하여 길이 방향으로 절단 후 침하, 공동, 갈라짐이 없을 것

㉯ 다공도 80[%] 미만인 것 : 목재연와위에 5[cm]의 높이에서 1,000회 반복 낙하하여도 공동이 없고 침하량이 3[mm]이내일 것

필 답 형

예상문제 19회

01 고압장치 금속재료 중 고온 재료의 구비조건 4가지를 기술하시오.

해답

① 접촉 유체에 대한 내식성이 클 것
② 조작 중 예상되는 고 온도에 있어서 상당한 기계적 강도를 보유하고 또한 냉각 시 재질의 열화를 일으키지 않을 것
③ 크리프 강도가 클 것
④ 가공이 용이하고 값이 쌀 것

02 유량 측정에서 간접법으로 측정하는 유량계 4가지를 쓰시오.

해답

피토관, 오리피스 미터, 벤튜리 미터, 로우터 미터

03 펌프에서 발생되는 베이퍼록(Vapor Lock) 현상의 발생원인 4가지를 쓰시오.

해답

① 이송되는 액체의 온도 상승으로 인한 증기 발생 또는 흡입관 외부의 온도가 상승된 경우
② 펌프의 냉각기능 불량이나 정상 작동되지 못한 경우
③ 흡입 관경이 적거나 펌프의 설치 위치가 적당하지 않을 때
④ 흡입 관로의 막힘, 스케일 부착 등에 의해 저항이 증대하였을 때

04 수분이 존재하면 일반 강재를 부식시키는 가스를 3가지 이상 쓰시오.

해답

① 염소 ② 아황산가스 ③ 이산화탄소 ④ 황화수소

참고

① 염소는 염산을 생성

② 아황산은 황산을 생성

③ 이산화탄소는 탄산을 생성

④ 수분을 함유한 황화수소는 금, 백금 등의 일부를 제외하고 거의 모든 금속과 작용함

05 **다음 차트(T-S선도)에서와 같이 같은 조건에서 린데식 액화장치에 의한 액체 공기로 취출할 수 있는 비율 즉, 액화율은 얼마가 되는지 쓰시오.** (단, q=0 이다.)

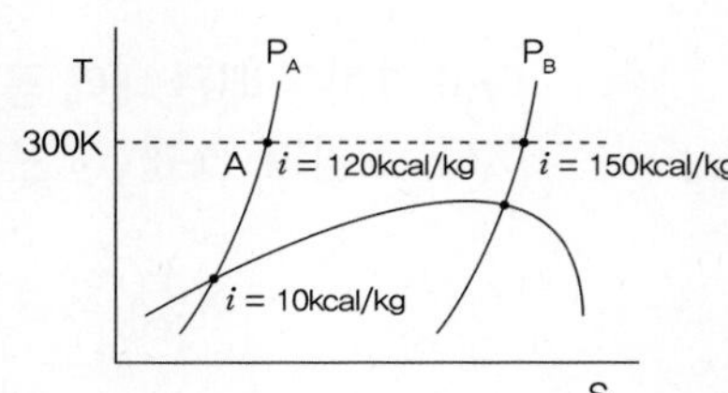

풀이

$$Y = \frac{i_B - i_C - q}{i_B - i}$$

$$= \frac{150 - 120}{150 - 10} \times 100 = 21[\%]$$

해답

21[%]

06 **공기 희석 가스를 쓰는 이유를 2가지 쓰시오.**

해답

① 발열량 조절 ② 재액화 방지

07 가연성가스를 취급하는 장소에서 사용하는 불꽃이 발생하지 않는 안전공구의 재료 명칭 4가지를 쓰시오.

해답

① 고무 ② 나무 ③ 플라스틱

④ 베릴륨 합금 ⑤ 가죽

08 다음 그림은 배관 내에 공기가 유동하고 있을 때 전압, 정압, 동압을 측정하는 모양이다. 그림의 ①, ②, ③은 각각 무슨 압력을 측정하는 것인지 서술하시오.

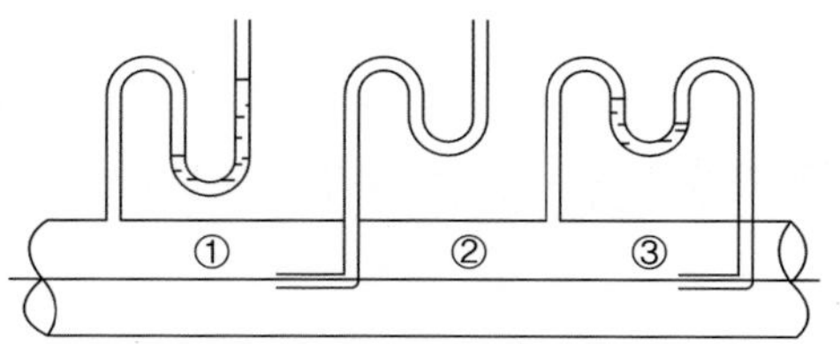

해답

① 정압 ② 전압 ③ 동압

09 질소 60[%], 산소 30[%], 이산화탄소 10[%]의 부피조성을 중량[%]로 고쳐 구하시오.

풀이

부피조성은 몰[%]와 같으므로 혼합기체 100몰 중 질소 60몰, 산소 30몰, 이산화탄소 10몰과 같다. 따라서, 각 가스의 분자량은 N_2 : 28, O_2 : 32, CO_2 : 44이므로

N_2의 중량 $= 28 \times \frac{60}{100} = 16.8[g]$ $\therefore$ N_2의 중량 $[\%] = \frac{16.8}{16.8 + 9.6 + 4.4} \times 100 = 54.5[\%]$

O_2의 중량 $= 32 \times \frac{30}{100} = 9.6[g]$ $\therefore$ O_2의 중량 $[\%] = \frac{9.6}{16.8 + 9.6 + 4.4} \times 100 = 31.2[\%]$

CO_2의 중량 $= 44 \times \frac{10}{100} = 4.4[g]$ $\therefore$ CO_2의 중량 $[\%] = \frac{4.4}{16.8 + 9.6 + 4.4} \times 100 = 14.3[\%]$

해답

N_2의 중량[%] : 54.5[%]

O_2의 중량[%] : 31.2[%]

CO_2의 중량[%] : 14.3[%]

10 **다음 용어를 간단히 설명하시오.**

① 크리이프(creep) 현상
② 가공경화

해답

① 재료에 일정 하중을 가한 상태에서 시간과 더불어 변형이 증대하는 현상
② 금속을 가공함에 따라 경도가 크게 되는 현상

11 **폭굉유도거리가 짧아질 수 있는 조건 4가지를 쓰시오.**

해답

① 정상 연소 속도가 큰 혼합 가스일수록
② 관속에 방해물이 있거나 관경이 가늘수록
③ 압력이 높을수록
④ 점화원의 에너지가 클수록

참고

폭굉유도거리(DID)란 관 속에 폭발성 가스가 존재할 때, 최초의 완만한 연소가 격렬한 폭굉으로 발전할 때까지의 거리를 말한다.

12 **전기방식은 방식전류가 흐르는 방향에 의해 구분된다. 이 중 전기방식법 4가지로 분류하시오.**

해답

① 유전양극법(희생양극법)　② 외부전원법
③ 선택배류법　④ 강제배류법

필 답 형

예상문제 20회

01

LP가스 구성비가 중량[%]로 C_3H_8 90[%], C_4H_{10} 10[%] 혼합되어 있다. 이것을 용량[%]로 환산하시오.

풀이

C_3H_8의 용량은 $90[g] \times \frac{22.4[\ell]}{44[g]} = 45.818[\ell]$

C_4H_{10}의 용량은 $10[g] \times \frac{22.4[\ell]}{58[g]} = 3.86[\ell]$

C_3H_8의 용량[%] $= \frac{45.82}{45.82 + 3.86} \times 100 = 92.23[\%]$

C_4H_{10}의 용량[%] $= \frac{3.86}{45.82 + 3.86} \times 100 = 7.77[\%]$

해답

① 92.23[%] ② 7.77[%]

02

다음 독성가스의 검지방법과 누출 시 재해방지에 사용하는 흡수제 또는 중화제를 각각 하나씩 기입하시오.

가스명	검지법	흡수(중화제)
암모니아		
염소		
시안화수소		
포스겐		
황화수소		

해답

가스명	검지법	흡수(중화제)
암모니아	① 염화수소와 반응 백연(白煙) ② 네슬러 시약 ③ 붉은 리트머스 시험지 ④ 냄새(취기)	① 다량의 물
염소	① 암모니아에 의한 백연 ② KI 전분지	① 소석회 ② 탄산소다 수용액 ③ 가성소다 수용액
시안화수소	① 질산구리벤젠지	① 가성소다 수용액
포스겐	① 하리슨 시험지	① 가성소다 수용액
황화수소	① 초산납 시험지(연당지)	① 다량의 물 ② 가성소다의 알칼리 용액

03 초저온 액화가스에 적응성이 있는 금속재료 2가지를 쓰시오.

해답

① 9[%] 니켈(Ni)강
② 18-8 스테인레스강(Cr 18[%], Ni 8[%])
③ 알루미늄(Al)합금강

04 저온가스 액화 분리장치의 구성 요소 3가지를 쓰시오.

해답

① 한랭발생장치
② 정류장치
③ 불순물 제거장치

05 다음 이음매 없는 고압 용기의 제조방법을 3가지 쓰시오.

해답

① 만네스만식
② 에르하르트식
③ 딥 드로잉식

06 다음 가스 배관의 금속재료의 부식을 억제하는 방식법 4가지를 쓰시오.

해답

① 부식환경의 처리에 의한 방식법
② 인히비터(부식 억제제)에 의한 방식법
③ 피복에 의한 방식법
④ 전기적인 방식법(희생양극법/외부전원법/선택배류법/강제배류법)

07 고압장치 운전 중 점검사항 6가지를 쓰시오.

해답

① 누출 유무　② 진동 유무　③ 이상음 유무
④ 온도이상 유무　⑤ 냉각수량의 온도　⑥ 윤활유 상태
⑦ 압력의 이상 유무

08 저온장치에 많이 사용되는 팽창기의 종류 2가지를 쓰시오.

해답

① 왕복동식 팽창기　② 터보식 팽창기

09 자연발화를 일으킬 수 있는 요인을 4가지 쓰시오.

해답

① 분해열 ② 발화열 ③ 산화열 ④ 중합열

10 가스 제조장치에 설치하는 접지선의 저항값의 기준은 얼마인지 서술하시오.

해답

총합 100[Ω]이하, 단, 피뢰설비 시 10[Ω] 이하이다.

11 액화 프로판 가스 100[kg]을 내용적 20[ℓ]의 용기에 충전하기 위해 소요되는 용기의 본 수를 구하시오. (단, 액화 프로판의 비중은 0.53이며, 가스 정수는 2.35이다.)

풀이

$$G = \frac{V}{C}$$

$$= \frac{20}{2.35} = 8.51[kg]$$

$$\therefore \text{용기 본수} = \frac{100[kg]}{8.51[kg/본]} = 11.75 ≒ 12본$$

해답

12본

12 **LP 가스 배관에 있어서 저압배관의 가스유량 계산식을 쓰고 그 기호에 대하여 설명하시오.**

해답

$$Q = K \times \sqrt{\frac{D^5 H}{S \cdot L}}$$

Q : 가스유량[m^3/hr]

S : 가스비중

H : 허용 압력손실[mmH_2O]

D : 관의 내경[cm]

K : 유량계수[폴의 정수 0.707]

L : 관의 길이[m]

필 답 형
예상문제 21회

01 환경문제로 현재는 수소에너지 가 일상에 급속히 전환되고 있다. 수소 품질검사 시 유지되어야할 순도와 사용되는 시약을 2가지 쓰시오.

해답

- 품질검사 순도 : 98.5[%] 이상
- 품질검사 시약 : 피로카롤시약, 하이드로설파이드시약

02 다음 다이어프램의 압력계의 특징을 3가지를 쓰시오.

해답

(1) 미소한 차압 +, - 측정에 유용하다
(2) 부식성 유체 측정이 가능하다
(3) 측정에서 응답속도가 빠르다
(4) 온도의 영향을 받기 쉽다

03 열과 일은 변환할 수 있고 에너지 불변의 법칙이라고도 하는 열역학법칙은 제 몇 법칙인지 쓰시오.

해답

제1법칙

04 고압가스 제조시설의 신규 설치에 있어서 다음 항목에 대한 기준을 쓰시오

(1) 가연성 가스와 산소가스 고압설비 상호간의 거리는 몇 [m] 이상인가?
(2) 가연성 가스와 고압가스 설비 상호간의 거리는 몇 [m] 이상인가?
(3) 배관의 유지온도는 몇 [℃] 이하인가?
(4) 액화가스 배관에 설치할 계측기 2가지는?

해답

(1) 10[m] (2) 5[m] (3) 40[℃] 이하 (4) 압력계, 온도계

05 1 [m³]의 탱크에 100[atm], 27[℃]의 공기가 충전되어 있다. 이 탱크가 파열되었을 때 압축공기의 가역팽창에 의해 이루어진 최대일 (J)을 계산하시오. (단, 유효수 4자리까지 구하시오)

풀이

최대일량(W)는

$$W = \int_1^2 pdv = nRTIn\left(\frac{V_2}{V_1}\right) = nRTIn\left(\frac{P_2}{P_1}\right)$$

$$= \frac{100\times 1,000}{0.082\times(273+27)}(1.987)(273+27)(2.303)\log\left(\frac{100}{1}\right)$$

$$= 1.12\times 10^7[cal] = 1.12\times 10^7\times 4.184 = 4.69\times 10^7[J]$$

해답

4.69×10^7[J]

06 아세틸렌 가스에 사용이 제한되는 금속 재료 중 가장 대표적인 것은 무엇인지 쓰시오.

해답

구리 또는 구리 함유량이 62[%] 이상인 동합금

07 500[ℓ]의 용기에 50[atm] 25[℃]에서 O_2가 충전되어 있다. 몇[kg]이 충전되어 있는지 계산하시오. (단, 이상 기체로 가정한다)

풀이

$$PV = \frac{W}{M}RT \qquad \therefore W = \frac{PVM}{RT} = \frac{50\times 500\times 32}{0.082\times(273+25)} = 32738.58[g] \fallingdotseq 32.74[kg]$$

해답

32.74[kg]

08 일산화탄소 전화법에 의한 수소의 생성에서 반응식은 다음과 같다.

$CO + H_2O \rightarrow CO_2 + H_2 + 9.8$[kcal]

그러나 통상 이 반응은 2단으로 구분되어 제1단은 고온 전화촉매에 의한 반응으로 350~500[℃]에서 일어나며 제2단은 저온 전화촉매에 의한 반응으로 200~250[℃]에서 일어난다. 각 단의 촉매를 쓰시오.

① 제1단계의 촉매
② 제2단계의 촉매

해답

① Fe_2O_3 - Cr_2O_3 ② CuO - ZnO

09 다음 물음에 답하시오.

① 수소폭명기의 반응식을 쓰시오.
② 염소폭명기의 반응식을 쓰시오.

해답

① $2H_2 + O_2 \longrightarrow 2H_2O$ ② $Cl_2 + H_2 \xrightarrow{\text{일광}} 2HCl$

10 가스 장치로부터 미량의 가스가 누출될 경우, 가스의 검지에 사용되는 시험지 종류와 변색 상태를 쓰시오.

㉮ 암모니아 :
㉯ 일산화탄소 :
㉰ 염소 :
㉱ 황화수소 :
㉲ 시안화수소 :
㉳ 아세틸렌 :

해답

㉮ 적색리트머스시험지 : 청색
㉯ 염화파라듐지 : 흑색
㉰ KI전분지 : 청색
㉱ 초산납시험지(연당지) : 황갈색
㉲ 질산구리벤젠지 : 청색
㉳ 염화제1동착염지 : 적색

11 LPG 저장탱크를 지하에 매설하는 경우에서 다음 물음에 답하시오.

① 저장탱크실의 규격은?
② 탱크 정상부와 지면과의 거리는?
③ 저장탱크와 콘크리트실의 공간에 채우는 물질은?
④ 탱크를 2개 이상 인접 설치 시 상호간 유지 거리는?

해답

① 외면을 아스팔트로 코팅하고 바닥, 벽 및 뚜껑의 두께가 각각 30[cm] 이상의 방수 조치를 한 콘크리트로 만들 것
② 60[cm] 이상
③ 마른 모래
④ 1[m] 이상

12 땅속 매설 배관의 전기 화학적 부식 원인을 4가지 쓰시오.

해답

① 다른 종류의 금속 간의 접촉에 의한 부식
② 국부 전지에 의한 부식
③ 농염 전지 작용에 의한 부식
④ 미주 전류에 의한 부식

01 **가스 분석 시 가스 흡수법 중 이산화탄소(CO_2)의 흡수제로 사용하는 시약을 쓰시오.**

해답

KOH 용액

02 **수소가스 제조에서 H_2S의 제거 방법 종류를 4가지 쓰시오.**

해답

① 수소화탈황법 ② 탄산소다 흡수법 ③ 알카티드법 ④ 타이록스법

03 **용적비율로 프로판 15[%], 메탄 70[%], 에탄 10[%], 부탄 5[%]의 혼합가스의 폭발 하한계를 구하시오.** (단, 각 성분의 가스 폭발 하한계는 프로판 2.1[%], 메탄5[%], 에탄 3[%], 부탄1.8[%]이다) (답은 소수점 둘째짜리에서 반올림할 것)

풀이

$$\frac{100}{L}=\frac{15}{2.1}+\frac{70}{5}+\frac{10}{3}+\frac{5}{1.8}$$

$$\therefore L=\frac{100}{\frac{15}{2.1}+\frac{70}{5}+\frac{10}{3}+\frac{5}{1.8}}=3.67[\%]$$

해답

3.67[%]

04 LP가스의 불완전 연소되는 원인 5가지를 쓰시오.

해답

① 공기 공급량 부족
② 환기 및 배기 불충분
③ 프레임의 냉각
④ 가스 조성이 맞지 않을 때
⑤ 가스 기구 및 연소기구가 맞지 않을 때

05 다음 물음에 답하시오.

① 아세틸렌의 위험도를 구하시오.
② 수소의 위험도를 구하시오.
③ 프로판의 위험도를 구하시오.

해답

$$H = \frac{U - L}{L}$$

H : 위험도 U : 폭발상한계[%] L : 폭발하한계[%]

① C_2H_2의 폭발범위는 2.5~81[%]이므로

$$H = \frac{U - L}{L} = \frac{81 - 2.5}{2.5} = 31.4$$

② H_2의 폭발범위는 4~75[%]이므로

$$H = \frac{U - L}{L} = \frac{75 - 4}{4} = 17.75$$

③ C_3H_8의 폭발범위는 2.1~9.5[%]이므로

$$H = \frac{U - L}{L} = \frac{9.5 - 2.1}{2.1} = 3.52$$

06 암모니아 제조 시 건조제로 주로 사용되는 시약을 쓰시오.

해답

소다석회 (CaO + NaOH)

참고

암모니아 건조제는 알칼리성으로 진한 황산을 쓸 수가 없고 염화칼슘은 반응해서 염화칼슘 암모니아가 생성되므로 사용이 어렵다.

07 다공물질의 구비 조건 5가지를 쓰시오.

해답

① 화학적으로 안정할 것
② 고다공도일 것
③ 기계적 강도가 있을 것
④ 안정성이 있을 것
⑤ 가스 충전이 쉬울 것
⑥ 경제적일 것

08 다음 가스의 품질검사 시 순도를 쓰시오.

(1) O_2
(2) H_2
(3) C_2H_2

해답

(1) 99.5[%] 이상
(2) 98.5[%] 이상
(3) 98[%] 이상

09 액화석유가스의 저장설비·가스 설비실 및 충전용기 보관실 등에 설치하는 강제통풍장치의 설치기준을 3가지 쓰시오.

해답

① 통풍능력이 바닥면적 1[m^2] 마다 0.5[m^3/분] 이상일 것

② 흡입구는 바닥면 가까이에 설치할 것

③ 분출가스 방출구는 지면에서 5[m] 이상의 높이에 설치할 것

10 역화방지장치 내부에 들어가는 물질을 3가지 쓰시오.

해답

페로실리콘, 물, 모래, 자갈 등

11 다음의 가스에 통상 첨가되는 안정제 및 희석제 2가지를 쓰시오.

① 시안화수소(HCN)를 용기에 충전할 때

② 아세틸렌(C_2H_2)을 2.5[Mpa] 이상으로 압축할 때

③ 산화에틸렌(C_2H_4O)을 탱크에 충전 시

해답

① 황산, 아황산가스, 동망, 오산화인, 염화칼슘, 인산 등

② 질소, 메탄, 일산화탄소, 에틸렌, 수소 프로판

③ 질소가스, 탄산가스

12 케비테이션(Cavitation)의 발생 원인을 3가지 쓰시오.

해답

① 흡입양정이 지나치게 길 때

② 흡입관의 저항이 증가될 때

③ 과속으로 인해 유량이 증가될 때

④ 관로 내의 온도가 상승될 때

필 답 형

예상문제 23회

01 다음 지연성(조연성) 가스 종류를 4가지 쓰시오.

해답

산소, 오존, 염소, 플루오르, 산화질소 등

02 다음 압축기에서 작동압력에 따른 분류로 3가지를 쓰시오.

해답

- 휀(fen) : 압력상승이 1000[mmAq] 미만
- 블로워(blower) : 압력상승이 1000[mmAq] ~ 0.1 [Mpa] 이하
- 압축기(compressor) : 압력상승이 0.1 [Mpa] 이상

03 100[°F]는 섭씨로 환산하면 몇 [℃]인지 계산하시오.

풀이

$$[℃] = \frac{5}{9}([°F] - 32) = \frac{5}{9}(100 - 32) = 37.8[℃]$$

해답

37.8[℃]

참고

화씨[°F] → 섭씨[℃]로 환산 $[°F] = \frac{9}{5}℃ + 32$

절대온도[°K] = 273 + [℃] $[°K] = \frac{[°R]}{1.8}$

절대온도[°R] = 460 + [°F] $[°R] = [°K] \times 1.8$

04 **다음 차압식 유량계 종류를 2가지만 쓰시오.**

해답

오리피스 유량계, 벤튜리 유량계

05 **초저온용기 또는 초저온 장치에서 단열하는 방법을 2가지를 쓰시오.**

해답

상압 단열법(단열재 사용), 진공 단열법

06 **온도측정에서 사용되는 열전대 온도계의 열전대 조합 4가지를 쓰시오.**

해답

- 백금-백금로듐 (P-R)
- 크로멜-알루멜 (C-A)
- 철-콘스탄탄 (I-C)
- 구리-콘스탄탄 (C-C)

07 **부피가 50,000[ℓ]인 액화산소 탱크의 저장 능력을 계산하시오.** (단, 액산의 비중은 1.14이다)

풀이

$W = 0.9 \times d \times V = 0.9 \times 1.14 \times 50{,}000 = 51{,}300[kg]$

해답

51.3[ton]

08 수량(水量) 6,000[ℓ/min], 전양정 45[m]의 터빈 펌프의 소요마력은 몇 [kW]인지 계산하시오. (단, 펌프효율은 80[%]로 한다)

풀이

$$W = \frac{r \cdot Q \cdot H}{102 \times 60 \times \eta} = \frac{1{,}000 \times 6 \times 45}{102 \times 60 \times 0.8} = 55.147[kw]$$

해답

55.15[kW]

09 오토클레이브 종류를 4가지 서술하시오.

해답

교반형, 진탕형, 회전형, 가스 교반형

10 가스 저장탱크 및 배관 설비에서 적용되는 비파괴 검사법 4가지를 서술하시오.

해답

방사선 투과검사, 초음파 탐상검사, 자분탐상검사, 형광침투검사

11 가스 액면 계측기기 중 햄프슨식 액면계 를 간략하게 설명하시오.

해답

액화산소 등 극저온 저장탱크의 액면 측정에 많이 사용되며 차압에 의해 압력을 측정한다.

12 산소 제조장치에서 건조제로 사용되는 물질을 4가지 쓰시오.

해답

실리카겔, 활성알루미나, 몰리큘러시이브, 소바비드, 입상 가성소다

과 년 도

21년도 1회 시행

01 다음 가스충전용기의 보관시 온도는 몇 ℃ 이하인가 쓰시오.

해답

40℃ 이하

02 가스 사용시설의 호스 길이는 몇 m 이하인지 쓰시오.

해답

3m 이하

03 다음 습도계 종류 2가지를 쓰시오.

해답

건습구 습도계, 모발 습도계

참고

이슬점 습도계, 흡수 습도계, 전기식 습도계, 적외선 흡수습도계, 정전용량형 습도계

04 착화점에 대해서 설명하시오.

해답

착화점은 공기 중에서 물질을 가열할 때 스스로 발화하여 연소를 시작하는 최저온도로 착화점 또는 발화점이라 한다.

참고

인화점 : 공기 중에서 가연성 증기를 발생하는 물질을 가열하여 점화원(불씨)에 의해 점화되는 최저온도를 인화점이라고 한다.

05 다음 도시가스로 사용되는 L, N, G의 주성분을 쓰시오.

해답

메탄(CH_4)

06 시퀀스제어를 설명하시오.

해답

시퀀스 제어란 미리 정해진 순서나 일정한 논리에 의하여 제어 각 단계를 순차적인 제어동작으로 전체 시스템을 제어하는 방식이다.

07 송수량이 1.5m³/min, 양정이 30m, 펌프의 효율이 75%인 펌프의 소요마력은 몇 kW인지 계산하시오.

해답

$$kW = \frac{1,000 \cdot Q \cdot H}{102 \times 60 \times \eta} = \frac{1,000 \times 1.5 \times 30}{102 \times 60 \times 0.75} = 9.8[kw]$$

08 다음 가스미터에 대해서 설명하시오.

해답

부동 : 가스는 미터를 통과하나 미터 지침이 작동하지 않는 고장

불통 : 가스가 미터를 통과하지 않는 고장

09 **일정한 온도에서 압력이 100kPa, 체적 2ℓ일 때 압력을 200kPa로 가압하였을 때 체적은 몇 ℓ 인지 계산하시오.**

해답

보일의 법칙 $P_1V_1 = P_2V_2$ (T = 일정)

P_1 : (100kPa + 101.325)

V_1 : 2ℓ

P_2 : (200kPa + 101.325)

V_2 : x ℓ

$(100 + 101.325) \times 2 = (200 + 101.325) \times V_2$

$$\therefore V_2 = \frac{(100 + 101.325) \times 2}{(200 + 101.325)} = 1.336\ell$$

∴ 1.34ℓ

10 **프로판 1ℓ 기화시 표준상태에서 체적은 몇 배로 증가하는지 계산하시오.(밀도 0.5kg/ℓ)**

해답

프로판 1mol은 44g 표준상태에서 부피는 22.4ℓ

44g : 22.4ℓ = xg : 1ℓ

$$\therefore x = \frac{44 \times 1}{22.4} = 1.964g$$

$$\frac{500g}{1.964g} = 254.582배$$

∴ 254.58배

11 가버너(정압기)의 사용 목적을 쓰시오.

해답

가스의 압력을 소정의 설정 압력으로 조정하여 일정한 압력으로 수요처에 공급하기 위한 것이다.

즉 가스 수요의 급격한 변화로 인하여 변동되는 가스압력을 일정한 공급압력으로 조정하기 위한 압력 조정기이다.

참고

가버너(정압기)의 기능

① 정압기능 ② 감압기능 ③ 폐쇄기능

12 다음은 특정고압가스 사용신고를 하여야 하는 경우이다. 특정고압가스 4가지만 쓰시오.

해답

수소, 산소, 액화암모니아, 액화염소

참고

특정고압가스(법 20조)

산소, 수소, 아세틸렌, 액화암모니아, 액화염소, 천연가스, 압축모노실란, 압축디보레인, 액화알진

그 밖에 대통령령으로 정하는 고압가스(이하 특정고압가스라 한다.)

포스핀, 셀렌화수소, 게르만, 디실란, 삼불화인, 삼불화붕소, 삼불화질소, 사불화유황, 사불화규소, 오불화비소, 오불화인

과 년 도

21년도 2회 시행

01 **압력이 0.1MPa이고 온도가 25℃ 부피 100m³의 기체가 압력이 5MPa이고 온도가 −150℃일 때 부피는 몇 ℓ 인지 계산하시오.**

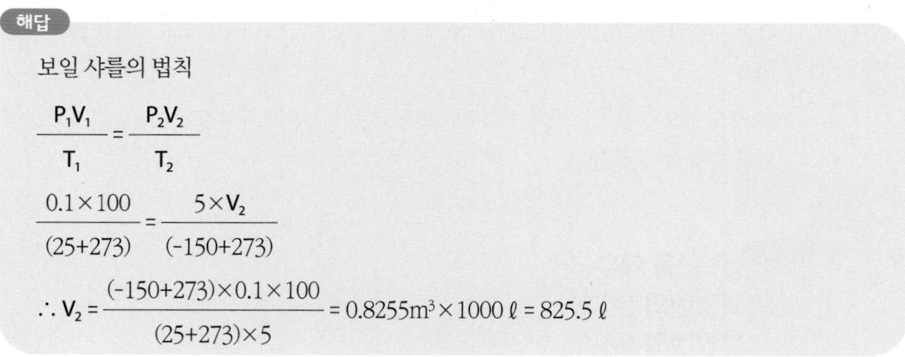

해답

보일 샤를의 법칙

$$\frac{P_1V_1}{T_1} = \frac{P_2V_2}{T_2}$$

$$\frac{0.1 \times 100}{(25+273)} = \frac{5 \times V_2}{(-150+273)}$$

$$\therefore V_2 = \frac{(-150+273) \times 0.1 \times 100}{(25+273) \times 5} = 0.8255\text{m}^3 \times 1000\,\ell = 825.5\,\ell$$

02 **가스 자동차단장치의 구성요소 3가지를 쓰시오.**

해답

검지부, 제어부, 차단부

03 **다음 ( )을 채우시오.**
(1) 절대압력 = 대기압력( )게이지압력
(2) 절대압력 = 대기압력( )진공압력

해답

(1) +

(2) -

04 염소는 취급되는 상태에 따라 (1) (압축, 액화) 가연성 분류에 따라서 (2) (가연성, 조연성, 불연성) 독성에 따라서 (3) (독성, 비독성)으로 분류된다.

해답

(1) 액화　　(2) 조연성　　(3) 독성

05 다음 ( ) 안을 채우시오.

(1) 아세틸렌의 분자량은?
(2) 아세틸렌의 폭발범위는?
(3) 아세틸렌은 흡열반응을 하므로 압축하거나 충격에 의해 ( )한다.
(4) 아세틸렌은 동, 은, 수은 등과 반응하면 ( ) 생성한다.
(5) 아세틸렌 제조시 카바이트에 ( )을 반응시킨다.

해답

(1) C_2H_2 : $(12\times2)+(1\times2)=26$
(2) 2.5%~81%
(3) 분해폭발
(4) 폭발성 금속 아세틸라이드
(5) 물(H_2O)

06 물을 전기분해할 때 양극과 음극에서 발생되는 기체 명칭을 쓰고 산소와 수소의 비율을 쓰시오.

해답

양극(+) : 산소
음극(-) : 수소
산소 : 수소 비율 1 : 2

07 도시가스로 사용되는 천연가스의 주성분을 화학식으로 쓰시오.

해답

CH_4(메탄)

08 공기압축기에서 다단압축하는 목적 2가지 쓰시오.

해답

- 소요 일량의 절약
- 이용 효율의 증가
- 힘의 평형 양호
- 가스의 온도 상승 방지

09 기체 용해도는 온도가 (①)수록 압력이 (②)수록 용해가 잘된다.

해답

① 낮을
② 높을

10 LPG용기 보관장소 기준

(1) 용기 보관장소의 주위 (   )m 이내에는 화기 또는 인화성 물질이나 발화성 물질을 두지 않을 것
(2) 충전용기는 항상 (   )℃ 이하의 온도를 유지할 것
(3) 용기 보관장소에는 (   ) 휴대용 손전등 외의 등화는 지니고 들어가지 않을 것
(4) 충전용기는 전도 충격 및 (   ) 파손 등의 조치와 난폭한 취급을 하지 않을것

해답

(1) 2m (2) 40℃ (3) 방폭형 (4) 밸브

11 액화가스 50 ℓ 용기의 충전 가능한 질량은 몇 kg인가? (액화가스의 비중은 1.04)

해답

용기 저장량 : 85% 충전(저장탱크 90%)

$W = 0.85 \times 1.04 \times 50 = 44.2kg$

참고

액화가스용기 충전량(kg)은 $G = \frac{V}{C}$ 이 적용되나, 여기에서는 지시된 데이터로 액화가스 저장탱크 저장량 $W = 0.9dv$ 공식을 적용하였음

12 가스 정압기는 2차 압력을 조절하고 압력을 조정하는 (①)과 가스량을 조정하는 (②) 가스량을 직접 조정하는 (③)으로 구성되어 있다.

해답

① 다이어프램 ② 스프링 ③ 메인밸브

과 년 도

21년도 3회 시행

01 배관시공에서 직경이 같은 배관 연결 시에 쓰이는 배관 이음재 2종류를 쓰시오.

해답

소켓 이음, 유니온 이음, 플랜지 이음, 닛블 이음

02 가스크로마토그래피에서 캐리어가스로 사용되는 가스의 종류를 2가지만 쓰시오.

해답

알곤, 수소, 질소, 헬륨

03 시안화수소를 오래 저장할 경우 발생되는 문제점을 쓰시오.

해답

중합반응으로 인한 폭발의 우려로 용기에 충전 후 60일 이상 보관하지 않는다.

04 아세틸렌 9.8MPa의 압력으로 압축하는 압축기와 충전소 사이에 설치하여야 하는 시설물은?

해답

방호벽

05 **가스배관의 지하매설 시 부식 방지를 위해 설치하는 전기방식법 2종류를 쓰시오.**

해답

희생양극법, 외부전원법

06 **흡수분석법 종류를 2가지 쓰시오.**

해답

오르잣드법, 게겔법, 헴펠법

07 **암모니아의 부피가 3000L일 때 저장탱크의 저장량은 몇 kg인지 계산하시오 (비중 0.77).**

해답

$W = 0.9dV \quad 0.9 \times 0.77 \times 3000 = 2079kg$

08 **다음 계측기 중 온도계에서 주로 사용하는 온도 종류 3가지를 쓰시오.**

해답

섭씨온도, 화씨온도, 절대온도(캘빈온도), 절대온도(랭킨온도)

09 다음 설명한 것을 쓰시오.
도시가스 총 발열량(kcal/m³)을 가스비 중 평방근으로 나눈 값을 말한다.

해답

웨버지수

$$WI = \frac{Hg}{\sqrt{d}}$$

Hg = 가스 총 발열량(kcal/m^3)

$\sqrt{d}$ = 가스 비중

10 펌프에 흡입되는 유체 중의 그 액온이 증기압보다 압력이 낮은 부분이 발생하게 되면 흡입 액체가 증발을 일으키며, 작은 기포가 발생하게 되는 현상을 쓰시오.

해답

캐비테이션

11 **질소의 특성을 쓰시오.**

(1) 질소의 분자량은? ( )
(2) 질소는 공기 중 ( ) 함유되어 있다.
(3) 질소의 연소는 ( ) 가스이다.
(4) 질소는 ( )와 반응하여 암모니아를 생성한다.
(5) 질소는 공기액화분리장치에서 비등점 차이를 이용하여 액화산소와 (   )로 제조된다.

해답

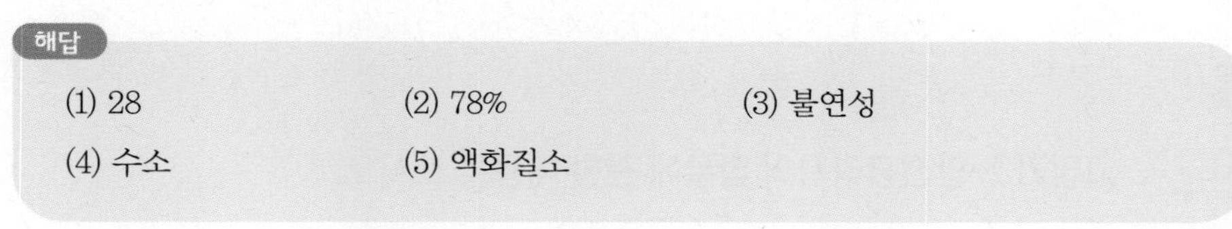

(1) 28　(2) 78%　(3) 불연성
(4) 수소　(5) 액화질소

12 **압력계의 지침이 1.25kg/cm²일 때 절대압력은 얼마인가?**

해답

절대압력 = 게이지압력 + 대기압

$1.25\text{kg/cm}^2 + 1.033\text{kg/cm}^2 = 2.28\text{kg/cm}^2$

과 년 도
21년도 4회 시행

01 프로판 1몰 연소 시 필요한 이론 산소량은 표준상태에서 몇 리터인지 계산하시오.

해답

$C_3H_8 + 5O_2 \rightarrow 3CO_2 + 4H_2O$

프로판 1몰 연소 시 산소 5몰이 필요함

표준상태에서 1몰은 22.4L

5몰 × 22.4L = 112L

02 고압가스 안전관리자의 업무에 관한 내용을 쓰시오.

(1) 사업소 또는 (　　　)의 시설, 용기 등 또는 작업과정의 안전유지
(2) (　　　) 의무 이행 확인
(3) (　　　　　)의 시행 및 그 기록의 작성, 보존

해답

(1) 사용신고시설　(2) 공급자　(3) 안전관리 규정

03 비접촉식 온도계 1종류를 쓰시오.

해답

(1) 색온도계　(2) 방사(복사) 온도계　(3) 광전관식　(4) 광고온도계

04 공기 중 가장 많이 함유된 성분을 쓰시오.

해답

질소

05 탄소의 완전 연소식을 쓰시오.

해답

$C + O_2 \rightarrow CO_2$

06 LNG의 주성분을 쓰시오.

해답

메탄

07 도시가스 총 발열량(kcal/m³)을 가스 비중 제곱근으로 나눈 값을 쓰시오.

해답

웨버지수

$$WI = \frac{Hg}{\sqrt{d}}$$

Hg = 가스 총 발열량(kcal/m³)

$\sqrt{d}$ = 가스 비중

08 가스연소기의 연소에 알맞은 압력으로 가스의 압력을 일정하게 공급하는 장치를 쓰시오.

해답

조정기(레귤레이터)

참고

도시가스의 공급되는 가스 압력을 감압시켜 각 지역의 사용측에 일정하게 공급하는 장치는?
정압기 (가버너)

09 아세틸렌의 침윤제 1가지를 쓰시오.

해답

아세톤, 디메틸포름아미드

10 차압식 유량계 종류를 1가지 쓰시오.

해답

오리피스유량계, 벤튜리유량계

11 연소의 3요소를 쓰시오.

가연물, 점화원, 산소

12 다음 보기에서 골라 포함되는 가스를 전부 쓰시오.

〈보기〉 암모니아, 이산화탄소, 수소, 염소, 산소, 암모니아, 아세틸렌

(1) 독성, 가연성인 가스는?
(2) 밀도(비중)가 가장 큰 가스는?
(3) 밀도(비중)가 가장 작은 가스는?
(4) 지연성(조연성)인 가스는?
(5) 부취 확인 가스는?

(1) 암모니아 (2) 염소 (3) 수소
(4) 염소, 산소 (5) 암모니아, 염소

13 다음의 용기는 액화산소, 액화알곤을 사용해서 검사하는 (①)을 실시하고, 임계온도 (②) 이하인 액화가스를 충전하기 위한 용기로서 단열재로 단열하거나 냉동설비로 냉각하여 상용의 온도를 초과하지 않도록 한 용기이다.

해답

① 단열성능시험 ② −50℃

과 년 도

22년도 1회 시행

01 **다음 온도에 따라 선팽창계수가 다른 금속을 조합으로 하여 그 특성을 이용해서 측정하고자 하는 온도를 측정하는 온도계 종류를 쓰시오.**

해답

바이메탈온도계

02 **다음 철근콘크리트 방호벽의 높이와 두께를 쓰시오.**

해답

높이 2m

두께 12cm

03 **다음 부취제 구비조건을 2가지 쓰시오.**

해답

① 독성이 없을 것

② 일반적인 생활 취기와 명확히 구분할 것

04 **가스의 안전관리 조직에서 안전관리자는 다음과 같다. ( ) 안을 채우시오.**
(1) 안전관리 총괄자 (　　)
(2) 안전관리 책임자 (　　)

해답

(1) 안전관리 부총괄자

(2) 안전관리원

05 도시가스의 특성에 따른 다음의 질문에 답하시오.

(1) 가스의 총발열량을 가스비중의 평방근으로 나눈 값으로 표시되는 가스의 호환성 지수는?
(2) 가스 누출 시 냄새로 알 수 있도록 하는 첨가제는?
(3) 도시가스 원료 중 액체 원료 한 종류만 쓰시오.
(4) 도시가스는 일반적으로 제조, ( ) 열량 조정 등의 공정으로 제조된다.
(5) 가스 수요처의 사용량 변동에 대해서 안정적 공급을 유지하는 것은?

해답

(1) 웨버지수 (2) 부취제 (3) 나프타
(4) 정제 (5) 가스 홀더

06 다음 산소 압축기 윤활유로 사용되는 것은?

해답

물 또는 10% 이하의 묽은 글리세린수

07 다음 대기 중 많이 함유된 가스와 가장 적은 가스를 쓰시오.

〈보기〉 산소, 알곤, 질소, 이산화탄소

해답

많은 것 : 질소
적은 것 : 이산화탄소

08 게이지 압력이 1.03MPa일 때 절대압력으로 환산하면 몇 kg/cm^2인지 계산하시오.

해답

$\{(1.03MPa/0.101325MPa) \times (1.0332kg/cm^2)\} + 1.0332kg/cm^2 = 11.5359kg/cm^2abs$

09 다음 물음에 답하시오.

〈보기〉

메탄, 오존, 산소, 에탄, 암모니아, 일산화탄소, 이황화탄소, 이산화탄소

(1) 독성이며 가연성 가스는?
(2) 불활성 가스는?
(3) 냄새로 구별할 수 있는 가스는?
(4) 밀도가 가장 낮은 가스는?
(5) 지구온난화 현상을 발생하는 대기 온실가스에 속하는 가스는?

해답

(1) 암모니아, 이황화탄소　(2) 이산화탄소　(3) 암모니아, 이황화탄소, 오존
(4) 메탄　(5) 메탄, 이산화탄소

10 **다음 규정 이상의 가스량이 통과 시 가스 공급을 차단하는 안전장치를 쓰시오.**

해답

과류차단장치

11 **다음 연소에서 가연성물질 (①) (②)이 필요하고 발열량은 (③) 활성화 에너지는 (④) 점화가 잘 된다.**

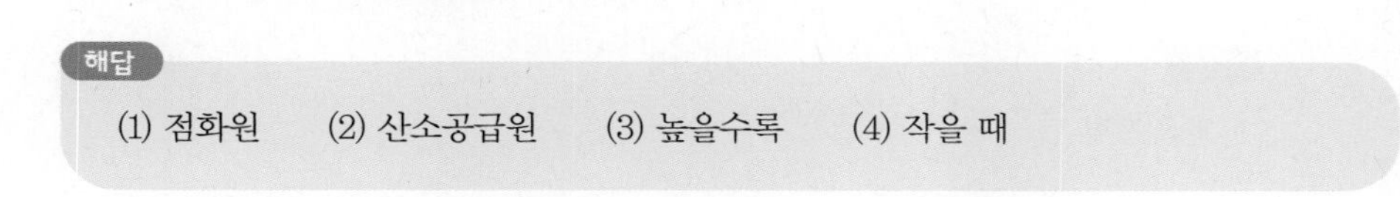
해답

(1) 점화원 (2) 산소공급원 (3) 높을수록 (4) 작을 때

12 **다음 시임용접(seam)이나 접합 및 납붙임으로 하여 내용적 1리터 이하의 일회용 용기의 명칭은?**

해답

납붙임 용기

과 년 도

22년도 2회 시행

01 다음 추량식 가스미터 종류 2가지를 쓰시오.

해답

터빈식, 오리피스식, 벤츄리식

02 다음 가스 설비 배관에 0.7MPa의 압력의 기체를 사용하여 행하는 압력시험을 쓰시오.

해답

기밀시험

03 다음 폴리에틸렌관 SDR17의 최고사용압력 범위를 쓰시오.

해답

0.25MPa

04 다음 아세틸렌의 위험도를 계산하시오.

해답

아세틸렌의 폭발범위 : 2.5~81%

위험도 : (H) = U − L / L

위험도 : 81 − 2.5 / 2.5 = 31.4

05 다음 기체법칙에서 온도가 일정할 때 압력과 부피가 반비례인 법칙을 쓰시오.

해답

보일의 법칙

(T = 일정) $P_1V_1 = P_2V_2$

06 다음 기체 연료의 장점과 단점을 각각 1가지만 쓰시오.

해답

장점 : 연소효율이 높고 완전 연소할 수 있다.

단점 : 폭발의 위험성이 높다.

07 다음 황이 연소할 때 필요한 이론산소량(kg/kg)을 계산하시오.

해답

$S + O_2 \rightarrow SO_2$

32kg : 32kg

이론산소량 : 1kg/kg

08 다음의 보기에서 골라 질문에 답하시오.

〈보기〉 산소, 수소, 이산화탄소, 염소, 메탄, 암모니아, 질소

(1) 밀도가 낮은 기체는?
(2) 밀도가 큰 기체는?
(3) 조연성 기체는?
(4) 가연성이며 독성인 기체는?
(5) 공기액화분리기로 얻을 수 있는 것으로 일반적으로 압축가스로 분류되는 기체는?

해답

(1) 수소　(2) 염소　(3) 산소, 염소
(4) 암모니아　(5) 산소, 질소

09 도시가스의 장단점을 한 가지씩 쓰시오.

해답

장점: 사용함에 있어서 안정적 공급이 가능하다.
사용이 편리하고 경제적이다.
단점: 초기 가스설비 설치비용이 많이 든다.
누설시 폭발의 위험성이 크다.

10 다음 측정치에 대해서 물음에 답하시오.

(1) 측정값과 참값의 차이를 쓰시오.
(2) 측정치가 얼마나 정확하게 측정되었는지를 나타낸 것은?
(3) 반복해서 측정된 값에 그 차이를 판단하는 것은?

해답

(1) 오차 또는 절대오차

(2) 정확도

(3) 정밀도

11 다음 물음에 답하시오.

공기로 재치환한 결과를 산소측정기 등으로 측정하여 산소의 농도가 18%부터 22%까지 된 것이 확인될 때까지 (①)로 반복하여 치환한다. 이 경우 가스검지기 등으로 해당 독성 가스농도가 (②) 기준 농도 이하인 것을 재확인한다

해답

(1) 공기　　(2) TLV－TWA

12 가스 누출을 감지하고 자동으로 가스 공급을 차단하는 장치는?

해답

가스 누출 자동차단장치

22년도 3회 시행

01 다음 물음에 답하시오.

(1) 아세틸렌 충전 시 압력이 ( ) 이상이면 희석제 ( )를 첨가한다.
(2) 습식아세틸렌 발생기의 표면온도는 ( ) 이하이어야 한다.
(3) 아세틸렌 용기로서는 디메틸포름아미드와 ( )이 사용된다.
(4) 압력은 15℃에서 ( ) 이하이어야 한다.

해답

(1) 2.5MPa, 질소, 메탄, 일산화탄소

(2) 70℃

(3) 아세톤

(4) 15.5기압

02 다음 가스설비의 이상사태 발생 시에 긴급하고 안전하게 가스를 방출하는 장치의 명칭을 쓰시오.

해답

벤트스택

03 다음 가스 시료를 분석관에 넣어서 웨버지수, 농도 등을 분석하는 가스 분석 장치의 명칭을 쓰시오.

해답

가스크로마토그래피

04 다음 가스 공급설비에서 입상 높이가 20m인 곳에 프로판을 공급할 때 압력손실(mmH_2O)을 계산하시오.

해답

H = 1.293(S − 1)h

= 1.293 × (1.52 − 1) × 20

= 13.447mmH_2O

05 다음 일산화탄소의 위험도를 계산하시오.

해답

일산화탄소의 폭발범위 12.5~74%

위험도 (H) = U − L / L

H = 74 − 12.5 / 12.5 = 4.92

06 가연성 가스 제조 저장설비의 전기설비는 방폭구조를 하여야 한다. 방폭구조 종류를 2가지 쓰시오.

해답

내압방폭구조, 안전증 방폭구조

07 도시가스의 사용량이 1000톤 이상의 설비에는 다음의 안전관리자를 선임하여야 하는지 쓰시오.

해답

안전관리 총괄자 1명

안전관리 부총괄자 1명

안전관리 책임자 1명

안전관리원 2명

08 차압식 유량계 종류를 2가지 쓰시오.

해답

① 오리피스 유량계 ② 벤츄리 유량계

09 LPG와 Air 혼입 방식 1가지를 쓰시오.

해답

① 벤츄리 믹서방식 ② 비례제어 혼합방식

10 액화가스란 가압 또는 (①) 등의 방법으로 액체 상태인 것으로 대기압에서 40℃ 이하 또는 (②) 이하인 것을 말한다.

해답

① 냉각 ② 상용온도

11 **공기 중 산소의 부피비는 21%이다.**
공기의 분자량이 29일 때 산소의 중량비 wt%는 얼마인지 구하시오.

해답

$\{(32 \times 0.21) / 29\} \times 100 = 23.172$wt%

12 **다음 물음에 답하시오.**
〈보기〉 **산소, 오존, 이산화탄소, 일산화탄소, 알곤, 메탄, 이황화탄소, 암모니아**

(1) 밀도가 가장 낮은 가스는?
(2) 밀도가 가장 큰 가스는?
(3) 냄새로 알 수 있는 가스는?
(4) 공기액화분리기로 얻을 수 있는 가스는?
(5) 가연성이면서 독성인 가스는?
(6) 지구온난화 6대 온실가스는?

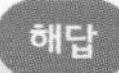

(1) 메탄　(2) 이산화탄소　(3) 오존, 이황화탄소, 암모니아
(4) 산소, 알곤　(5) 일산화탄소, 암모니아　(6) 이산화탄소, 메탄

과 년 도

22년도 4회 시행

01 **천연가스(NG)의 주성분인 메탄(CH_4)을 액화시켜서 액화천연가스(LNG)를 만드는 이유를 쓰시오.**

해답

부피 감소(1/600)로 운반, 저장, 취급이 용이함

02 **시임레스(seamless) 용기의 특징 2가지를 쓰시오.**

해답

강도가 높아 고압용에 적합하다.

용접용기에 비해 가격이 비싸다.

03 **물을 전기분해하면 양극에서는 ( ) 기체가 발생되고 음극에서는 ( ) 기체가 발생된다.**

해답

산소, 수소

04 **가스공급설비에서 ( ) 설비는 공급압력이 자동으로 제어되어야 하며, 공급되는 가스 조성성분이 변해도 수요가에 일정한 조성비와 균일한 열량이 공급되도록 ( ) 설비가 설치되어야 한다.**

해답

가스홀더, 가스홀더

05 **지하에 매설되는 도시가스 배관의 부식방지를 위해 이온화 경향이 큰 금속을 전기적으로 연결해서 배관을 캐소드(음극)되도록 하는 부식 방식법을 쓰시오.**

해답

희생양극법

06 **아세틸렌이 가열 충격으로 인해서 폭발하게 되는 경우 이 폭발은 무슨 폭발인지 쓰시오.**

해답

분해폭발

07 **습식가스미터의 장점과 단점을 각각 1가지만 쓰시오.**

해답

장점 : 가스 계량이 정확하다.

단점 : 수위 조절의 유지관리가 필요하고 가격이 비싸다.

08 **다음 계측기에서 압력의 변화에 따라서 금속의 탄성 변위를 이용한 탄성식 압력계 2종류를 쓰시오.**

해답

브르돈관식 압력계

벨로우즈식 압력계

09 도시가스 연소성 가스의 호환성과 관련된 수치로 수요가에서 동일한 열량을 사용할 수 있는 지수를 쓰시오.

해답

WI : 웨버지수

d : 도시가스의 공기에 대한 비중

Hg : 도시가스의 총 발열량(kcal/m³)

10 다음 체적비율과 허용농도를 갖는 독성가스를 혼합하였을 때 혼합된 독성가스의 허용농도를 구하시오.

체적비율		허용농도(ppm)
독성	50%	25ppm
독성	10%	2.5ppm
비독성	40%	∞

해답

$$LC_m = \frac{1}{\sum_1^n \frac{C_1}{LC_m}} = \frac{0.6}{\frac{0.50}{25}+\frac{0.10}{2.5}} = 10ppm$$

10ppm

혼합 독성가스의 허용농도 산정식 : KGS PP112

$$LC_m = \frac{1}{\sum_1^n \frac{C_1}{LC_{pp}}}$$

여기서

LC_m : 독성가스의 허용농도

LC_{pp} : ppm으로 표현되는 i번째 가스의 허용농도

n : 혼합가스를 구성하는 가스 종류의 수

C_1 : 혼합가스에서 i번째 독성 성분의 몰분율

11 **내용적 45L인 가스 용기에 압력 35kg/cm²을 가했더니 40.05L가 되었다. 그후 압력을 제거한 뒤의 내용적은 40.004L이다. 이 용기의 항구증가량을 계산하고 합격 여부를 판정하시오.**

해답

항구증가량(영구증가량 %) = 항구증가량 / 전증가량 × 100

(45.004 − 45) / (45.05 − 45) × 100 =8%

합격여부 : 용기의 항구증가량이 10% 이하이므로 합격

12 **다음 물음에 답하시오.**

〈보기〉

산소, 수소, 질소, 일산화탄소, 이산화탄소, 알곤, 에틸렌, 암모니아

(1) 공기보다 무거워서 아래로 가라앉는 가스는?
(2) 이원자 분자는?
(3) 가연성이며 독성인 가스는?
(4) 가스의 고유 냄새가 있는 것은?
(5) 6대 온실가스에 해당되는 것은?

해답

(1) 산소, 이산화탄소, 질소

(2) 산소, 수소, 질소

(3) 일산화탄소, 암모니아

(4) 암모니아, 에틸렌

(5) 이산화탄소

과 년 도

23년도 1회 시행

01 가스 누출검지장치는 검지부, (   ), 차단부로 구성되어 있다.

해답

제어부

02 화씨 100도를 섭씨온도로 환산하시오.

해답

$$\frac{5}{9}\times(100-32) = 37.78℃$$

03 모든 기체 1mol은 부피가 22.4L이다. 어떤 물질 $0.1m^3$는 몇 mol이 되는지 계산하시오.

해답

$$\frac{0.1\times1000L}{22.4L} = 4.46mol$$

04 다음 액화가스와 고압가스의 정의를 설명하고 있다. 빈칸을 채우시오.

(1) 액화가스란 가압 (①) 등의 방법에 의해 액체상태로 되어 있는 것
(2) 압축가스란 일정한 (②)에 의해 압축되어 있는 것

해답

① 냉각 ② 압력

05 공기액화분리 장치로 얻을 수 있는 가스 3가지를 쓰시오.

해답

액화질소, 액화산소, 액화알곤

06 다음은 어떤 현상인지 쓰시오.

저비점 액체 등을 이송할 때 펌프의 입구에서 액 자체 또는 흡입배관 외부의 온도가 상승하여 고온의 액체가 끓는 현상 또는 흡입관로의 폐쇄로 저항이 증대될 경우 발생하는 현상을 말한다.

해답

베이퍼록 현상

07 P-E관 열융착 이음방식 2가지를 쓰시오.

해답

맞대기 융착이음

소켓 융착이음

새들 융착이음

08 산소와 일산화탄소 분자식을 쓰시오.

해답

산소 : O_2

일산화탄소 : CO

09 프로판 200kg이 내용적 40l인 용기에 충전 시 필요 용기 본수는? (충전상수 2.35)

해답

$$G=\frac{V}{C}$$

$$\frac{40}{2.53}=17.02\text{kg}$$

$$\frac{200}{17.02}=11.75=12\text{본}$$

10 연소기에 대한 설명으로 빈칸을 채우시오.

(1) 연소는 가연물과 산소가 (①)하면서 열과 빛을 내는 것이다.
(2) 연료는 (②)수소, 산소, 황 등으로 이루어져 있다.
(3) 프로판 연소 범위는 (③)이다.

해답

(1) 산화반응 (2) 탄소 (3) 2.1~9.5%

11 다음 독성가스에 대한 설명에서 빈칸을 채우시오.

독성가스란 성숙한 흰쥐 집단을 대기 중에 1시간 동안 계속해서 노출시킨 경우 14일 이내에 흰쥐 집단의 (①) 이상이 죽게 되는 가스의 농도를 말한다.
허용농도가 100만분의 (②) 이하인 것을 말한다.

해답

(1) 1/2 (2) 5000

12 다음 보기를 보고 물음에 답하시오.

〈보기〉
산소, 질소, 이산화탄소, 일산화탄소, 황화수소, 불소, 염소, 수소

(1) 밀도가 가장 큰 가스는?
(2) 밀도가 가장 작은 가스는?
(3) 가연성 가스는?
(4) 불연성 가스는?
(5) 냄새로 구별할 수 있는 가스는?
(6) 색깔로 구별할 수 있는 가스는?

해답

(1) 염소 (2) 수소 (3) 일산화탄소, 황화수소, 수소
(4) 질소, 이산화탄소 (5) 황화수소, 불소, 염소 (6) 불소, 염소

23년도 2회 시행

01 다음 일산화탄소의 완전 연소식을 쓰시오.

해답

$2CO + O_2 \rightarrow 2CO_2$

02 다음 가스설비의 안전장치에서 압력상승 특성에 따라 선정하는 과압안전장치의 명칭을 쓰시오.

(1) 기체 및 증기의 압력상승 방지를 위해서 설치하는 장치
(2) 급격한 압력상승, 독성물질의 누출, 유체의 부식성 또는 반응 생성물의 성상에 따라 안전밸브 설치가 부적당한 경우에 설치하는 장치

해답

(1) 안전밸브
(2) 파열판

03 다음 빈칸을 채우시오.
(1) 1atm = (①)kpa
(2) 절대압력 = 대기압 + (②)

해답

① 101.325　　② 게이지 압력

04 고압의 기체를 좁은 구멍으로 통과시키면 압력이 낮아지고 또한 온도가 낮아지는 현상으로 수소, 헬륨, 네온 등의 기체를 제외한 모든 기체에서 나타는 현상을 무엇인지 쓰시오.

해답

주울 톰슨 효과

05 다음 물질의 분자식을 쓰시오.

해답

1) 염소 : Cl_2

2) 황화수소 : H_2S

06 저장탱크 보호시설 중 높이 2m, 두께 0.12m 철근콘크리트 또는 이와 동등 이상의 구조의 벽을 무엇이라고 하는지 쓰시오.

해답

방호벽

07 정상상태에서 정압기의 송출유량과 2차 압력과의 관계를 쓰시오.

해답

정특성

08 이상기체가 절대압력 2kpa에서 체적이 5L이다. 이 기체를 절대압력 10kpa로 하였을 때 체적을 구하시오.

해답

$2kpa \times 5\ell = 10kpa \times x$

$x = 1\ell$

09 아세틸렌의 분해폭발을 방지하기 위해 충전 후 15℃에서 압력이 몇 Pa 이하로 될 때까지 정치하는지 쓰시오.

해답

1.5MPa = 1500kPa = 1500000pa

10 다음 보기를 보고 물음에 답하시오.

〈보기〉 산소, 수소, 질소, 염소, 메탄, 에틸렌, 이산화탄소, 암모니아

(1) 공기보다 무거운 기체를 쓰시오.
(2) 이원자 분자를 쓰시오.
(3) 냄새로 구별할 수 있는 가스를 쓰시오.
(4) 불연성 가스를 쓰시오
(5) 지구온난화에 영향을 주는 가스를 쓰시오

해답

(1) 산소, 염소, 이산화탄소
(2) 산소, 수소, 질소, 염소
(3) 암모니아, 에틸렌, 염소
(4) 질소, 이산화탄소
(5) 이산화탄소, 메탄

참고

6대 온실가스 : 이산화탄소, 메탄, 일산화탄소, 수소불화탄소, 과불화탄소, 육불화황

11 가스 중 음속보다 화염전파속도가 큰 경우를 무엇이라고 하는지 쓰시오.

해답

폭굉

12 섭씨온도 40℃는 절대온도로 몇 K인지 쓰시오.

해답

273K + 40℃ = 313K

과 년 도

23년도 3회 시행

01 프로판의 완전연소식을 쓰시오.

해답

$C_3H_8 + 5O_2 \rightarrow 3CO_2 + 4H_2O$

02 다음 물음에 답하시오.

〈보기〉

산소, 수소, 일산화탄소, 이산화탄소, 질소, 메탄, 암모니아, 염소

(1) 공기보다 무거운 가스는?
(2) 공기액화분리장치에서 얻는 가스는?
(3) 불연성 가스는?
(4) 냄새로 구별이 가능한 가스는?
(5) 6대 온실가스는?

해답

(1) 산소, 이산화탄소, 염소
(2) 산소, 질소
(3) 질소, 이산화탄소
(4) 암모니아, 염소
(5) 이산화탄소, 메탄

03 고압가스, 액화가스의 육로 이송에서 액화가스 장거리 이송방법을 2가지 쓰시오.

해답

철도 이송, 용기, 선박, 탱크로리 이송

04 다음 40℃의 온도를 랭킨(°R) 온도로 나타내시오.

해답

$(40℃ + \frac{9}{5}) + 32 = 104°F$

$104°F + 460 = 564°R$

05 다음 게이지 압력이 4atm에서 부피가 10L 용기의 기체는 20L의 용기에서 압력은 절대압력 몇 atm인지 계산하시오. (단 온도는 일정하다)

해답

$(4 + 1) \times 10 = 20 \times Patm$

P = 2.5atm(절대압력)

06 다음 수은주의 높이가 38cm일 때 몇 atm인지 계산하시오. (단 대기압은 1atm = 76cmHg이다)

해답

$\left(\frac{38mmHg}{76cmHg} \times 1atm\right) + 1atm = 1.5atm$

07 **다음 가스공급시설에서 가스의 조성이 일정하게 연속적으로 공급하는 장치 설비의 명칭을 쓰시오.**

해답

기화장치

08 **다음 일산화탄소와 수소의 분자식을 쓰시오.**

해답

1) 일산화탄소 : CO

2) 수소 : H_2

09 **가스 연소방식에서 2차공기로 연소하는 방식을 쓰시오.**

해답

적화식

10 다음 가스공급시설인 정압기에서 가스 내 이물질을 제거하는 장치 명칭을 쓰시오.

해답

필터

11 다음 화학제품의 중요한 제품원료로 연소 범위가 좁고, 올레핀계 탄화수소 중 가장 간단한 구조를 갖는 물질의 명칭을 쓰시오.

해답

에틸렌(C_2H_4)

12 다음 유체 이송 중 발생하는 수격작용 방지법을 쓰시오.

해답

1) 관내 유속을 낮추고 관경을 크게 한다.

2) 펌프에 플라이휠을 설치한다.

3) 압력 조절용 탱크를 설치한다.

가스기능사 실기

초　판　인쇄 | 2001년 10월 10일
초　판　발행 | 2001년 10월 20일
개정18판　발행 | 2020년 2월 28일
개정18판 2쇄 발행 | 2021년 2월 1일
개정18판 3쇄 발행 | 2022년 1월 5일
개정19판 1쇄 발행 | 2024년 1월 10일

저　자 | 김영석
발 행 인 | 조규백
발 행 처 | 도서출판 구민사
(07293) 서울특별시 영등포구 문래북로 116, 604호(문래동3가 46, 트리플렉스)
전　화 | (02) 701-7421(~2)
팩　스 | (02) 3273-9642
홈페이지 | www.kuhminsa.co.kr
신고번호 | 제 2012-000055호(1980년 2월 4일)
I S B N | 979-11-6875-277-1 (13500)

값 | 30,000원